21世纪高等院校移动开发人才培养规划教材

21Shiji Gaodeng Yuanxiao Yidong Kaifa Rencai Peiyang Guihua Jiaocai

跨平台的移动Web
开发实战（HTML5+CSS3）

陈承欢 著

Cross Platform Mobile
Web Development (HTML5+CSS3)

人民邮电出版社

北 京

图书在版编目（ＣＩＰ）数据

跨平台的移动Web开发实战：HTML5+CSS3 / 陈承欢
著. —— 北京：人民邮电出版社，2015.2（2018.12重印）
21世纪高等院校移动开发人才培养规划教材
ISBN 978-7-115-37403-5

Ⅰ. ①跨… Ⅱ. ①陈… Ⅲ. ①超文本标记语言—程序
设计—高等学校—教材②网页制作工具—高等学校—教材
Ⅳ. ①TP312②TP393.092

中国版本图书馆CIP数据核字(2014)第254874号

内 容 提 要

本书从跨平台的移动 Web 开发实际应用的角度阐述 HTML5 和 CSS3 的新元素和新功能，合理选取教学内容。本书设置了跨平台的网站首页设计、文本新闻浏览网页设计、旅游景点推荐网页设计、商品信息展示网页设计、注册登录与留言网页设计、音乐视频网页播放设计、网页图形绘制与游戏设计、复杂样式与网页特效设计这 8 个教学单元，将 HTML5 和 CSS3 的相关知识合理安排到各个教学单元。

本书优选了 56 个来自于真实网站或项目的典型教学案例，采用"任务驱动、精讲多练、理论实践一体化"的教学方法，每个教学单元设置"教学导航→实例探析→知识疏理→引导训练→同步训练→拓展训练→单元小结"7 个教学环节，同时提供丰富的配套教学资源。

本书可以作为软件类专业跨平台的移动 Web 应用开发课程的教材，也可以作为移动 Web 应用开发的培训用书及技术用书。

◆ 著　　　　　陈承欢
责任编辑　桑　珊
责任印制　杨林杰

◆ 人民邮电出版社出版发行　　北京市丰台区成寿寺路 11 号
邮编　100164　电子邮件　315@ptpress.com.cn
网址　http://www.ptpress.com.cn
大厂聚鑫印刷有限责任公司印刷

◆ 开本：787×1092　1/16
印张：20.75　　　　　　2015年 2 月第 1 版
字数：543 千字　　　　2018年12月河北第7次印刷

定价：49.80 元
读者服务热线：(010)81055256　印装质量热线：(010)81055316
反盗版热线：(010)81055315
广告经营许可证：京东工商广登字 20170147 号

 **前言**

目前，HTML5 和 CSS3 已成为 Web 应用开发中的热门技术。HTML5 和 CSS3 不仅是两项新的 Web 技术标准，更代表了下一代 HTML 和 CSS 技术，是 Web 开发世界的一次重大的改变。虽然 HTML5 的标准规范还没有正式发布，但是未来的发展前景已经可以预见，那就是 HTML5 必将被越来越多的 Web 开发人员所使用，各大主流浏览器厂家已经积极更新自己的产品，以更好地支持 HTML5。

HTML5 具有更多的描述性标签、良好的多媒体支持、强大的 Web 应用、先进的选择器、精美的视觉效果、方便的操作、跨文档消息通信、客户端存储等诸多优势。应用 HTML5 的优点主要在于，这个技术可以进行跨平台的使用。例如开发一款 HTML5 的游戏，可以很轻易地移植到 UC 的开放平台、Opera 的游戏中心、Facebook 应用平台，甚至可以通过封装的技术发送到 App Store 或 Google Play 上，所以它的跨平台能力非常强大，也是大多数 Web 应用开发者对 HTML5 有兴趣的主要原因。

本书具有以下特色和创新。

（1）充分调研 HTML5、CSS3 新技术的实际应用情况，精心优选教学案例。本书开发前期对 HTML5、CSS3 新技术的实际应用情况做了大量细致的调研工作，先后分析了手机搜狐网、新华网手机版等 5 个新闻类网站的手机版，携程旅行、同程旅游等 7 个旅游类网站的触屏版，苏宁易购、京东商城等 8 个购物类网站的触屏版，艺龙无线、去哪儿网等 15 个网站的注册登录和留言网页，俄罗斯方块、连连看等 18 款网页游戏，16 个常用的音乐视频网页播放器，40 多个网页图形，80 多个复杂样式和网页特效。经过 4 次筛选、优化和简化，最终形成了 56 个典型教学案例，并将这些教学案例分为 8 种类型，这些教学案例全都来自于真实网站或项目，代表了移动 Web 应用开发实际需求和最新水平。

（2）合理选取教学内容，科学设置教学单元。从跨平台的移动 Web 开发实际应用的角度理解 HTML5 和 CSS3 的新元素和新功能，而不是从 HTML5 和 CSS3 理论知识本身取舍教学内容。遵循学习者的认知规律和技能的形成规律，将基于 HTML5+CSS3 的移动 Web 应用开发分为 8 类：跨平台的网站首页设计、文本新闻浏览网页设计、旅游景点推荐网页设计、商品信息展示网页设计、注册登录与留言网页设计、音乐视频网页播放设计、网页图形绘制与游戏设计、复杂样式与网页特效设计。对应这 8 种类型的 Web 应用开发，本书设置了 8 个教学单元，将 HTML5 和 CSS3 的相关知识合理安排到各个教学单元。由于基于 HTML5 和 CSS3 的 Web 开发涉及面广、应用领域多，同时限于本书篇幅的限制，本书重点探析了基于 HTML5+CSS3 的典型 Web 应用，对于 HTML5 地理定位、Web 数据存储、应用程序缓存、Web Workers 等高级应用以附录的方式进行了简单介绍，让学习者都有一个初步认识。

（3）充分考虑教学实施的需求，每个教学单元面向教学全过程设置"教学导航→实例探析→知识疏理→引导训练→同步训练→拓展训练→单元小结" 7 个教学环节。每个教学单元相关的理论知识相对独立，以问题解答的方式进行组织，形成了系统性强、条理性强、循序渐进的理论知识体系。每个教学单元根据学习知识和训练技能的需要合理设置移动 Web 开发任务，形成"实例探析－引导训练－同步训练－拓展训练"4 个训练层次。

（4）围绕 56 个移动 Web 开发任务，采用"任务驱动、精讲多练、理论实践一体化"的教学方法，全方向促进基于 HTML5+CSS3 移动 Web 开发能力的提升。引导学习者在完成各个设计任务的过程中，逐步理解 HTML5 和 CSS3 的新功能和新特点，循序渐进地学会 HTML5 和 CSS3 的应用，从而熟练掌握形式多样的移动 Web 应用设计方法。

（5）改进和优化教学内容的组织方法和程序代码的分析方法，HTML5 和 CSS3 的理论知识以"必需够用"为度，并将够用的理论知识与必备的技能训练合理分离。每一个教学单元独立设置了"知识疏理"环节，主要分析与归纳各单元必要的理论知识要点，使学习者较系统地掌握必备的理论知识。学习 HTML5 和 CSS 的主要目的是为了应用所学知识分析设计各类移动 Web 应用，在分析设计移动 Web 应用的过程中，在实际需求的驱动下学习知识和领悟知识，最终熟练掌握知识，固化为能力。HTML5 和 CSS 的应用灵活多样，学习移动 Web 应用开发课程的重点不是记住了多少理论知识，而是通过梯阶训练学会 HTML5 和 CSS 的实际应用，利用其优势解决实际的移动应用开发问题。本书重点关注的触屏版网页设计、音乐视频网页播放、网页图形绘制、游戏设计、复杂样式设计、网页特效设计等方面都是 HTML5+CSS3 的典型应用，这些应用所涉及的 HTML 代码、CSS 代码和 JavaScript 代码都或多或少地应用了相似或相同的标签、属性、方法或事件，如果各个任务的代码逐一进行说明，则会造成大量重复解释，同时也会缺乏系统性，基于这一原因，在各个任务的实施过程中并没有对代码进行详细解释说明（部分解释说明以注释方式写在代码中），而是将 HTML5 和 CSS3 的相关标签、属性、方法或事件在附录中以表格方式进行集中介绍，方便在分析代码中进行查找。

（6）本书配套教学资源丰富，包括教学单元设计、教学流程设计、移动 Web 开发任务设计、教学案例、电子教案、授课计划等教学资源，力求做到想师生之所想，急师生之所急。

本书由陈承欢教授著，广东科学技术职业学院的陈华政，南通理工学院的陈莉莉，商丘工学院的张俊鹏，长沙环境保护职业技术学院的杨茜，湖南铁道职业技术学院的颜珍平、肖素华、林保康、王欢燕、潘玫玫、郭外萍，日照职业技术学院的费琳琳，四川工业科技学院的唐小玲、吕莉，湖南工业职业技术学院的刘曼春，安徽水利水电职业技术学院的方跃胜等多位老师参与了教学案例的设计、优化和部分章节的编写、校对和整理工作。

由于编者水平有限，书中难免存在疏漏之处，敬请各位专家和读者批评指正，作者的 QQ 为 1574819688，感谢您使用本书，期待本书能成为您的良师益友。

2014 年 9 月

跨平台的移动Web开发实战课程设计

1. 教学单元设计

单元序号	单元名称	建议课时	建议考核分值
单元1	跨平台的网站首页设计	8	10
单元2	文本新闻浏览网页设计	8	10
单元3	旅游景点推荐网页设计	6	10
单元4	商品信息展示网页设计	6	10
单元5	注册登录与留言网页设计	6	10
单元6	音乐视频网页播放设计	6	10
单元7	网页图形绘制与游戏设计	8	20
单元8	复杂样式与网页特效设计	12	20
小计		60	100

2. 教学流程设计

教学环节序号	教学环节名称	说明
1	教学导航	明确教学目标，记住关键字，熟悉教学方法，了解课时建议
2	实例探析	探析典型移动Web应用，对HTML5和CSS3的相关知识和典型应用有初步认识，形成初步印象
3	知识疏理	对HTML5和CSS3相关的理论知识进行分析与归纳，为移动Web应用开发提供方法指导和知识支持
4	引导训练	引导学习者一步一步完成移动Web应用开发任务
5	同步训练	参照引导训练的方法，学习者自主完成类似的移动Web应用开发任务
6	拓展训练	对学习时间和技能水平进行拓展，自主完成有一定难度的移动Web应用开发任务，从而进一步提升学习者的移动Web应用开发能力
7	单元小结	对本单元所学习的知识和训练的技能进行简要归纳总结

3. 移动Web应用开发任务设计

单元序号	训练环节	移动Web应用开发任务
单元1	实例探析	【任务1-1】探析携程旅行网的首页
	引导训练	【任务1-2】设计苏宁易购网的首页
		【任务1-3】设计穷游网的首页
	同步训练	【任务1-4】设计同程旅游网的首页
	拓展训练	【任务1-5】设计酷狗音乐网的首页
单元2	实例探析	【任务2-1】探析手机搜狐网的名站导航网页
	引导训练	【任务2-2】设计手机搜狐网的站内导航网页
		【任务2-3】设计手机搜狐网的文本新闻网页
	同步训练	【任务2-4】设计新华网手机版的网址导航网页
		【任务2-5】设计新华网手机版的文本新闻网页
	拓展训练	【任务2-6】设计新华网手机版的标题新闻及导航网页
单元3	实例探析	【任务3-1】探析蚂蜂窝的推荐旅游目的地网页
	引导训练	【任务3-2】设计去哪儿旅行网的Touch版旅图网页
	同步训练	【任务3-3】设计携程旅行网的最佳旅游景区网页
	拓展训练	【任务3-4】设计路趣网手机版的热点景点推荐网页

2

单元序号	训练环节	移动 Web 应用开发任务
单元 4	实例探析	【任务 4-1】探析手机麦包包网触屏版的热销商品网页
	引导训练	【任务 4-2】设计苏宁易购触屏版的促销商品列表网页
		【任务 4-3】设计易购网的选用商品列表网页
	同步训练	【任务 4-4】设计凡客诚品网触屏版的品牌墙网页
	拓展训练	【任务 4-5】设计苏宁易购触屏版的家用电器精选商品导航网页
单元 5	实例探析	【任务 5-1】探析手机麦包包网的用户注册网页
	引导训练	【任务 5-2】设计同程旅游无线网的会员登录网页
		【任务 5-3】设计去哪儿网的意见反馈网页
	同步训练	【任务 5-4】设计掌上 1 号店的用户登录网页
	拓展训练	【任务 5-5】设计手机搜狐网的留言反馈网页
		【任务 5-6】设计易购网的个性化用户注册网页
单元 6	实例探析	【任务 6-1】探析基于 HTML5 的网页音乐播放器之一
		【任务 6-2】探析基于 HTML5 的网页视频播放器之一
	引导训练	【任务 6-3】设计基于 HTML5 的网页音乐播放器之二
		【任务 6-4】设计基于 HTML5 的网页视频播放器之二
	同步训练	【任务 6-5】设计基于 HTML5 的网页音乐播放器之三
		【任务 6-6】设计基于 HTML5 的网页音乐播放器之四
		【任务 6-7】设计基于 HTML5 的网页视频播放器之三
	拓展训练	【任务 6-8】设计基于 HTML5 的网页音乐播放器之五
		【任务 6-9】设计基于 HTML5 的网页视频播放器之四
		【任务 6-10】设计基于 HTML5 的网页视频播放器之五
单元 7	实例探析	【任务 7-1】探析网页中菊花图形的绘制
		【任务 7-2】探析网页中精美挂钟的绘制
	引导训练	【任务 7-3】在网页中绘制各种图形和文字
		【任务 7-4】设计网页俄罗斯方块游戏
	同步训练	【任务 7-5】网页中绘制多种图形和图片
	拓展训练	【任务 7-6】网页中绘制多个五角星
		【任务 7-7】设计 HTML5 版连连看网页游戏
单元 8	实例探析	【任务 8-1】探析迷你音乐播放器面板制作
		【任务 8-2】探析纯 CSS3 实现的焦点图切换效果
	引导训练	【任务 8-3】网页中绘制阴阳图和五角星
		【任务 8-4】网页中制作圆角按钮和圆角图片
		【任务 8-5】设计网页中的圆形导航按钮
		【任务 8-6】网页中实现图片拖动操作
		【任务 8-7】网页中实现仿 Office 风格的多级菜单
	同步训练	【任务 8-8】网页中绘制各种几何图形
		【任务 8-9】网页中实现超酷导航菜单
		【任务 8-10】网页中模仿苹果 iPhone 的搜索框聚焦变长效果
		【任务 8-11】网页中实现拖动选择多张景点图片
	拓展训练	【任务 8-12】网页中实现相册效果
		【任务 8-13】网页中实现带有字体图标效果的下拉导航菜单
任务合计	56	

目录 CONTENTS

单元6　音乐视频网页播放设计　175

5

目
录

PART 1

单元 1
跨平台的网站首页设计

    HTML5 的语义化标签及属性，可以让开发者非常方便地实现清晰的 Web 页面布局，加上 CSS3 的效果渲染，使快速建立丰富灵活的 Web 页面变得相对简单一些。本单元通过对网站首页设计的探析与训练，重点熟悉 HTML5 网页的基本结构及组成元素、HTML5 的语义和结构标签、<!DOCTYPE>声明等，学会 CSS 样式的定义与样式表的插入，掌握网站首页的设计方法。

教学导航

教学目标	（1）认识 HTML5 和 CSS3，了解 HTML5 的主要特性、主要变化及其发展趋势
	（2）了解 HTML5 新增的标签和废除的标签，了解 HTML5 新增的标签和废除的属性
	（3）掌握 HTML5 网页的基本结构及组成元素
	（4）掌握 HTML5 的语义和结构标签及其使用方法
	（5）掌握 CSS 样式的定义与样式表的插入
	（6）学会移动平台网站首页的设计
关键字	网站首页　HTML5　语义和结构标签　CSS 样式
参考资料	（1）HTML5 的新特性简介参考附录 A
	（2）HTML5 的常用标签及其属性、方法与事件参考附录 B
	（3）CSS 的属性参考附录 C
	（4）CSS 的各种选择器的含义和用法参考附录 D
教学方法	任务驱动法、分组讨论法、理论实践一体化、探究学习法
课时建议	8 课时

实例探析

【任务 1-1】探析携程旅行网的首页

【效果展示】

携程旅行网首页 0101.html 的浏览效果如图 1-1 所示。

图 1-1　携程旅行网首页 0101.html 的浏览效果

　　携程旅行网首页 0101.html 的主体结构包括 4 个组成部分，分别为顶部、中部、底部和侧边栏，顶部内容为广告图片，中部内容为多个图片超链接，底部包括多个导航链接，侧边栏为长形按钮。

【网页探析】

1. 网页 0101. html 的 HTML 代码探析

　　携程旅行网首页 0101.html 的 HTML 代码如表 1-1 所示。

表 1-1　网页 0101.html 的 HTML 代码

序号	HTML 代码
01	<!DOCTYPE html>
02	<html>
03	<head>
04	<meta http-equiv="Content-Type" content="text/html; charset=UTF-8" />
05	<meta charset="utf-8" />
06	<title>酒店预订,机票预订查询,旅游度假-携程旅行网无线版官网</title>
07	<link href="css/common.css" rel="stylesheet" type="text/css" media="screen" />
08	<link href="css/main.css" rel="stylesheet" type="text/css" media="screen" />
09	</head>
10	<body>
11	<header>
12	<div class="img-item　img-size" >
13	<a href="#"><img src="images/01.jpg" title="携程旅行" /></a>
14	</div>
15	</header>
16	<nav>
17	<ul class="nav-list">
18	<li class="nav-flight" ><h2><a title="机票" href="#" >机票</a></h2></li>
19	<li class="nav-train" ><h2><a title="火车票" href="#" >火车票</a></h2>

序号	HTML 代码
20	</li>
21	<li class="nav-car" ><h2><a title="用车" href="#" >用车</a></h2></li>
22	<li class="nav-hotel" ><h2><a title="酒店" href="#" >酒店</a></h2></li>
23	<li class="nav-fortun" ><h2><a title="财富中心" href="#">财富中心</a></h2></li>
24	<li class="nav-strategy"><h2><a title="攻略" href="#" >攻略</a></h2>
25	</li>
26	<li class="nav-trip" ><h2><a title="旅游" href="#" >旅游</a></h2></li>
27	<li class="nav-ticket" ><h2><a title="门票" href="#" >门票</a></h2></li>
28	<li class="nav-week" ><h2><a title="周末游" href="#" >周末游</a></h2>
29	</li>
30	</ul>
31	</nav>
32	<footer class="tool-box">
33	<div class="tool-cn">
34	<a href="tel:4000086666" class="link-tel">400 008 6666</a>
35	<a href="#" class="link-down">下载客户端</a>
36	<a href="#" class="link-mc">我的携程</a>
37	</div>
38	<div class="tool-ver">
39	<a href="#" class="english">ENGLISH</a>
40	<a href="#" class="computer">电脑版</a>
41	<a href="#" class="wap">意见反馈</a>
42	</div>
43	<p>&copy;<label id="label1">2014</label>携程旅行</p>
44	</footer>
45	<aside class="c_pop_wrap">
46	<div class="c_pop">
47	<i class="c_pop_trigon"></i>
48	<div class="c_pop_cont"> 单击下方图标，选择"添加至主屏幕"</div>
49	</div>
50	</aside>
51	</body>
52	</html>

　　网页 0101.html 主体结构的 HTML 代码如表 1-2 所示，该网页主体结构包括 4 个组成部分，分别为顶部、中部、底部和侧边栏，其中项部结构使用<header>标签实现，中部结构使用<nav>标签实现，底部结构使用<footer>标签实现，侧边栏使用<aside>标签实现。

表 1-2　网页 0101.html 主体结构的 HTML 代码

序号	HTML 代码
01	<body>
02	<header>　　　　　　　</header>
03	<nav>
04	<ul class="nav-list">　　</ul>
05	</nav>
06	<footer class="tool-box">　　</footer>
07	<aside class="c_pop_wrap">　　</aside>
08	</body>

2．网页 0101.html 的 CSS 代码探析

网页 0101.html 通用 CSS 代码定义如表 1-3 所示。

表 1-3 网页 0101.html 通用 CSS 代码

序号	CSS 代码	序号	CSS 代码
01	html,body,nav,ul,li,h2 {	17	li {
02	padding: 0px;	18	list-style-type: none;
03	margin: 0px;	19	}
04	}	20	
05	body {	21	img {
06	min-width: 320px;	22	border: none
07	font: normal 14px/1.5em Tahoma,	23	}
08	"Lucida Grande",Verdana,	24	
09	"Microsoft Yahei",STXihei,hei ;	25	a {
10	color: #000;	26	color: #000;
11	background: #e7f8ff;	27	text-decoration: none;
12	overflow-x: hidden;	28	}
13	}	29	
14	html,body {	30	h2 a:link,h2 a:visited {
15	height: 100%;	31	color: #fff;
16	}	32	}

网页 0101.html 主体结构的 CSS 代码如表 1-4 所示。

表 1-4 网页 0101.html 主体结构的 CSS 代码

序号	CSS 代码	序号	CSS 代码
01	header {	20	footer {
02	position: relative;	21	line-height: 27px;
03	width: 100%;	22	text-align: center;
04	min-height: 50px;	23	font-size: 12px;
05	overflow: hidden;	24	}
06	background: #e4f2fc	25	
07	}	26	.tool-box {
08		27	margin: 0 10px;
09	.nav-list {	28	padding-bottom: 5px;
10	padding: 10px 10px 5px 10px;	29	}
11	}	30	
12		31	.c_pop_wrap {
13	.nav-list:after {	32	position: fixed;
14	content: '\0020';	33	left: 10px;
15	display: block;	34	right: 10px;
16	clear: both;	35	z-index: 1000;
17	height: 0;	36	bottom: 12px;
18	overflow: hidden;	37	/*display: none;*/
19	}	38	

网页 0101.html 顶部内容的 CSS 代码定义如表 1-5 所示。

表 1-5　网页 0101.html 顶部内容的 CSS 代码

序号	CSS 代码	序号	CSS 代码
01	. img-item {	08	.img-size {
02	height: 100%;	09	width: 1280px;
03	overflow: hidden;	10	height: 110px;
04	float: left;	11	}
05	margin: 10px 0px 0px;	12	.item img {
06	padding: 0px;	13	width: 100%;
07	}	14	}

网页 0101.html 中部内容的 CSS 代码定义如表 1-6 所示。

表 1-6　网页 0101.html 中部内容的 CSS 代码

序号	CSS 代码	序号	CSS 代码
01	.nav-list li {	86	.nav-week {
02	position: relative;	87	background-color: #78cdd1;
03	float: left;	88	}
04	margin-bottom: 5px;	89	
05	-webkit-box-sizing: border-box;	90	.nav-list .nav-fortun h2,
06	-moz-box-sizing: border-box;	91	.nav-list .nav-fortun h2 a {
07	-ms-box-sizing: border-box;	92	color: #ff9913;
08	box-sizing: border-box;	93	}
09	}	94	
10		95	.nav-list .nav-fortun h2 {
11	.nav-list li:before {	96	top: 66px;
12	content: "";	97	left: 0;
13	position: absolute;	98	width: 100%;
14	-webkit-transform: translate(-50%,0);	99	text-align: center;
15	-moz-transform: translate(-50%,0);	100	}
16	-ms-transform: translate(-50%,0);	101	
17	transform: translate(-50%,0);	102	.nav-flight:before {
18	background-image:	103	top: 24px;
19	url(../images/un_ico_home.png);	104	left: 60%;
20	background-size: 170px 160px;	105	width: 60px;
21	background-repeat: no-repeat;	106	height: 35px;
22	}	107	background-position: 0 0;
23		108	}
24	.nav-list h2 {	109	
25	position: absolute;	110	.nav-train:before {
26	left: 8px;	111	top: 36px;
27	top: 8px;	112	left: 50%;
28	font: 500 14px/1 "Microsoft Yahei";	113	width: 50px;
29	color: #fff;	114	height: 20px;
30	}	115	background-position: -70px 0;
31		116	}
32	.nav-flight,.nav-train,.nav-car,	117	
33	.nav-trip,.nav-ticket,.nav-week {	118	.nav-car:before {
34	height: 70px;	119	top: 30px;

序号	CSS 代码	序号	CSS 代码
35	}	120	left: 50%;
36		121	width: 35px;
37	.nav-hotel,.nav-fortun,.nav-strategy {	122	height: 31px;
38	height: 93px;	123	background-position: -130px 0;
39	}	124	}
40		125	
41	.nav-train,.nav-car,.nav-fortun,	126	.nav-hotel:before {
42	.nav-strategy,.nav-ticket,.nav-week {	127	top: 30px;
43	border-left: 5px solid #fff;	128	left: 60%;
44	}	129	width: 58px;
45		130	height: 44px;
46	.nav-flight,.nav-hotel,.nav-trip {	131	background-position: 0 -40px;
47	width: 40%;	132	}
48	}	133	
49		134	.nav-fortun:before {
50	.nav-train,.nav-car,.nav-fortun,	135	top: 24px;
51	.nav-strategy,.nav-ticket,.nav-week {	136	left: 50%;
52	width: 30%;	137	width: 24px;
53	}	138	height: 35px;
54		139	background-position: -60px -30px;
55	.nav-flight {	140	}
56	background-color: #368ff4;	141	
57	}	142	.nav-strategy:before {
58		143	top: 34px;
59	.nav-train {	144	left: 50%;
60	background-color: #00ae9d;	145	width: 34px;
61	}	146	height: 34px;
62		147	background-position: -120px -80px;
63	.nav-car {	148	}
64	background-color: #9556f3;	149	
65	}	150	.nav-trip:before {
66		151	top: 25px;
67	.nav-hotel {	152	left: 60%;
68	background-color: #0fc4d9;	153	width: 40px;
69	}	154	height: 34px;
70		155	background-position: 0 -90px;
71	.nav-fortun {	156	}
72	background-color: #e7f8ff;	157	.nav-ticket:before {
73	}	158	top: 32px;
74		159	left: 50%;
75	.nav-strategy {	160	width: 50px;
76	background-color: #ff864a;	161	height: 26px;
77	}	162	background-position: -65px -70px;
78		163	}
79	.nav-trip {	164	.nav-week:before {
80	background-color: #84d018;	165	top: 32px;
81	}	166	left: 50%;
82		167	width: 49px;
83	.nav-ticket {	168	height: 26px;
84	background-color: #f3b613;	169	background-position: -50px -100px;
85	}	170	}

网页 0101.html 底部内容的 CSS 代码定义如表 1-7 所示。

表 1-7　网页 0101.html 底部内容的 CSS 代码

序号	CSS 代码	序号	CSS 代码
01	.tool-cn {	26	.tool-cn .link-mc:before {
02	margin-bottom: 3px;	27	content: "";
03	padding: 8px 0;	28	position: absolute;
04	height: 24px;	29	top: -2px;
05	background-color: #fff;	30	left: 10px;
06	line-height: 24px;	31	width: 16px;
07	text-align: center;	32	height: 16px;
08	}	33	background:
09	.tool-cn a {	34	url(../images/un_ico_home.png)
10	display: inline-block;	35	no-repeat -30px -130px;
11	padding: 0 5px;	36	background-size: 170px 160px;
12	line-height: 1;	37	}
13	color: #333;	38	.computer {
14	}	39	margin-left:-4px;
15		40	}
16	.tool-cn .link-mc {	41	.tool-ver a {
17	position: relative;	42	padding:0 18px;
18	margin-left: 5px;	43	text-align:center;
19	padding-left: 35px;	44	color:#333;
20	border-left: 1px solid #c4cbce;	45	}
21	}	46	footer p {
22		47	margin: 0;
23	.tool-cn a.link-tel {	48	line-height: 18px;
24	color: #0e68d5;	49	color: #626262;
25	}	50	}

网页 0101.html 侧边栏的 CSS 代码定义如表 1-8 所示。

表 1-8　网页 0101.html 侧边栏的 CSS 代码

序号	CSS 代码	序号	CSS 代码
01	.c_pop {	17	.c_pop_trigon {
02	position: relative;	18	z-index: -1;
03	z-index: 9;	19	left: 50%;
04	height: 100%;	20	margin-left: -6px;
05	margin: 0 10px;	21	bottom: -8px;
06	border-radius: 8px;	22	border-top: 8px solid #000;
07	background: #000;	23	border-left: 8px solid transparent;
08	opacity: 0.7;	24	border-right: 8px solid transparent;
09	filter: alpha(opacity:70);	25	}
10	}	26	
11		27	.c_pop_cont {
12	.c_pop_trigon {	28	padding: 10px;
13	position: absolute;	29	font-size: 600;
14	width: 0;	30	text-align: center;
15	height: 0;	31	color: #fff;
16	}	32	}

 知识梳理

1. HTML5 印象

HTML5 是万维网的核心语言,是标准通用置标语言下的一个应用超文本标记语言(HTML)的第五次重大修改,HTML5 草案的前身名为 Web Applications 1.0,于 2004 年被 WHATWG(Web Hypertext Application Technology Working Group)提出,于 2007 年被万维网联盟(W3C)接纳,并成立了新的 HTML 工作团队。

HTML 5 的第一份正式草案已于 2008 年 1 月 22 日公布。HTML5 仍处于完善之中。然而,大部分现代浏览器已经具备了某些 HTML5 支持。

2012 年 12 月 17 日,万维网联盟(W3C)宣布凝结了大量网络工作者心血的 HTML5 规范已经正式定稿。根据 W3C 的发言稿称:"HTML5 是开放的 Web 网络平台的奠基石"。

2013 年 5 月 6 日,HTML5.1 正式草案公布。该规范定义了第五次重大版本,第一次要修订万维网的核心语言——超文本标记语言(HTML)。在这个版本中,新功能不断推出,以帮助 Web 应用程序的作者,努力提高新元素互操作性。

本次草案的发布,从 2012 年 12 月 27 日至今,进行了多达近百项的修改,包括 HTML 和 XHTML 的标签,相关的 API、Canvas 等,同时 HTML5 的图像<img>标签及 svg 也进行了改进,性能得到进一步提升。

支持 HTML5 的浏览器包括 Firefox(火狐浏览器)、IE9(Internet Exploer)及其更高版本、Chrome(谷歌浏览器)、Safari、Opera 等;国内的傲游浏览器(Maxthon),以及基于 IE 或 Chromium(Chrome 的工程版或称实验版)所推出的 360 浏览器、搜狗浏览器、QQ 浏览器、猎豹浏览器等国产浏览器同样具备支持 HTML5 的能力。

HTML5 手机应用的最大优势就是可以在网页上直接调试和修改。原先应用程序的开发人员可能需要花费非常大的力气才能达到 HTML5 的效果,不断地重复编码、调试和运行。如今基于 HTML5 标准的 Web 应用程序开发,开发人员可以轻松地进行调试、修改。

2. CSS3 印象

CSS 即层叠样式表(Cascading Style Sheet)。在网页制作时采用层叠样式表技术,可以有效地对页面的布局、字体、颜色、背景和其他效果实现更加精确的控制。只要对相应的代码做一些简单的修改,就可以改变同一页面的不同部分,或者不同网页的外观和格式。CSS3 是 CSS 技术的升级版本,CSS3 语言开发是朝着模块化发展的。以前的规范作为一个模块实在是太庞大而且比较复杂,所以,把它分解为一些小的模块,更多新的模块也被加入进来。这些模块包括盒子模型、列表模块、超链接方式、语言模块、背景和边框、文字特效、多栏布局等。

CSS3 将完全向后兼容,网络浏览器也还将继续支持 CSS2。CSS3 主要影响是将可以使用新的可用的选择器和属性,这些会允许实现新的设计效果(动态和渐变),而且可以很简单地设计出现在的设计效果(如使用分栏)。

3. HTML5 的主要特性

(1)语义特性(Class:Semantic)

HTML5 赋予网页更好的意义和结构,更加丰富的标签将随着对 RDFa、微数据与微格式等方面的支持,构建对程序、对用户都更有价值的数据驱动的 Web。

(2)本地存储特性(Class:Offline & Storagf)

基于 HTML5 开发的网页 APP 拥有更短的启动时间,更快的联网速度,这些全得益于

HTML5 APP Cache 及本地存储功能。

（3）设备兼容特性（Class：Device Access）

从 Geolocation 功能的 API 文档公开以来，HTML5 为网页应用开发者们提供了更多功能上的优化选择，带来了更多体验功能的优势。HTML5 提供了前所未有的数据与应用接入开放接口。使外部应用可以直接与浏览器内部的数据相连，如视频影音可直接与 Microphones 及摄像头相连。

（4）连接特性（Class：Connectivity）

更有效的连接工作效率，使得基于页面的实时聊天、更快速的网页游戏体验、更优化的在线交流得到了实现。HTML5 拥有更有效的服务器推送技术，Server-Sent Event 和 WebSockets 就是其中的两个特性，这两个特性能够帮助我们实现服务器将数据"推送"到客户端的功能。

（5）网页多媒体特性（Class：Multimedia）

支持网页端的 Audio、Video 等多媒体功能，与网站自带的 APPS、摄像头、影音功能相得益彰。

（6）三维、图形及特效特性（Class：3D, Graphics & Effects）

基于 SVG、Canvas、WebGL 及 CSS3 的 3D 功能，用户会惊叹于在浏览器中，所呈现的惊人视觉效果。

（7）性能与集成特性（Class：Performance & Integration）

没有用户会永远等待你的 Loading——HTML5 会通过 XMLHttpRequest2 等技术，解决以前的跨域等问题，帮助你的 Web 应用和网站在多样化的环境中更快速的工作。

（8）CSS3 特性（Class：CSS3）

在不牺牲性能和语义结构的前提下，CSS3 中提供了更多的风格和更强的效果。此外，较之以前的 Web 排版，Web 的开放字体格式（WOFF）也提供了更高的灵活性和控制性。

4．HTML5 的主要变化

HTML5 提供了一些新的元素和属性，如<nav>（网站导航块）和<footer>。这种标签将有利于搜索引擎的索引整理，同时更好地帮助小屏幕装置和视障人士使用，除此之外，还为其他浏览要素提供了新的功能，如<audio>和<video>标记。

（1）取消了一些过时的 HTML4 标记

其中包括纯粹显示效果的标记，如<font>和<center>，它们已经被 CSS 取代。HTML 5 吸取了 XHTML2 一些建议，包括一些用来改善文档结构的功能，例如，新的 HTML 标签<header>、<footer>、<dialog>、<aside>、<figure>等的使用，将使内容创作者更加语义地创建文档，之前的开发者在实现这些功能时一般都是使用<div>。

（2）将内容和展示分离

<b>和<i>标签依然保留，但它们的意义已经和之前有所不同，这些标签的意义只是为了将一段文字标识出来，而不是为了为它们设置粗体或斜体式样。<u>、<font>、<center>、<strike>这些标签则被完全去掉了。

（3）一些全新的表单输入对象

包括日期、URL、Email 地址，其他的对象则增加了对非拉丁字符的支持。HTML5 还引入了微数据，这一使用机器可以识别的标签标注内容的方法，使语义 Web 的处理更为简单。总的来说，这些与结构有关的改进使内容创建者可以创建更干净、更容易管理的网页，这样的网页对搜索引擎，对读屏软件等更为友好。

（4）全新的、更合理的 Tag

多媒体对象将不再全部绑定在 object 或 embed Tag 中，而是视频有视频的 Tag，音频有音频的 Tag。

（5）本地数据库

这个功能将内嵌一个本地的 SQL 数据库，以加速交互式搜索、缓存及索引功能。同时，那些离线 Web 程序也将因此获益匪浅。

（6）Canvas 对象

将给浏览器带来直接在上面绘制矢量图的能力，这意味着用户可以脱离 Flash 和 Silverlight，直接在浏览器中显示图形或动画。

（7）浏览器中的真正程序

将提供 API 实现浏览器内的编辑与拖放，以及各种图形用户界面的能力。内容修饰 Tag 将被剔除，而使用 CSS。

（8）HTML5 取代 Flash 在移动设备的地位。

（9）HTML5 突出的特点就是强化了 Web 页的表现性，增加了本地数据库。

5．HTML5 的发展趋势

HTML5 规范开发完成时，将成为主流。据统计，2013 年全球约有 10 亿手机浏览器支持 HTML5，同时 HTML Web 开发者数量已达到 200 多万。毫无疑问，HTML5 将成为未来 5～10 年内，移动互联网领域的主宰者。

据 IDC 的调查报告统计，截至 2012 年 5 月，有 79%的移动开发商已经决定要在其应有程序中整合 HTML5 技术。

从性能角度来说，HTML5 首先是缩减了 HTML 文档，使这件事情变得更简单。从用户可读性上说，原先一大堆东西，像初学者第一次看到这些东西是看不懂的，而 HTML5 的声明方式对用户来说显然更友好一些。

从如今层出不穷的移动应用就知道，在这个智能手机和平板电脑大爆炸的时代，移动优先已成趋势，不管是开发什么，都以移动为主。

许多游戏开发商都被 Facebook 或者 Zynga 推动着发展，而未来的 Facebook 应用生态系统是基于 HTML5 的，尽管在 HTML 5 平台开发出游戏非常困难，但游戏开发商却都愿意那么做。

6．HTML5 新增的标签和废除的标签

HTML5 中，新增加了多个标签元素，同时也废除了多个标签元素。

（1）HTML5 新增的标签

HTML5 新增的标签及其功能说明如表 1-9 所示。

表 1-9　HTML5 新增的标签及其功能说明

序号	新增标签名称	新增标签的功能说明
01	\<section\>	表示页面中的一个内容区块，如章节、页眉、页脚或页面的其他部分。可以和\<h1\>、\<h2\>等元素结合起来使用，表示文档结构
02	\<article\>	表示页面中一块与上下文不相关的独立内容，如一篇文章
03	\<aside\>	表示\<article\>元素内容之外的并与\<article\>元素内容相关的辅助信息
04	\<header\>	表示页面中一个内容区块或整个页面的标题
05	\<hgroup\>	表示对整个页面或页面中的一个内容区块的标题进行组合
06	\<footer\>	表示页面或页面中一个内容区块的页脚

序号	新增标签名称	新增标签的功能说明
07	\<nav\>	表示页面中导航链接的部分
08	\<figure\>	表示一段独立的流内容，一般表示主体文档内容中的一个独立单元。使用\<figcaption\>元素为\<figure\>元素组添加标题
09	\<video\>	定义视频，如电影片段或其他视频流等
10	\<audio\>	定义音频，如音乐或其他音频流
11	\<embed\>	用来嵌入内容（包括各种媒体），格式可以是 midi、wav、MP3、flash 等
12	\<mark\>	主要用来在视觉上向用户呈现那些需要突出显示或高亮显示的文字，典型应用搜索结果中高亮显示搜索关键字
13	\<progress\>	表示运行中的进程，如等待中、请稍后等，可以使用\<progress\>元素显示 JavaScript 中耗时函数的进程
14	\<time\>	表示日期或时间，也可以两者结合使用
15	\<ruby\>	由一个或多个字符（需要一个解释/发音）和一个提供该信息的\<rt\>元素组成，还包括可选的\<rp\>元素
16	\<rt\>	定义字符（中文注音或字符）的解释或发音
17	\<rp\>	在\<ruby\>注释中使用，以定义不支持\<ruby\>元素的浏览器所显示的内容
18	\<wbr\>	表示软换行。与\<br\>元素的区别：br 元素表示此处必须换行；\<wbr\>表示浏览器窗口或父级元素足够宽时（没必要换行时）不换行，而宽度不够时主动在此处换行
19	\<canvas\>	定义图形，如图表和其他图像。\<canvas\> 元素只是图形容器（画布），必须使用脚本来绘制图形
20	\<command\>	表示用户能够调用的命令，该标签可以定义命令按钮，如单选按钮、复选框或按钮。只有当\<command\>元素位于\<menu\>元素内时，该元素才是可见的。否则不会显示这个元素，但是可以用它规定键盘快捷键
21	\<menu\>	用于定义命令的列表或菜单列表，该标签用于上下文菜单、工具栏以及用于列出表单控件和命令
22	\<details\>	用于描述文档或文档某个部分的细节，可以与\<summary\>标签配合使用，\<summary\>可以为\<details\>定义标题。标题是可见的，用户单击标题时，会显示出\<details\>标签定义的内容。\<summary\>应该是\<details\>的第一个子元素。目前只有 Chrome 浏览器支持\<details\>标签
23	\<datalist\>	定义选项列表。与\<input\>元素配合使用该元素来定义\<input\>可能的值。\<datalist\>及其选项不会被显示出来，它仅仅是合法的输入值列表。使用\<input\>元素的 list 属性来绑定\<datalist\>
24	\<datagrid\>	定义可选数据的列表。\<datagrid\>作为树列表来显示。如果把该元素的 multiple 属性设置为 true，则可以在列表中选取一个以上的项目
25	\<keygen\>	规定用于表单的密钥对生成器字段。当提交表单时，私钥存储在本地，公钥发送到服务器
26	\<output\>	定义不同类型的输出，如脚本的输出
27	\<source\>	该标签为媒介元素（如\<video\>和\<audio\>）定义媒介资源

（2）HTML5 废除的标签

HTML5 废除的标签如表 1-10 所示

表 1-10　HTML5 废除的标签

序号	被废除的标签	替代方案	序号	被废除的元素	替代方案
01	<basefont>、<big>、<center>、<font>、<s>、<strike>、<tt>、<u>	使用 CSS 代替	07	<listing>	使用<pre>替代
02	<frameset>、<frame>、<noframes>	使用<frame>框架或服务器方创建的由多个页面组成的复合页面代替	08	<applet>、<bgsound>、<blink>、<marquee>等标签	只有部分浏览器支持
03	<rb>	使用<ruby>替代	09	<nextid>	使用 GUIDS 替代
04	<acronym>	使用<abbr>替代	10	<xmp>	使用<code>替代
05	<isindex>	使用<form 与<input>相结合的方式替代	11	<plaintex>	使用 "text/plian" MIME 类型替代
06	<dir>	使用<ul>替代			

7．HTML5 新增和废除的标签属性

HTML5 中，在新增加和废除很多标签元素的同时，也增加和废除了很多属性。

（1）HTML5 新增的属性

HTML5 新增的属性如表 1-11 所示。

表 1-11　HTML5 新增的属性列表

序号	属性类型	新增的属性	属性说明
01		对<input>（type=text）、<select>、<textarea>与<button>指定 autofocus 属性	以指定属性的方式让元素在画面打开时自动获得焦点
02		对<input>（type=text）、<textarea>指定 placeholder 属性	对用户的输入进行提示，提示用户可以输入的内容
03		对<input>、<output>、<select>、<textarea>、<button>与<fieldset>指定 form 属性	声明属于哪个表单，然后将其放置在页面的任何位置，而不在表单之内
04	与表单相关的属性	对 input（type=text）、textarea 指定 required 属性	表示用户提交时进行检查，检查该元素内必定要有输入内容
05		为<input>标签增加几个新的属性：autocomplete、min、max、multiple、pattern 与 step。	还有 list 属性与<datalist>元素配合使用。<datalist>元素与 autocomplete 属性配合使用。multiple 属性允许上传时一次上传多个文件。pattern 属性用于验证输入字段的模式，其实就是正则表达式。step 属性规定输入字段的合法数字间隔（假如 step="3"，则合法数字应该是 -3、0、3、6、以此类推），step 属性可以与 max 及 min 属性配合使用，以创建合法值的范围

序号	属性类型	新增的属性	属性说明
06	与表单相关的属性	为\<input\>、\<button\>元素增加 formaction、formenctype、formmethod、formnovalidate 与 formtarget 属性	用户重载\<form\>元素的 action、enctype、method、novalidate 与 target 属性。为 fieldset 元素增加 disabled 属性,可以把它的子元素设为 disabled 状态
07		为\<input\>、\<button\>、\<form\>增加 novalidate 属性	可以取消提交时进行的有关检查,表单可以被无条件地提交
08	与链接相关属性	为\<a\>、\<area\>增加 media 属性	规定目标 URL 是为什么类型的媒介/设备进行优化的。该属性用于规定目标 URL 是为特殊设备(如 iPhone)、语音或打印媒介设计的。该属性可接受多个值。只能在 href 属性存在时使用
09		为\<area\>增加 herflang 和 rel 属性	hreflang 属性规定在被链接文档中的文本的语言。只有当设置了 href 属性时,才能使用该属性。rel 属性规定当前文档与被链接文档/资源之间的关系。只有当使用 href 属性时,才能使用 rel 属性
10		为\<link\>增加 size 属性	sizes 属性规定被链接资源的尺寸。只有当被链接资源是图标时(rel="icon"),才能使用该属性。该属性可接受多个值,并且值由空格分隔
11		为\<base\>增加 target 属性	主要是保持与\<a\>元素的一致性
12	其他属性	为\<ol\>增加 reversed 属性	它指定列表倒序显示
13		为\<meta\>增加 charset 属性	定义 HTML 文档的字符集
14		为\<menu\>增加 label 和 type 属性	label 属性规定菜单的可见标签,type 属性规定要显示哪种菜单类型
15		为\<style\>增加 scoped 属性	它允许我们为文档的指定部分定义样式,而不是整个文档。如果使用 "scoped" 属性,那么所规定的样式只能应用到\<style\>元素的父元素及其子元素
16		为\<html\>增加 manifest 属性	开发离线 Web 应用程序时,它与 API 结合使用,定义一个 URL,在这个 URL 上描述文档的缓存信息
17		为\<iframe\>增加 sandbox、seamless 和 srcdoc3 个属性	用来提高页面安全性,防止不信任的 Web 页面执行某些操作

(2)HTML5 废除的属性

HTML4 中一些属性在 HTML5 中不再被使用,而是采用其他属性或其他方式进行替代,如表 1-12 所示。

表 1-12 HTML5 废除的属性列表

序号	在 HTML4 中使用的属性	使用该属性的元素	在 HTML5 中的替代方案
01	rev	\<link\>、\<a\>	rel
02	charset	\<link\>、\<a\>	在被链接的资源的中使用 HTTP Content-type 头元素
03	shape、coords	\<a\>	使用\<area\>元素代替\<a\>元素
04	longdesc	\<img\>、\<iframe\>	使用\<a\>元素链接到较长描述
05	target	\<link\>	多余属性，被省略
06	nohref	\<area\>	多余属性，被省略
07	profile	\<head\>	多余属性，被省略
08	version	\<html\>	多余属性，被省略
09	name	\<img\>	id
10	scheme	\<meta\>	只为某个表单域使用 scheme
11	archive、chlassid、codebose、codetype、declare、standby	\<object\>	使用 data 与 typc 属性类调用插件。需要使用这些属性来设置参数时，使用 param 属性
12	valuetype、type	\<param\>	使用 name 与 value 属性，不声明其 MIME 类型
13	axis、abbr	\<Td\>、\<th\>	使用以明确简洁的文字开头、后跟详述文字的形式。可以对更详细内容使用 title 属性，来使单元格的内容变得简短
14	scope	\<td\>	在被链接的资源的中使用 HTTP Content-type 头元素
15	align	\<caption\>、\<input\>、\<legend\>、\<div\>、\<h1\>、\<h2\>、\<h3\>、\<h4\>、\<h5\>、\<h6\>、\<p\>	使用 CSS 样式表替代
16	alink、link、text、vlink、background、bgcolor	\<body\>	使用 CSS 样式表替代
17	align、bgcolor、border、cellpadding、cellspacing、frame、rules、width	\<table\>	使用 CSS 样式表替代
18	align、char、charoff、height、nowrap、valign	\<tbody\>、\<thead\>、\<tfoot\>	使用 CSS 样式表替代
19	align、bgcolor、char、charoff、height、nowrap、valign、width	\<td\>、\<th\>	使用 CSS 样式表替代
20	align、bgcolor、char、charoff、valign	\<tr\>	使用 CSS 样式表替代

序号	在 HTML4 中使用的属性	使用该属性的元素	在 HTML5 中的替代方案
21	align、char、charoff、valign、width	<col>、<colgroup>	使用 CSS 样式表替代
22	align、border、hspace、vspace	<object>	使用 CSS 样式表替代
23	clear	 	使用 CSS 样式表替代
24	compace、type	<ol>、<ul>、<li>	使用 CSS 样式表替代
25	compace	<dl>	使用 CSS 样式表替代
26	compace	<menu>	使用 CSS 样式表替代
27	width	<pre>	使用 CSS 样式表替代
28	align、hspace、vspace	<img>	使用 CSS 样式表替代
29	align、noshade、size、width	<hr>	使用 CSS 样式表替代
30	align、frameborder、scrolling、marginheight、marginwidth	<iframe>	使用 CSS 样式表替代

8．HTML5 语义和结构标签实例代码探析

新建 example01.html 网页文件，该网页的浏览效果如图 1-2 所示。

图 1-2　example01.html 网页的浏览效果

网页 example01.html 对应的 HTML 代码如表 1-13 所示。

表 1-13　网页 example01.html 对应的 HTML 代码

序号	HTML 代码
01	<!DOCTYPE html>
02	<html>
03	<head>
04	
05	<meta charset="utf-8" />
06	<title>HTML5 专题</title>
07	<style type="text/css" rel="stylesheet">
08	header,nav,article,footer {padding:5px}
09	header{width:300px;border:solid 1px #666;}
10	nav{float:left;width:70px;height:180px;border-left:solid 1px #666;}
11	article{float:left;width:219px;height:180px;border-left:solid 1px #666;
	border-right:solid 1px #666;}

序号	HTML 代码
12	footer{clear:both;width:300px;border:solid 1px #666;}
13	ul,li {list-style-type: none;margin:0;padding:0;}
14	a{text-decoration: none;color:black;}
15	</style>
16	</head>
17	<body>
18	<header>
19	<hgroup>导航数据</hgroup>
20	</header>
21	<section>
22	<nav>导航菜单
23	<ul>
24	<li><a href="#">Home</a></li>
25	<li><a href="#">One</a></li>
26	<li><a href="#">Two</a></li>
27	<li><a href="#">Three</a></li>
28	</ul>
29	</nav>
30	<article>
31	<h1>HTML5 教程</h1> 发布日期:
32	<time>2014-10-8 09:00</time>
33	<p>相关内容</p>
34	<aside>
35	<h2>Article Aside</h2>
36	</aside>
37	</article>
38	</section>
39	<footer>
40	<address>地址</address>
41	</footer>
42	</body>
43	</html>

下面对表 1-13 中的 HTML 代码的结构及组成进行探析。

（1）HTML5 的文档声明

创建 example01.html 网页文件，如果用的网页编写工具已经支持 HTML5 文件类型，那么，应该生成如下的 HTML5 模板：

<!DOCTYPE html>

<html>

<head>

<meta charset="utf-8">

<title>无标题文档</title>

</head>

```
<body>
</body>
</html>
```

说明：第一行<!DOCTYPE html>是 HTML5 对文档类型的简化描述，文档类型的作用是验证器依据它来判断该采用何种规则去验证代码；强制浏览器以标准模式渲染页面。

（2）头部

网页 example01.html 的头部代码由<header>标签实现，如表 1-13 中 18～20 行所示。

<header>标签不能和 h1、h2、h3 这些标题混为一谈，<header>元素可以包含从公司 logo 到搜索框在内的各式各样的内容。同一个页面可以包含多个<header>元素，每个独立的区块或文章都可以含有自己的<header>。

（3）尾部

网页 example01.html 的尾部由<footer>标签实现，如表 1-13 中 39～41 行所示。

<footer>元素位于页面或者区块的尾部，用法和<header>基本一样，也会包含其他元素。

（4）导航

网页 example01.html 的导航由<nav>标签实现，如表 1-13 中 22～29 行所示。

网页导航对于一个网页来说至关重要，快速方便的导航是留住访客所必须的。导航可以被包含在<header>或<footer>或者其他区块中，一个页面可以有多个导航。

（5）区块和文章

网页 example01.html 的区块和文章由<section>和<article>标签实现，如表 1-13 中 21～38 行所示。

<section>元素将页面的内容合理归类与布局，可以看到<article>元素还可以包含很多元素。

（6）旁白和侧边栏

网页 example01.html 的侧边栏由<aside>实现，如表 1-13 中 34～36 行所示。

<aside>标签可实现旁白，一般加在<article>中使用，<aside>元素是为主内容添的附加信息，加入引言、图片等。侧边栏不一定是旁白，可以看作是右面的一个区域，包含链接，可用<section>和<nav>实现。

9．HTML5 中典型的标记方法

（1）内容类型（ContentType）

HTML5 扩展仍然为".html"或者".htm"，内容类型（ContentType）仍然为"text/html"。

（2）DOCTYPE 声明

HTML5 中使用<!DOCTYPE html>声明，该声明方式适用所有版本的 HTML，HTML5 中不可以使用版本声明。

（3）指定字符编码

HTML5 中的字符编码推荐使用 UTF-8，HTML5 中可以使用<meta>元素直接追加 charset 属性的方式来指定字符编码：<meta charset="UTF-8">。

HTML4 中使用<meta http-equiv="Content-Type" content="text/html;charset=UTF-8">继续有效，但不能同时混合使用两种方式。

（4）具有 boolean 值的属性

当只写属性而不指定属性值时表示属性为 true，也可以将属性名设定为属性值或将空字符串设定为属性值；如果想要将属性值设置为 false，可以不使用该属性。

（5）引号

指定属性时属性值两边既可以用双引号也可以用单引号。当属性值不包括空字符串、"<"、">"、"="、单引号、双引号等字符时，属性两边的引号可以省略。例：\<input type="text"> \<input type='text'> \<input type=text>。

10．HTML5 主要的语义和结构标签说明

HTML5 提供新的元素来创建更好的页面结构。

（1）\<header>标签

用于定义文档的头部区域，表示页面中一个内容区块或整个页面的标题。

（2）\<section>标签

用于定义文档中的节（section、区段），表示页面中的一个内容区块，如章节、页眉、页脚或页面的其他部分。可以和\<h1>、\<h2>等元素结合起来使用，表示文档结构。

（3）\<footer>标签

用于定义文档或节的页脚部分，表示整个页面或页面中一个内容区块的脚注，通常包含文档的作者、版权信息、使用条款链接、联系信息等。可以在一个文档中使用多个\<footer>元素，\<footer>元素内的联系信息应该位于\<address>标签中。

（4）\<article>标签

用于定义页面中一块与上下文不相关的独立内容，如一篇文章。\<article>元素的潜在来源可能有论坛帖子、报纸文章、博客条目、用户评论等。

（5）\<aside>标签

用于定义页面内容之外的内容，表示 article 元素内容之外的与 article 元素内容相关的辅助信息。

（6）\<hgroup>标签

用于对整个页面或页面中的一个内容区块的标题进行组合。

11．\<!DOCTYPE>声明的用法

\<!DOCTYPE>声明必须是 HTML 文档的第一行，位于\<html> 标签之前。\<!DOCTYPE>声明不是 HTML 标签，它是指示 Web 浏览器关于页面应使用哪个 HTML 版本进行编写的指令。

在 HTML 4.01 中，\<!DOCTYPE>声明引用 DTD，因为 HTML 4.01 基于 SGML。DTD 规定了标签语言的规则，这样浏览器才能正确地呈现内容。HTML5 不基于 SGML，所以不需要引用 DTD。在 HTML 4.01 中有 3 种\<!DOCTYPE>声明。在 HTML5 中只有一种——\<!DOCTYPE html>。

\<!DOCTYPE>声明没有结束标记，并且对大小写不敏感。应始终向 HTML 文档添加\<!DOCTYPE>声明，这样浏览器才能获知文档类型。

12．HTML 的注释标签\<!--……-->的用法

网页中 HTML 的注释标签\<!--……-->使用实例如下：

\<!--这是一段注释，注释不会在浏览器中显示。 -->

所有浏览器都支持注释标签，注释标签用于在源代码中插入注释，注释不会显示在浏览器中。使用注释对代码进行解释，这样做有助于以后的时间对代码的编辑，当编写了大量代码时尤其有用。

使用注释标签来隐藏浏览器不支持的脚本也是一个好习惯，这样就不会把脚本显示为纯文本。观察以下 JavaScript 代码：

```
<script type="text/javascript">
<!--
    function displayMsg()
    {
        alert("Hello World!")
    }
//-->
</script>
```

注释行结尾处的两条斜杠（//）是 JavaScript 注释符号，这样可以避免 JavaScript 执行 "-->" 标签。

13．如何插入样式表

浏览网页时，当浏览器读到一个样式表时，浏览器会根据它来格式化 HTML 文档。插入样式表的方法有以下 3 种。

（1）外部样式表

当样式需要应用于很多页面时，外部样式表将是理想的选择。在使用外部样式表的情况下，可以通过改变一个文件来改变整个站点的外观。每个页面使用<link>标签链接到样式表。

<link>标签通常用在文档的头部，示例代码如下所示：

```
<head>
    <link rel="stylesheet" type="text/css" href="mystyle.css" />
</head>
```

浏览器会从文件外部样式表 mystyle.css 中读到样式声明，并根据它来格式文档。外部样式表可以在任何文本编辑器中进行编辑，样式表应该以.css 扩展名进行保存。外部样式表文件不能包含任何的 html 标签，下面是一个样式表文件的实例：

```
hr {color: sienna;}
p {margin-left: 20px;}
body {background-image: url("images/back40.gif");}
```

注意不要在属性值与单位之间留有空格。假如使用 "margin-left: 20 px" 而不是 "margin-left: 20px"，它仅在 IE6 中有效，但是在 Mozilla/Firefox 或 Netscape 中却无法正常工作。

（2）内部样式表

当单个文档需要特殊的样式时，就应该使用内部样式表。可以使用<style>标签在文档头部定义内部样式表，示例代码如下所示：

```
<head>
    <style type="text/css">
        hr {color: sienna;}
        p {margin-left: 20px;}
        body {background-image: url("images/back40.gif");}
    </style>
</head>
```

（3）内联样式

由于内联样式要将表现和内容混杂在一起，内联样式会损失掉样式表的许多优势，应慎用这种方法，当样式仅需要在一个元素上应用一次时可以使用内联样式。

要使用内联样式，需要在相关的标签内使用样式（style）属性，style 属性可以包含任何 CSS 属性。以下代码展示如何改变段落的颜色和左外边距：

```
<p style="color: sienna; margin-left:20px">
    This is a paragraph
</p>
```

14．网页中的多重样式

如果网页中某些属性在不同的样式表中被同样的选择器定义，那么属性值将被继承过来。

例如，外部样式表拥有针对 h3 选择器的 3 个属性，代码如下：

```
h3 {
    color: red;
    text-align: left;
    font-size: 8pt;
    }
```

而内部样式表拥有针对 h3 选择器的两个属性，代码如下：

```
h3 {
    text-align: right;
    font-size: 20pt;
    }
```

假如拥有内部样式表的这个页面同时与外部样式表链接，那么 h3 得到的样式是：

color: red; text-align: right; font-size: 20pt;

即颜色属性将被继承于外部样式表，而文字排列（text-alignment）和字体尺寸（font-size）会被内部样式表中的规则取代。

15．标记-moz-、-webkit-、-o-和-ms-的解释

（1）-moz-：以-moz-开头的样式代表 Firefox 浏览器特有的属性，只有 Webkit 浏览器可以解析。moz 是 Mozilla 的缩写。

（2）-webkit-：以-webkit-开头的样式代表 Webkit 浏览器特有的属性，只有 Webkit 浏览器可以解析。WebKit 是一个开源的浏览器引擎，Chrome、Safari 浏览器即采用 WebKit 内核。

（3）-o-：以-o-开头的样式代表 Opera 浏览器特有的属性，只有 Opera 浏览器可以解析。

（4）-ms-：以-ms-开头的样式代表 IE 浏览器特有的属性，只有 IE 浏览器可以解析。

引导训练

【任务 1-2】设计苏宁易购网的首页

【任务描述】

编写 HTML 代码和 CSS 代码，设计图 1-3 所示苏宁易购网的首页 0102.html。

苏宁易购网首页 0102.html 的主体结构为上、中、下结构，

图 1-3　苏宁易购网首页 0102.html 的浏览效果

如图 1-3 所示。顶部内容包括 3 个导航超链接和 1 个 Logo 图片；中部内容包括多个由图片和文字组成的导航超链接；底部内容也由 3 个部分组成，从上至下依次为当前用户和"回顶部"锚点链接按钮、登录和注册超链接、版权信息。

网页 0102.html 顶部结构使用<nav>标签实现，中部结构使用<section>标签和<article>标签实现，底部结构使用<footer>标签实现。

【任务实施】

1. 网页 0102.html 的主体结构设计

在本地硬盘的文件夹"01 跨平台的网站首页设计\0102"中创建苏宁易购网的首页 0102.html。

（1）定义网页 0102.html 通用 CSS 代码

苏宁易购网的首页 0102.html 通用 CSS 代码定义如表 1-14 所示。

表 1-14　网页 0102.html 通用 CSS 代码定义

序号	CSS 代码	序号	CSS 代码
01	body , div , ul , ol , li , section , article ,	27	input , img {
02	aside , header , footer , nav {	28	vertical-align: middle;
03		29	}
04	margin: 0;	30	
05	padding: 0;	31	
06	}	32	input:focus {
07		33	outline: none;
08	table {	34	}
09	border-collapse: collapse;	35	a {
10	border-spacing: 0;	36	color: #444;
11	}	37	text-decoration: none;
12	h1 , h2 , h3 , h4 , h5 , h6 {	38	}
13	font-size: 100%;	39	
14	}	40	* {
15		41	-webkit-tap-highlight-color: rgba(0,0,0,0);
16	ul , ol , li {	42	}
17	list-style: none;	43	
18	}	44	body {
19		45	font-family: "microsoft yahei",
20	em , i {	46	sans-serif;
21	font-style: normal;	47	font-size: 12px;
22	}	48	min-width: 320px;
23		49	line-height: 1.5;
24	img {	50	color: #333;
25	border: 0;	51	background: #F2EEE0;
26	}	52	}

（2）定义网页 0102.html 主体结构的 CSS 代码

网页 0102.html 主体结构的 CSS 代码定义如表 1-15 所示。

表 1-15　网页 0102.html 主体结构的 CSS 代码定义

序号	CSS 代码	序号	CSS 代码
01	.w {	27	.footer {
02	width: 320px!important;	28	margin-top: 10px;
03	margin: 0 auto;	29	font-size: 14px;
04	}	30	}
05		31	.layout {
06	.pr {	32	margin: 0 10px;
07	position: relative;	33	-webkit-box-sizing: border-box;
08	}	34	}
09		35	.user-info {
10	.nav {	36	margin: 0 10px;
11	height: 46px;	37	}
12	background: -webkit-gradient(linear,0% 0,	38	
13	0% 100%,from(#F9F3E6),to(#F1E8D6));	39	.tc {
14	border-top: 1px solid #FBF8F0;	40	text-align: center;
15	border-bottom: 1px solid #E9E5D7;	41	}
16	}	42	
17		43	.copyright {
18	.f14 {	44	color: #776d61;
19	font-size: 14px;	45	background: #FCF1E4;
20	}	46	line-height: 35px;
21		47	height: 35px;
22	.easy-box-con {	48	padding-top: 5px;
23	margin: 0 auto;	49	padding-right: 0;
24	padding-top: 15px;	50	padding-bottom: 5px;
25	background: #f7f4eb;	51	padding-left: 0;
26	}	52	}

（3）编写网页 0102.html 主体结构的 HTML 代码

网页 0102.html 主体结构的 HTML 代码如表 1-16 所示。

表 1-16　网页 0102.html 主体结构的 HTML 代码

序号	HTML 代码
01	<!DOCTYPE html>
02	<html>
03	<head>
04	<meta charset="UTF-8" />
05	<meta name="viewport" content="width=device-width, initial-scale=1.0, maximum-scale=1.0,
06	user-scalable=0" />
07	<meta name="apple-mobile-web-app-capable" content="yes" />
08	<meta name="apple-mobile-web-app-status-bar-style" content="black" />
09	<meta content="telephone=no" name="format-detection" />
10	<title>苏宁易购触屏版</title>

序号	HTML 代码
11	<link rel="stylesheet" type="text/css" href="css/common.css" />
12	<link rel="stylesheet" type="text/css" href="css/main.css" />
13	</head>
14	<body>
15	<nav class="nav w pr"> </nav>
16	<section class="w f14">
17	<article class="easy-box-con"> </article>
18	</section>
19	<footer class="footer w">
20	<div class="layout fix user-info"> </div>
21	<ul class="list-ui-a foot-list tc"> </ul>
22	<div class="tc copyright"> </div>
23	</footer>
24	</body>
25	</html>

2．网页 0102.html 的局部内容设计

（1）网页 0102.html 的顶部内容设计

苏宁易购网的首页 0102.html 顶部内容的 CSS 代码定义如表 1-17 所示。

表 1-17　网页 0102.html 顶部内容的 CSS 代码

序号	CSS 代码	序号	CSS 代码
01	.nav .cate-all {	34	.nav .cate-all,.nav .my-account,.nav .my-cart {
02	left: 15px;	35	position: absolute;
03	width: 18px;	36	top: 12px;
04	height: 19px;	37	}
05	background: url(../images/title_bar.png)	38	
06	no-repeat 0 0;	39	.nav .my-cart.my-cart-in {
07	background-size: contain;	40	background:
08	}	41	url(../images/shop_cart_on.png)
09		42	no-repeat 0 2px;
10	.nav .logo {	43	background-size: contain;
11	display: block;	44	}
12	width: 93px;	45	
13	margin: 12px auto 0;	46	.nav .my-cart.my-cart-in .count {
14	}	47	position: absolute;
15		48	right: -5px;
16	.nav .my-account {	49	top: -5px;
17	right: 60px;	50	width: 13px;
18	width: 20px;	51	height: 13px;
19	height: 23px;	52	background: -webkit-gradient(linear,0% 0,
20	background: url(../images/user.png)	53	0% 100%,from(#FFB700),to(#FD6500));
21	no-repeat 0 0;	54	color: #999;

序号	CSS 代码	序号	CSS 代码
22	background-size: contain;	55	border-radius: 15px;
23	}	56	text-align: center;
24		57	line-height: 13px;
25	.nav .my-cart {	58	color: #fff;
26	right: 15px;	59	}
27	width: 24px;	60	
28	height: 20px;	61	.nav .my-cart.my-cart-in .count em {
29	background:	62	display: block;
30	url(../images/shop_cart_off.png)	63	text-align: center;
31	no-repeat 0 0;	64	-webkit-transform: scale(0.75);
32	background-size: contain;	65	font-size: 13px;
33	}	66	}

在网页 0102.html 顶部代码 "<nav class="nav w pr">" 与 "</nav>" 之间编写 HTML 代码，实现其功能，网页 0102.html 顶部内容的 HTML 代码如表 1-18 所示。

表 1-18　网页 0102.html 顶部内容的 HTML 代码

序号	HTML 代码
01	<nav class="nav w pr">
02	<a name="shouye_none_toubu_head0001" href="#" class="cate-all"></a>
03	<img class="logo" width="93" height="22" src="images/logo.png" alt="" />
	<a name="shouye_none_toubu_head0002" href="javascript:void(0);" class="my-account"></a>
04	<a name="shouye_none_toubu_head0003" href="" class="my-cart my-cart-in">
05	<span id="showTotalQty" class="count"><em>2</em></span></a>
06	</nav>

（2）网页 0102.html 的中部内容设计

网页 0102.html 中部内容的 CSS 代码定义如表 1-19 所示。

表 1-19　网页 0102.html 中部内容的 CSS 代码

序号	CSS 代码	序号	CSS 代码
01	.fix:after {	21	.easy-parent {
02	display: block;	22	width: 273px;
03	content: '';	23	margin: 0 auto;
04	clear: both;	24	}
05	visibility: hidden;	25	.easy-parent li a {
06	}	26	display: block;
07		27	float: left;
08	.img-header {	28	width: 91px;
09	float: left;	29	margin-bottom: 20px;
10	width: 70px;	30	text-align: center;
11	height: 65px;	31	}

序号	CSS 代码	序号	CSS 代码
12	margin-left: 40px;	32	.easy-parent li a span {
13	margin-top: 50px;	33	display: block;
14	background: #e6e7e1;	34	}
15	border: #fff solid 1px;	35	.easy-parent li a img {
16	border-radius: 5px;	36	display: block;
17	box-shadow: 1px 1px 3px rgba(4,0,0,0.2);	37	width: 43px;
18	text-align: center;	38	height: 43px;
19	}	39	margin: 0 auto;
20		40	}

在网页 0102.html 中部代码 "<article class="easy-box-con">" 和 "</article>" 之间编写 HTML 代码，实现其功能，网页 0102.html 中部内容的 HTML 代码如表 1-20 所示。

表 1-20　网页 0102.html 中部内容的 HTML 代码

序号	HTML 代码
01	<section class="w f14">
02	<article class="easy-box-con">
03	<ul class="easy-parent">
04	<li class="fix">
05	<a href=""> <img src="images/all-order.png" alt="" />全部订单</a>
06	<a href=""> <img src="images/easy-pay.png" alt="" />易付宝</a>
07	<a href=""> <img src="images/favoritor.png" alt="" />商品收藏</a>
08	<a href=""> <img src="images/my-score.png" alt="" />我的积分</a>
09	<a href=""> <img src="images/my-coupon.png" alt="" />我的优惠券</a>
10	<a href=""> <img src="images/check-digest.png" alt="" />查看物流</a>
11	</li>
12	</ul>
13	</article>
14	</section>

（3）网页 0102.html 的底部内容设计

网页 0102.html 底部内容的 CSS 代码定义如表 1-21 所示。

表 1-21　网页 0102.html 底部内容的 CSS 代码

序号	CSS 代码	序号	CSS 代码
01	.fl {	44	.list-ui-a li:first-child {
02	float: left	45	border-top: 1px solid #EBE3D9;
03	}	46	}
04		47	
05	.fr {	48	.list-ui-a li a {
06	float: right;	49	color: #776D61;
07	}	50	}
08		51	
09	.backTop {	52	.foot-list a {

续表

序号	CSS 代码	序号	CSS 代码
10	position: relative;	53	padding: 0 15px 0 25px;
11	color: #fff;	54	border-right: 1px solid #AFABA5;
12	text-align: left;	55	margin: 0 7px;
13	text-indent: 30px;	56	}
14	background: #A9A9A9;	57	
15	margin: 0 10px 10px 0;	58	.foot-list a:last-child {
16	display: block;	59	border: none;
17	border-radius: 5px;	60	}
18	width: 75px;	61	
19	height: 25px;	62	.foot-list a.foot1 {
20	line-height: 25px;	63	background: url(../images/icon-b1.png)
21	}	64	no-repeat 6px 1px;
22		65	background-size: 16px 15px;
23	.backTop:after {	66	}
24	content: '';	67	.foot-list a.foot2 {
25	position: absolute;	68	background: url(../images/icon-b2.png)
26	left: 10px;	69	no-repeat 6px 1px;
27	top: 4px;	70	background-size: 16px 15px;
28	width: 0;	71	}
29	height: 0;	72	.foot-list a.foot3 {
30	border: 6px solid #fff;	73	background: url(../images/icon-b3.png)
31	border-color: transparent transparent	74	no-repeat 6px 1px;
32	#fff transparent;	75	background-size: 16px 15px;
33	}	76	}
34		77	.foot-list a.foot4 {
35	.list-ui-a li {	78	background: url(../images/icon-b4.png)
36	height: 40px;	79	no-repeat 6px 3px;
37	line-height: 40px;	80	background-size: 16px 13px;
38	border-bottom: 1px solid #EBE3D9;	81	}
39	color: #776D61;	82	.foot-list a.foot5 {
40	background: -webkit-gradient(linear,50% 0,	83	background: url(../images/icon-b5.png)
41	50% 100%,from(#FDF0DF),to(#FBF2E7));	84	no-repeat 6px 2px;
42	font-size: 14px;	85	background-size: 10px 15px;
43	}	86	}

在网页 0102.html 底部代码"<footer class="footer w">"和"</footer>"之间编写 HTML 代码，实现其功能，网页 0102.html 底部内容的 HTML 代码如表 1-22 所示。

表 1-22　网页 0102.html 底部内容的 HTML 代码

序号	HTML 代码
01	<footer class="footer w">
02	<div class="layout fix user-info">
03	<div class="user-name fl" id="footerUserName">
04	<span class="a">当前用户：李好</span>
05	</div>
06	<div class="fr">

序号	HTML 代码
07	<a href="#" class="backTop" id="backTop">回顶部</a>
08	</div>
09	</div>
10	<ul class="list-ui-a foot-list tc">
11	<li>
12	<a name="shouye_none_weibu_word01" href="" id="footerLogin" class="foot1">登录</a>
13	<a name="shouye_none_weibu_word02" href="" id="footerRegister" class="foot2">注册</a>
14	</li>
15	</ul>
16	<div class="tc copyright">
17	Copyright&copy; 2015-2018 m.suning.com
18	</div>
19	</footer>

【网页浏览】

保存网页 0102.html，在浏览器 Google Chrome 中的浏览效果如图 1-3 所示。

【任务 1-3】设计穷游网的首页

【任务描述】

编写 HTML 代码和 CSS 代码，设计图 1-4 所示穷游网的首页 0103.html。

图 1-4　穷游网首页 0103.html 的浏览效果

穷游网首页 0103.html 主体结构为左、右结构，左侧为首页的导航栏，右侧为首页的主体内容，如图 1-4 所示。左侧结构使用<aside>标签和<section>标签嵌套实现，右侧结构使用<section>标签实现。网页右侧的主体内容部分又分为上、中、下 3 个组成部分，网页右侧上部使用<header>标签实现，右侧中部使用<section>标签实现，右侧底部使用<footer>标签实现。网页左侧的导航栏也分为上、中、下 3 个组成部分，分别使用<section>、<nav>和<section>标签实现。

【任务实施】

1. 网页 0103.html 的主体结构设计

在本地硬盘的文件夹"01 跨平台的网站首页设计\0103"中创建穷游网的首页 0103.html。

（1）定义网页 0103.html 通用 CSS 代码

穷游网的首页 0103.html 通用 CSS 代码定义如表 1-23 所示。

表 1-23　网页 0103.html 通用 CSS 代码定义

序号	CSS 代码	序号	CSS 代码
01	html {	24	div,ul,ol,li,p {
02	-webkit-text-size-adjust: 100%;	25	margin: 0;
03	height: 100%;	26	padding: 0;
04	overflow-x: hidden;	27	outline: none
05	background: #f5f5f5;	28	}
06	color: #444;	29	article,aside,footer,header,nav,section {
07	font: 14px/24px	30	display: block;
08	Helvetica,Arial,sans-serif !important	31	margin: 0;
09	}	32	padding: 0
10		33	}
11	body {	34	ol,ul {
12	-webkit-box-sizing: border-box;	35	list-style: none
13	-moz-box-sizing: border-box;	36	}
14	box-sizing: border-box;	37	
15	position: relative;	38	a {
16	z-index: 0;	39	text-decoration: none;
17	width: 100%;	40	color: #8dabbb
18	max-width: 640px;	41	}
19	min-height: 100%;	42	
20	margin: 0 auto;	43	a:active,a:focus {
21	overflow-x: hidden;	44	outline: none;
22	box-shadow: 0 0 10px rgba(0,0,0,0.3)	45	color: #8dabbb
23	}	46	}

（2）定义网页 0103.html 主体结构的 CSS 代码

网页 0103.html 主体结构的 CSS 代码定义如表 1-24 所示。

表 1-24　网页 0103.html 主体结构的 CSS 代码

序号	CSS 代码	序号	CSS 代码
01	.qui-page {	28	.qui-asides {
02	width: 640px;	29	position: absolute;
03	-webkit-transition: -webkit-transform 0.4s;	30	left: -200px;
04	transition: transform 0.4s	31	top: 0;
05	}	32	width: 200px

序号	CSS 代码	序号	CSS 代码
06		33	}
07	.qui-header {	34	
08	width: 100%;	35	.qui-aside {
09	height: 44px;	36	-webkit-transition: -webkit-transform 0.4s;
10	overflow: hidden;	37	transition: transform 0.4s;
11	background-color: #2bab79	38	-webkit-overflow-scrolling: touch;
12	}	39	overflow-scrolling: touch;
13		40	position: fixed;
14	.container {	41	top: 0;
15	width: 100%;	42	width: 200px;
16	-webkit-box-sizing: border-box;	43	bottom: 0;
17	-moz-box-sizing: border-box;	44	overflow-y: scroll;
18	box-sizing: border-box	45	background-color: #2d3741
19	}	46	}
20		47	
21	.qui-footerBasic {	48	.qui-asideHead {
22	width: 100%;	49	padding: 13px 10px 10px;
23	margin: 20px 0;	50	}
24	text-align: center;	51	.qui-asideTool {
25	font-size: 10px;	52	border-top: 9px solid #232d34;
26	line-height: 20px	53	background-color: #2d3741
27	}	54	}

（3）编写网页 0103.html 主体结构的 HTML 代码

网页 0103.html 主体结构的 HTML 代码如表 1-25 所示。

表 1-25 网页 0103.html 主体结构的 HTML 代码

序号	HTML 代码
01	<!DOCTYPE html>
02	<html lang="zh-cn">
03	<head>
04	<meta http-equiv="Content-Type" content="text/html; charset=UTF-8" />
05	<meta charset="utf-8" />
06	<meta content="width=device-width , initial-scale=1.0 , maximum-scale=1.0 , user-scalable=0"
07	name="viewport" />
08	<link rel="shortcut icon" href="http://www.qyer.com/favicon.ico" />
09	<meta content="black" name="apple-mobile-web-app-status-bar-style" />
10	<meta content="telephone=yes" name="format-detection" />
11	<title>中国旅游计划 推荐热门行程计划- [穷游网]移动版</title>
12	<meta name="keywords" content="中国行程,中国旅行计划" />
13	<meta name="description" content="推荐众多穷游网友正在玩的和喜欢的行程计划。" />

序号	HTML 代码
14	`<link href="css/common.css" rel="stylesheet" type="text/css" media="screen" />`
15	`<link href="css/main.css" rel="stylesheet" type="text/css" media="screen" />`
16	`</head>`
17	`<body>`
18	`<section class="qui-page">`
19	`<header class="qui-header">        </header>`
20	`<section class="container">        </section>`
21	`<footer class="qui-footerBasic">   </footer>`
22	`</section>`
23	`<aside class="qui-asides">`
24	`<section class="qui-aside">`
25	`<section class="qui-asideHead">    </section>`
26	`<nav class="qui-asideNav">         </nav>`
27	`<section class="qui-asideTool">    </section>`
28	`</section>`
29	`</aside>`
30	`</body>`
31	`</html>`

2．网页 0103.html 的局部内容设计

（1）网页 0103.html 的主体顶部内容设计

穷游网的首页 0103.html 主体顶部内容的 CSS 代码如表 1-26 所示。

表 1-26　网页 0103.html 主体顶部内容的 CSS 代码

序号	CSS 代码	序号	CSS 代码
01	.qui-header-menu {	28	.qui-header .qui-icon {
02	float: left;	29	display: inline-block;
03	width: 35%	30	width: 44px;
04	}	31	height: 44px;
05		32	text-align: center;
06	.qui-icon {	33	font-size: 24px;
07	display: inline-block;	34	line-height: 44px;
08	height: 1em;	35	color: #fff
09	font-family: 'Icons' !important;	36	}
10	font-style: normal;	37	
11	line-height: 1;	38	.qui-header-logo {
12	font-weight: normal;	39	float: left;
13	text-decoration: inherit;	40	width: 30%;
14	text-align: center;	41	overflow: hidden;
15	speak: none;	42	text-overflow: ellipsis;
16	-webkit-box-sizing: border-box;	43	white-space: nowrap;

序号	CSS 代码	序号	CSS 代码
17	-moz-box-sizing: border-box;	44	text-align: center;
18	-ms-box-sizing: border-box;	45	font-size: 20px;
19	box-sizing: border-box;	46	line-height: 44px;
20	-webkit-font-smoothing: antialiased;	47	color: #fff
21	-moz-font-smoothing: antialiased;	48	}
22	font-smoothing: antialiased	49	
23	}	50	.qui-header-logo
24		51	img {
25	.qui-header p>a {	52	display: block;
26	color: #fff	53	margin: 0 auto;
27	}	54	}

在网页 0103.html 中部代码 "<header class="qui-header">" 与 "</header>" 之间编写 HTML 代码，实现其功能，网页 0103.html 主体顶部内容的 HTML 代码如表 1-27 所示。

表 1-27　网页 0103.html 主体顶部内容的 HTML 代码

序号	HTML 代码
01	<header class="qui-header">
02	<p class="qui-header-menu" id="headerMenu"><span class="qui-icon _menu"></span></p>
03	<p class="qui-header-logo">
04	<a data-bn-ipg="mindex-bottomtab-phone" href="http://m.qyer.com/">
05	<img src="images/topbar-logo.png" width="77" height="44" alt="" /></a>
06	</p>
07	</header>

（2）网页 0103.html 的主体中部内容设计

网页 0103.html 主体中部内容的 CSS 代码如表 1-28 所示。

表 1-28　网页 0103.html 主体中部内容的 CSS 代码

序号	CSS 代码	序号	CSS 代码
01	.qui-tabContent>div {	60	.plcRouteList .bottom .face {
02	display: none	61	float: left;
03	}	62	margin-left: -50px;
04		63	width: 38px;
05	.qui-tabContent>div.show {	64	height: 38px;
06	display: block;	65	border: 1px solid #fff;
07	}	66	border-radius: 50%;
08		67	overflow: hidden
09	.plcRouteList {	68	}
10	border-bottom: 1px solid #e6e8ea;	69	
11	background-color: #fff;	70	.plcRouteList .bottom .title {

32

序号	CSS 代码	序号	CSS 代码
12	padding-left: 5px;	71	width: 100%;
13	}	72	overflow: hidden;
14		73	text-overflow: ellipsis;
15	.plcRouteList li {	74	white-space: nowrap;
16	padding: 15px 5px 15px 0;	75	font-size: 18px;
17	border-top: 1px solid #e6e8ea;	76	font-weight: bold;
18	}	77	line-height: 22px
19		78	}
20	.plcRouteList>li:first-child {	79	
21	border-top: none;	80	.plcRouteList .bottom .user {
22	}	81	font-size: 12px;
23		82	line-height: 14px;
24	.plcRouteList a {	83	margin-top: 5px
25	display: block;	84	}
26	position: relative;	85	
27	}	86	.plcRouteList .day {
28		87	position: absolute;
29	.plcRouteList .pic {	88	top: 10px;
30	display: block;	89	right: 10px;
31	min-height: 150px	90	width: 50px;
32	}	91	height: 50px;
33		92	background-color: rgba(43,171,121,0.8);
34	.plcRouteList .bottom {	93	border-radius: 50%;
35	position: absolute;	94	text-align: center;
36	left: 0;	95	font-size: 18px;
37	right: 0;	96	line-height: 50px;
38	bottom: 0;	97	color: #fff
39	height: 50px;	98	}
40	padding: 30px 0 0 60px;	99	
41	color: #fff;	100	.plcRouteList .infos {
42	background-image:	101	margin-top: 7px
43	-webkit-linear-gradient(top,	102	}
44	rgba(0,0,0,0), rgba(0,0,0,0.6));	103	
45	background-image:	104	.plcRouteList .infos>div {
46	-moz-linear-gradient(top,	105	margin-bottom: 5px;
47	rgba(0,0,0,0), rgba(0,0,0,0.6));	106	padding-left: 40px
48	background-image:-ms-linear-gradient(top,	107	}
49	rgba(0,0,0,0), rgba(0,0,0,0.6));	108	
50	background-image: -o-linear-gradient(top,	109	.plcRouteList .infos em {
51	rgba(0,0,0,0), rgba(0,0,0,0.6));	110	float: left;
52	background-image: linear-gradient(top,	111	margin-left: -40px;
53	rgba(0,0,0,0), rgba(0,0,0,0.6))	112	font-size: 15px;
54	}	113	font-weight: bold
55		114	}
56	.plcRouteList .bottom .face img {	115	.plcRouteList .infos p {
57	display: block;	116	max-height: 48px;
58	border-radius: 50%	117	overflow: hidden
59	}	118	}

在网页 0103.html 中部代码 "<section class="container">" 与 "</section>" 之间编写 HTML 代码，实现其功能，网页 0103.html 主体中部内容的 HTML 代码如表 1-29 所示。

表 1-29　网页 0103.html 主体中部内容的 HTML 代码

序号	HTML 代码
01	`<section class="container">`
02	`<div id="tabs" class="qui-tabs" data-_qyer-tabs="[object Object]">`
03	`<div class="qui-tabContent">`
04	`<div class="show" id="planlistid">`
05	`<ul class="plcRouteList">`
06	`<li> <a data-bn-ipg="mplace-plan-3" href="#"> <img src="images/01.jpg"`
07	`width="100%" alt="" class="pic" />`
08	`<div class="bottom ">`
09	`<p class="face"><img src="images/min01.jpg" width="38" height="38" alt="" /></p>`
10	`<h2 class="title">我的旅游行程</h2>`
11	`<p class="user">2014-06-24</p>`
12	`</div> <p class="day">31 天</p> </a>`
13	`<div class="infos">`
14	`<div>`
15	`<em>城市</em>`
16	`<p> 香港 - 北京 - 马德里 - 巴塞罗那 - 米兰 - 广州 - 长沙 </p>`
17	`</div>`
18	`</div>`
19	`</li>`
20	`<li> <a data-bn-ipg="mplace-plan-2" href="#"> <img src="images/02.jpg"`
21	`width="100%" alt="" class="pic" />`
22	`<div class="bottom ">`
23	`<p class="face"><img src="images/min02.png" width="38" height="38" alt="" /></p>`
24	`<h2 class="title">军军的 31 天旅行行程</h2>`
25	`<p class="user">2014-06-24</p>`
26	`</div> <p class="day">31 天</p> </a>`
27	`<div class="infos">`
28	`<div>`
29	`<em>城市</em>`
30	`<p> 香港 - 北京 - 马德里 - 巴塞罗 - 广州 - 长沙 </p>`
31	`</div>`
32	`</div>`
33	`</li>`
34	`<li>`
35	`<a data-bn-ipg="mplace-plan-1" href="#"> <img src="images/03.jpg"`
36	`width="100%" alt="" class="pic" />`
37	`<div class="bottom">`
38	`<p class="face"><img src="images/min03.jpg" width="38" height="38" alt="" /></p>`
39	`<h2 class="title">泳杏的 9 天旅游行程</h2>`
40	`<p class="user">2014-06-24</p>`
41	`</div> <p class="day">9 天</p> </a>`
42	`<div class="infos">`

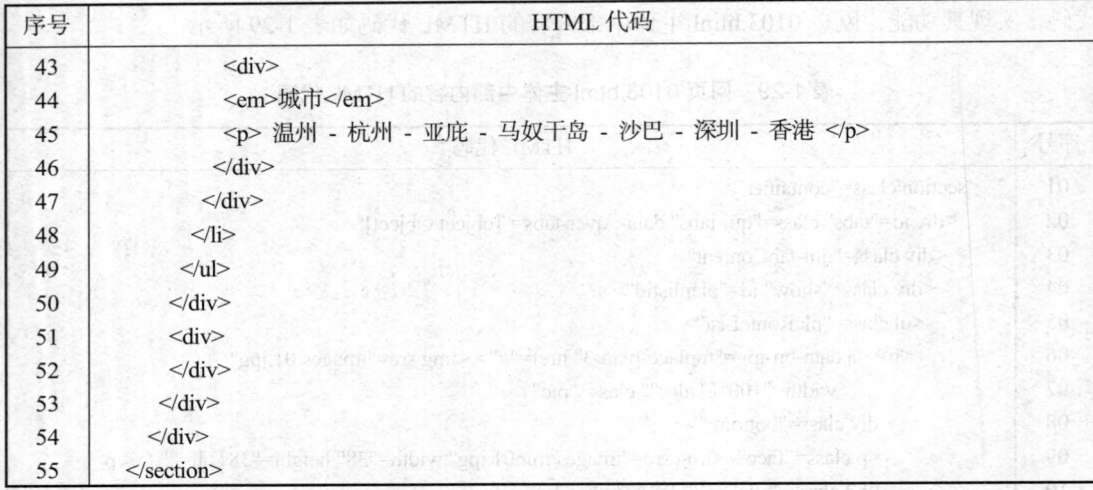

序号	HTML 代码
43	<div>
44	<em>城市</em>
45	<p> 温州 - 杭州 - 亚庇 - 马奴干岛 - 沙巴 - 深圳 - 香港 </p>
46	</div>
47	</div>
48	</li>
49	</ul>
50	</div>
51	<div>
52	</div>
53	</div>
54	</div>
55	</section>

（3）网页 0103.html 的主体底部内容设计

网页 0103.html 主体底部内容的 CSS 代码如表 1-30 所示。

表 1-30　网页 0103.html 主体底部内容的 CSS 代码

序号	CSS 代码	序号	CSS 代码
01	.qui-footerBasic .copyright {	08	.qui-footerBasic .switchStyle span {
02	color: #9ea3ab	09	margin-left: 30px
03	}	10	}
04		11	
05	.qui-footerBasic .switchStyle {	12	.qui-footerBasic .switchStyle span:first-child {
06	color: #9ea3ab	13	margin-left: 0
07	}	14	}

在网页 0103.html 底部代码"<footer class="qui-footerBasic">"与"</footer>"之间编写 HTML 代码，实现其功能，网页 0103.html 主体底部内容的 HTML 代码如表 1-31 所示。

表 1-31　网页 0103.html 主体底部内容的 HTML 代码

序号	HTML 代码
01	<footer class="qui-footerBasic">
02	<p class="copyright">2014-2018 &copy; 穷游网™ qyer.com All rights reserved.</p>
03	<p class="switchStyle">
04	<span data-bn-ipg="mindex-bottomtab-phone">手机版</span>
05	<span><a data-bn-ipg="mindex-bottomtab-pc" href="#">电脑版</a></span>
06	<span><a data-bn-ipg="mindex-bottomtab-app" href="#">APP</a></span>
07	</p>
08	</footer>

（4）网页 0103.html 的侧边栏设计

网页 0103.html 侧边栏的 CSS 代码如表 1-32 所示。

表 1-32　网页 0103.html 侧边栏的 CSS 代码

序号	CSS 代码	序号	CSS 代码
01	.qui-asideHead .signBtn {	46	content: "\f920"
02	text-align: right;	47	}
03	line-height: 18px;	48	
04	color: #fff	49	.qui-icon._poiStrong:before {
05	}	50	content: "\f901"
06	.qui-asideHead .signBtn a {	51	}
07	color: #fff	52	
08	}	53	.qui-icon._hotel:before {
09		54	content: "\f908"
10	.qui-asideNav li {	55	}
11	border-top: 1px solid #232d34;	56	
12	background-color: #36424b	57	.qui-icon._flight:before {
13	}	58	content: "\f909"
14		59	}
15	.qui-asideNav li:nth-child(even) {	60	
16	background-color: #364049	61	.qui-icon._reply_line:before {
17	}	62	content: "\f931"
18		63	}
19	.qui-asideNav a {	64	
20	display: block;	65	.qui-icon._question:before {
21	padding-left: 15px;	66	content: "\f92d"
22	font-size: 16px;	67	}
23	line-height: 44px;	68	
24	color: #ced1d5	69	.qui-asideTool li {
25	}	70	border-top: 1px solid #232d34
26		71	}
27	.qui-asideNav .qui-icon {	72	
28	font-size: 18px;	73	.qui-asideTool a {
29	margin-right: 19px;	74	display: block;
30	color: #b6becb	75	padding-left: 15px;
31	}	76	font-size: 16px;
32		77	line-height: 44px;
33	@font-face {	78	color: #ced1d5
34	font-family:'Icons';	79	}
35	src:url('../images/qyer-icons.eot');	80	
36	src:url('../images/qyer-icons.eot?#iefix')	81	.qui-asideTool .qui-icon {
37	format('embedded-opentype'),	82	font-size: 18px;
38	url('../images/qyer-icons.woff')	83	margin-right: 19px
39	format('woff'),	84	}
40	url('../images/qyer-icons.ttf')	85	
41	format('truetype'),	86	.qui-asideTool ._reply_line {
42	url('../images/qyer-icons.svg#qyer-icons')	87	color: #9fceda
43	format('svg')	88	}
44	}		
45	.qui-icon._home:before {		

在网页 0103.html 侧边栏代码 "<aside class="qui-asides">" 与 "</aside>" 之间编写 HTML 代码，实现其功能，网页 0103.html 侧边栏的 HTML 代码如表 1-33 所示。

表 1-33　网页 0103.html 侧边栏的 HTML 代码

序号	HTML 代码
01	<aside class="qui-asides">
02	<section class="qui-aside">
03	<section class="qui-asideHead">
04	<p class="signBtn"><a href="javascript:void(0);" id="js_login"
05	data-bn-ipg="mindex-left-nav-login">登录</a> /
06	<a href="#" data-bn-ipg="mindex-left-nav-reg">注册</a>
07	</p>
08	</section>
09	<nav class="qui-asideNav">
10	<ul>
11	<li><a href="http://m.qyer.com/" data-bn-ipg="mindex-left-nav-index">
12	<span class="qui-icon _home"></span><span>首页</span></a>
13	</li>
14	<li><a href="#" data-bn-ipg="mindex-left-nav-place">
15	<span class="qui-icon _poiStrong"></span><span>目的地</span></a>
16	</li>
17	<li><a href="#" data-bn-ipg="mindex-left-nav-hotel">
18	<span class="qui-icon _hotel"></span><span>酒店</span></a>
19	</li>
20	<li><a href="#" data-bn-ipg="mindex-left-nav-flight">
21	<span class="qui-icon _flight"></span><span>机票</span></a>
22	</li>
23	</ul>
24	</nav>
25	<section class="qui-asideTool">
26	<ul>
27	<li><a href="#" data-bn-ipg="mindex-left-nav-comment">
28	<span class="qui-icon _reply_line"></span><span>写点评</span></a>
29	</li>
30	<li><a href="#" id="js_ask_question_form" data-bn-ipg="mindex-left-nav-question">
31	<span class="qui-icon _question"></span><span>提问题</span></a>
32	</li>
33	</ul>
34	</section>
35	</section>
36	</aside>

【网页浏览】

保存网页 0103.html，在浏览器 Google Chrome 中的浏览效果如图 1-4 所示。

【任务 1-4】设计同程旅游网的首页

【任务描述】

编写 HTML 代码和 CSS 代码,设计图 1-5 所示同程旅游网的首页 0104.html。

同程旅游网首页 0104.html 的主体结构为上、中、下结构,如图 1-5 所示。顶部内容包括返回链接按钮、标题文字和主页链接按钮,中部内容为多个热点链接按钮,底部内容包括多个超链接和版权信息。

网页 0104.html 顶部结构使用<header>标签实现,中部结构使用<article>标签实现,底部结构使用<footer>标签实现。

图 1-5 同程旅游网首页 0104.html 的浏览效果

【任务实施】

1.网页 0104.html 的主体结构设计

在本地硬盘的文件夹"01 跨平台的网站首页设计\0104"中创建同程旅游网的首页 0104.html。

（1）定义网页 0104.html 通用 CSS 代码

网页 0104.html 通用 CSS 代码定义如表 1-34 所示。

表 1-34 网页 0104.html 通用 CSS 代码定义

序号	CSS 代码	序号	CSS 代码
01	html {	25	img {
02	color: #333;	26	border: 0
03	background: #fff;	27	}
04	-webkit-text-size-adjust: 100%;	28	
05	-ms-text-size-adjust: 100%;	29	ol,ul {
06	-webkit-tap-highlight-color: rgba(0,0,0,0)	30	list-style: none
07	}	31	}
08		32	
09	body,div,ul,ol,li,article,aside,footer ,	33	h1,h2,h3,h4,h5,h6 {
10	header,menu,nav,section {	34	font-size: 100%;
11	margin: 0;	35	font-weight: 500
12	padding: 0	36	}
13	}	37	
14		38	* {
15	article,aside,header,menu,nav,section {	39	-webkit-tap-highlight-color: rgba(0,0,0,0);
16	display: block	40	}

38

序号	CSS 代码	序号	CSS 代码
17	}	41	
18		42	a {
19	body {	43	text-decoration: none;
20	font: 14px/1.5 arial,\5b8b\4f53	44	}
21	}	45	
22	html,body {	46	a:hover,a:active {
23	background: #f0f0f0;	47	text-decoration: none
24	}	48	}

（2）定义网页 0104.html 主体结构的 CSS 代码

网页 0104.html 主体结构的 CSS 代码如表 1-35 所示。

表 1-35　网页 0104.html 主体结构的 CSS 代码

序号	CSS 代码	序号	CSS 代码
01	.header {	21	.fn-clear {
02	height: 44px;	22	zoom: 1
03	line-height: 44px;	23	}
04	text-align: center;	24	
05	background-color: #3cafdc	25	.fn-clear:after {
06	}	26	visibility: hidden;
07		27	display: block;
08	.content {	28	font-size: 0;
09	min-height: 330px;	29	content: " ";
10	max-width: 900px;	30	clear: both;
11	margin: 10px auto 5px;	31	height: 0
12	}	32	}
13		33	
14	nav {	34	footer {
15	border-top: 1px solid #e4e1da;	35	background-color: #3cafdc;
16	}	36	padding: 7px 0;
17		37	height: 80px;
18	section {	38	line-height: 80px;
19	padding: 0;	39	font-family: microsoft yahei;
20	}	40	

（3）编写网页 0104.html 主体结构的 HTML 代码

网页 0104.html 主体结构的 HTML 代码如表 1-36 所示。

表 1-36　网页 0104.html 主体结构的 HTML 代码

序号	HTML 代码
01	<!DOCTYPE html>
02	<html>
03	<head>
04	<meta http-equiv="Content-Type" content="text/html; charset=UTF-8" />

序号	HTML 代码
05	<title>景点门票_特价机票_酒店预订_旅游度假_同程旅游无线官网</title>
06	<meta charset="UTF-8" />
07	<meta name="apple-mobile-web-app-capable" content="yes" />
08	<meta name="apple-mobile-web-app-status-bar-style" content="black" />
09	<meta content="telephone=no" name="format-detection" />
10	<meta name="viewport" content="width=device-width,initial-scale=1.0,minimum-scale=1.0,
11	maximum-scale=1.0,user-scalable=no" />
12	<meta name="keywords" content="景点门票，特价机票，酒店预订，出境度假，自助游" />
13	<meta name="description" content="同程旅游是中国领先的手机一站式旅游预订平台" />
14	<link rel="stylesheet" href="css/common.css" />
15	<link rel="stylesheet" href="css/main.css" />
16	</head>
17	<body>
18	<header class="header" id="headerId"> </header>
19	<article class="content">
20	<nav class="fn-clear"> </nav>
21	<section class="fn-clear"> </section>
22	</article>
23	<footer> </footer>
24	</body>
25	</html>

2．网页 0104.html 的局部内容设计

（1）网页 0104.html 的顶部内容设计

网页 0104.html 顶部内容的 CSS 代码定义见本书提供的电子资源。

在网页 0104.html 顶部代码 "<header class="header" id="headerId">" 与 "</header>" 之间编写 HTML 代码，实现其功能，网页 0104.html 顶部内容的 HTML 代码如表 1-37 所示。

表 1-37　网页 0104.html 顶部内容的 HTML 代码

序号	HTML 代码
01	<header class="header" id="headerId">
02	<p class="header-title"> 首页 </p>
03	<div class="left-head">
04	<a id="goBack" href="javascript:history.go(-1);" class="tc_back">
05	<span class="inset_shadow">
06	<span class="header-return"></span>
07	</span>
08	</a>
09	</div>
10	<div class="right-head" id="rgtHeadId">
11	<a class="header-btn"><span class="list-btn"></span></a>
12	</div>
13	</header>

（2）网页 0104.html 的中部内容设计

网页 0104.html 中部内容的 CSS 代码定义见本书提供的电子资源。

在网页 0104.html 中部代码"<article class="content">"和"</article>"之间编写 HTML 代码，实现其功能，网页 0104.html 中部内容的 HTML 代码如表 1-38 所示。

表 1-38　网页 0104.html 中部内容的 HTML 代码

序号	HTML 代码
01	<article class="content">
02	<nav class="fn-clear">
03	<a href="#"><em class="hotel"></em>酒店预订</a>
04	<a href="#"><em class="flight"></em>机票预订</a>
05	<a href="#"><em class="scenery"></em>景点门票</a>
06	<a href="#"><em class="selftrip"></em>周末游</a>
07	<a href="#"><em class="dujia"></em>出境游</a>
08	<a href="#"><em class="cruise"></em>邮轮</a>
09	<a href="#"><em class="train"></em>火车票预订</a>
10	<a href="#"><em class="login"></em>登录/注册</a>
11	</nav>
12	<section class="fn-clear">
13	<ul>
14	<li> <a href="#" class="hot"> <h1>热销榜</h1> <em></em> 哪里最好玩 </a> </li>
15	<li> <a href="#" class="lower"> <h1>最低价</h1> <em></em> 只有这一次 </a> </li>
16	<li> <a href="#" class="groupbuy"> <h1>团购</h1> <em></em> 优惠超乎想象 </a> </li>
17	<li> <a href="#" class="locat"> <h1>周边景点</h1> <em></em> 近在身边 </a> </li>
18	</ul>
19	</section>
20	</article>

（3）网页 0104.html 的底部内容设计

网页 0104.html 底部内容的 CSS 代码定义见本书提供的电子资源。

在网页 0104.html 底部代码"<footer>"和"</footer>"之间编写 HTML 代码，实现其功能，网页 0104.html 底部内容的 HTML 代码如表 1-39 所示。

表 1-39　网页 0104.html 底部内容的 HTML 代码

序号	HTML 代码
01	<footer>
02	<div class="footer_link">
03	<a class="link_1" href="#">电脑版</a>
04	<span class="link_1">|</span>
05	<a class="link_4" style="color: #ddd;">触屏版</a>
06	<a class="link_2" href="#">帮助中心</a>
07	<a class="link_3" href="#">意见反馈</a>
08	</div>
09	<div class="footer_link c_right">
10	<span class="tel">24 小时服务热线：<a href="tel:4007-555-555" >4007-555-555</a></span>
11	<span>©2014 同程旅游 </span>
12	</div>
13	</footer>

【网页浏览】

保存网页 0104.html，在浏览器 Google Chrome 中的浏览效果如图 1-5 所示。

拓展训练

【任务 1-5】设计酷狗音乐网的首页

【任务描述】

编写 HTML 代码和 CSS 代码，设计图 1-6 所示酷狗音乐网的首页 0105.html。

酷狗音乐网的首页 0105.html 从上至下由 4 个部分组成，依次为 Logo 图片和下载链接按钮、返回链接按钮和标题文字、用于导航的主体内容、用于播放音乐的按钮和进度条，如图 1-6 所示。

图 1-6 酷狗音乐网首页 0105.html 的浏览效果

【任务实施】

（1）网页 0105.html 的 HTML 代码编写提示

网页 0105.html 主体结构的 HTML 代码如表 1-40 所示。

表 1-40 网页 0105.html 主体结构的 HTML 代码

序号	HTML 代码
01	<!DOCTYPE html>
02	<html lang="zh-cn">
03	<head>
04	<meta http-equiv="Content-Type" content="text/html; charset=UTF-8" />
05	<meta charset="utf-8" />
06	<meta name="apple-touch-fullscreen" content="YES" />
07	<meta name="viewport" content="width=device-width, initial-scale=1.0, minimum-scale=1.0,
08	maximum-scale=1.0, user-scalable=no" />
09	<meta name="apple-mobile-web-app-capable" content="yes" />
10	<meta name="format-detection" content="telephone=no" />
11	<title>酷狗音乐</title>
12	<link rel="apple-touch-icon-precomposed" href="images/touch-icon-114.png" />
13	<link href="css/common.css" rel="stylesheet" />
14	<link href="css/0104.css" rel="stylesheet" />
15	</head>
16	<body>
17	<header> </header>
18	<section class="header"> </section>
19	<!--主体内容-->
20	<section id="content"> </section>
21	<section class="playwrap">
22	<div class="playercon" id="playercon"> </div>
23	</section>
24	</body>
25	</html>

网页 0105.html 局部内容的 HTML 代码见本书提供的电子资源。

（2）网页 0105.html 的 CSS 代码定义提示

网页 0105.html 通用 CSS 代码定义见本书提供的电子资源，主体结构的 CSS 代码如表 1-41 所示。

表 1-41　网页 0105.html 主体结构的 CSS 代码

序号	CSS 代码	序号	CSS 代码
01	header {	21	#content {
02	width: 100%;	22	padding: 87px 0 70px 0
03	z-index: 2;	23	}
04	position: fixed;	24	.playwrap {
05	top: 0;	25	position: fixed;
06	left: 0;	26	z-index: 2;
07	height: 45px;	27	bottom: 0;
08	background-color: #fff;	28	left: 0;
09	}	29	text-align: center;
10		30	background: #2ea0e1;
11	.header {	31	height: 70px;
12	position: fixed;	32	width: 100%;
13	z-index: 2;	33	font-family: Microsoft YaHei;
14	top: 45px;	34	}
15	left: 0;	35	
16	height: 36px;	36	.playercon {
17	background: #31a8e0;	37	width: 320px;
18	display: block;	38	height: 70px;
19	width: 100%	39	margin: 0 auto;
20	}	40	}

网页 0105.html 各个局部内容的 CSS 代码见本书提供的电子资源。

 单元小结

本单元通过对网站首页设计的探析与三步训练，对 HTML5 和 CSS3 有了初步印象，对 HTML5 的主要特性、主要变化及其发展趋势有了初步了解，对 HTML5 新增的标签和废除的标签、HTML5 新增和废除的标签属性有了初步认识。也逐步掌握了 HTML5 网页的基本结构及组成元素、HTML5 的语义和结构标签及其使用方法，掌握了 CSS 样式的定义与样式表的插入，学会了移动平台网站首页的设计方法。

文本新闻浏览网页设计

新闻网站通常以文本新闻为主体，本单元通过对新闻网站的导航网页和文本新闻网页设计的探析与训练，重点学习 HTML5 中常用的文本标签、CSS 文本属性、字体属性、颜色值及颜色表示方法、CSS 链接属性等，学会网页元素的水平对齐、CSS 导航栏的设计，掌握文本新闻网页和导航网页的设计方法。

教学导航

教学目标	（1）熟悉 HTML5 中常用的文本标签和 CSS 文本属性
	（2）熟悉 CSS 的字体属性、颜色值及颜色表示方法、CSS 链接属性
	（3）学会网页元素的水平对齐设置方法
	（4）学会 CSS 导航栏的设计方法
	（5）掌握文本新闻网页和导航网页的设计方法
关 键 字	新闻网站　文本网页　导航网页　文本标签与属性　字体属性　颜色值　链接属性
参考资料	（1）HTML5 的常用标签及其属性、方法与事件参考附录 B
	（2）CSS 的属性参考附录 C
	（3）CSS 的各种选择器的含义和用法参考附录 D
教学方法	任务驱动法、分组讨论法、理论实践一体化、探究学习法
课时建议	8 课时

实例探析

【任务 2-1】探析手机搜狐网的名站导航网页

【效果展示】

手机搜狐网的名站导航网页 0201.html 的浏览效果如图 2-1 所示。

手机搜狐网的名站导航网页 0201.html 的主体结构为上、中、下结构，顶部为标题文本，中部包括多个热点网站的链接按钮和多行分类网站导航链接，底部包括多个导航链接和版权信息。

图 2-1 手机搜狐网的名站导航网页 0201.html 的浏览效果

【网页探析】

1. 网页 0201.html 的 HTML 代码探析

手机搜狐网的名站导航网页 0201.html 的 HTML 代码如表 2-1 所示。

表 2-1 网页 0201.html 的 HTML 代码

序号	HTML 代码
01	<!DOCTYPE html>
02	<html>
03	<head>
04	<meta http-equiv="Content-Type" content="text/html; charset=UTF-8" />
05	<meta http-equiv="Cache-Control" content="no-cache" />
06	<meta name="viewport" content="width=device-width" />
07	<meta name="MobileOptimized" content="320" />
08	<meta name="copyright" content="Copyright © 2013 Sohu.com Inc. All Rights Reserved." />
09	<meta name="description" content="手机搜狐" />
10	<meta name="keywords" content="名站" />
11	<link rel="apple-touch-icon-precomposed" href="images/logo-icon.png" />
12	<title>名站-手机搜狐</title>
13	<link rel="stylesheet" href="css/common.css" media="all" />
14	<link rel="stylesheet" href="css/main.css" media="all" />
15	</head>
16	<body>
17	<div class="hd">
18	<div class="h2">
19	<div class="cTtl" style="padding-left: 15px;">

序号	HTML 代码
20	`<a id="top"></a>名站导航`
21	`</div>`
22	`</div>`
23	`</div>`
24	`<div class="tab-content">`
25	`<section class="common_block famous">`
26	`<ul pbflag="famous">`
27	`<li pbtag="1"> <a href="#" class="fsohu">搜狐</a> </li>`
28	`<li pbtag="2"> <a href="#" class="fsogou">搜狗</a> </li>`
29	`<li pbtag="3"> <a href="#" class="fbaidu">百度</a> </li>`
30	`<li pbtag="4"> <a href="#" class="fsina">新浪</a> </li>`
31	`<li pbtag="5"> <a href="#" class="fqq">腾讯</a> </li>`
32	`<li pbtag="6"> <a href="#" class="f163">网易</a> </li>`
33	`<li pbtag="7"> <a href="#" class="fifeng">凤凰</a> </li>`
34	`<li pbtag="8"> <a href="#" class="fvip">唯品会</a> </li>`
35	`<li pbtag="10"> <a href="#" class="ftaobao">淘宝</a> </li>`
36	`</ul>`
37	`</section>`
38	`<div class="nav-urls">`
39	`<ul class="urls">`
40	`<li class="url sort"><a href="javascript:void(0);" class="btn"><b>&middot;新闻</b></a></li>`
41	`<li class="url"> <a href="#" class="btn"><b>人民</b></a> </li>`
42	`<li class="url"> <a href="#" class="btn"><b>新华</b></a> </li>`
43	`<li class="url"> <a href="#" class="btn"><b>央视</b></a> </li>`
44	`<li class="url"> <a href="3" class="btn"><b>环球</b></a> </li>`
45	`</ul>`
46	`<ul class="urls">`
47	`<li class="url sort"><a href="javascript:void(0);" class="btn"><b>&middot;体育</b></a></li>`
48	`<li class="url"> <a href="#" class="btn"><b>直播</b></a> </li>`
49	`<li class="url"> <a href="#" class="btn"><b>NBA</b></a> </li>`
50	`<li class="url"> <a href="#" class="btn"><b>足球</b></a> </li>`
51	`<li class="url"> <a href="#" class="btn"><b>虎扑</b></a> </li>`
52	`</ul>`
53	`<ul class="urls">`
54	`<li class="url sort"><a href="javascript:void(0);" class="btn"><b>&middot;购物</b></a></li>`
55	`<li class="url"><a href="#" class="btn"><b>淘宝</b></a></li>`
56	`<li class="url"><a href="#" class="btn"><b>京东</b></a></li>`
57	`<li class="url"><a href="#" class="btn"><b>唯品会</b></a></li>`
58	`<li class="url"><a href="#" class="btn"><b>美团</b></a></li>`
59	`</ul>`
60	`<ul class="urls">`
61	`<li class="url sort"><a href="javascript:void(0);" class="btn"><b>&middot;音乐</b></a></li>`
62	`<li class="url"><a href="#" class="btn"><b>百度</b></a></li>`
63	`<li class="url"><a href="#" class="btn"><b>酷狗</b></a></li>`
64	`<li class="url"><a href="#" class="btn"><b>酷我</b></a></li>`
65	`<li class="url"><a href="#" class="btn"><b>搜歌</b></a></li>`
66	`</ul>`
67	`<!--返回顶部-->`

序号	HTML 代码
68	<section class="reTop">
69	<a href="#top" class="btn btn1"><i class="i iF iF1"></i>返回顶部</a>
70	<!--单击时为按钮 a 增加 class：on-->
71	</section>
72	<!--返回顶部-->
73	<footer class="site">
74	<nav class="foo" style="background-color:#333333;">
75	<a href="http://m.sohu.com/">首页</a>
76	<a href="http://m.sohu.com/c/2/">新闻</a>
77	<a href="http://m.sohu.com/c/3/">体育</a>
78	<a href="http://m.sohu.com/c/4/">娱乐</a>
79	<a href="http://m.sohu.com/c/395/">导航</a>
80	</nav>
81	<p class="inf">
82	<a href="http://m.sohu.com/help/">留言</a><i class="hyp">-</i>
83	<a href="http://m.sohu.com/c/432/">合作</a>
84	</p>
85	<p class="cop">Copyright © 2013 Sohu.com</p>
86	</footer>
87	</div>
88	</div>
89	</body>
90	</html>

网页 0201.html 主体结构的 HTML 代码如表 2-2 所示，该网页主要包括多个名站的超链接。

表 2-2　网页 0201.html 主体结构的 HTML 代码

序号	HTML 代码
01	<div class="hd">　</div>
02	<div class="tab-content">
03	<section class="common_block famous">　</section>
04	<div class="nav-urls">
05	<ul class="urls">　</ul>
06	<ul class="urls">　</ul>
07	<ul class="urls">　</ul>
08	<ul class="urls">　</ul>
09	<section class="reTop">　</section>
10	<footer class="site">
11	<nav class="foo">　</nav>
12	<p class="inf">　</p>
13	<p class="cop">　</p>
14	</footer>
15	</div>
16	</div>

2. 网页 0201.html 的 CSS 代码探析

网页 0201.html 通用 CSS 代码定义如表 2-3 所示。

表 2-3　网页 0201.html 通用 CSS 代码

序号	CSS 代码	序号	CSS 代码
01	html,body,menu,ul,ol,li,p,div,img,a img {	22	h1,h2,h3,h4,h5,h6,b,i,em {
02	padding: 0;	23	font-size: 1em;
03	margin: 0;	24	font-weight: normal;
04	border: 0	25	font-style: normal
05	}	26	}
06		27	
07	html,body {	28	a {
08	overflow-x: hidden	29	text-decoration: none;
09	}	30	color: #08c
10		31	}
11	body {	32	
12	background: #f1f0ed url("../images/01.jpg")	33	img,video {
13	font-family: Helvetica;	34	vertical-align: middle
14	font: normal 14px/1.5 "Arial";	35	}
15	color: #333;	36	
16	-webkit-text-size-adjust: none	37	::-webkit-scrollbar {
17	}	38	width: 0
18		39	}
19	ul,ol,li {	40	b {
20	list-style: none	41	font-size: 1.2em;
21	}	42	}

网页 0201.html 主体结构的 CSS 代码如表 2-4 所示。

表 2-4　网页 0201.html 主体结构的 CSS 代码

序号	CSS 代码	序号	CSS 代码
01	.hd {	38	.urls:after {
02	position: relative;	39	content: ";
03	overflow: hidden;	40	display: block;
04	z-index: 30;	41	height: 0;
05	height: 49px;	42	clear: both
06	-webkit-box-shadow: 0 2px 4px	43	}
07	rgba(0,0,0,0.3);	44	
08	box-shadow: 0 2px 4px rgba(0,0,0,0.3);	45	.reTop {
09	background-image:	46	text-align: center;
10	-webkit-gradient(linear,0 0,0 100%,	47	margin: 20px 0;
11	from(#434343),to(#404040));	48	font-size: 16px
12	background-image:	49	}
13	linear-gradient(top,#434343,#404040)	50	
14	}	51	footer.site {
15		52	text-align: center;
16	.famous {	53	padding-bottom: 10px
17	border: 0;	54	}
18	}	55	

48

序号	CSS 代码	序号	CSS 代码
19		56	nav.foo {
20	.common_block {	57	font-size: 18px;
21	margin: 10px auto;	58	margin-bottom: 10px;
22	width: 96%;	59	background-image:
23	overflow: hidden;	60	-webkit-gradient(linear,0 0,0 100%,
24	}	61	from(#434343),to(#404040));
25		62	background-image:
26	.nav-urls {	63	linear-gradient(top,#434343,#404040)
27	margin: 0 6px 0;	64	}
28	-webkit-box-shadow: 0 1px 1px	65	nav.foo a {
29	rgba(7,0,2,0.25);	66	color: #fff;
30	box-shadow: 0 1px 1px rgba(7,0,2,0.25);	67	line-height: 40px;
31	background: #fff	68	margin: 0 3px
32	}	69	}
33		70	footer.site .inf {
34	footer.site .cop {	71	font-size: 16px;
35	color: #666;	72	color: #333;
36	font-size: 11.5px	73	margin: 0 0 5px
37	}	74	}

网页 0201.html 其他的 CSS 代码定义如表 2-5 所示。

表 2-5　网页 0201.html 其他的 CSS 代码

序号	CSS 代码	序号	CSS 代码
01	.hd .h2 {	84	.btn {
02	line-height: 49px;	85	display: inline-block;
03	font-size: 22px;	86	vertical-align: middle
04	color: #fff;	87	}
05	text-align: center;	88	
06	text-align: left;	89	.nav-urls .url {
07	}	90	width: 20%
08		91	}
09	.famous li {	92	
10	width: 33.33%;	93	.url .btn {
11	float: left;	94	display: block;
12	height: 35px;	95	font-size: 14px;
13	line-height: 35px;	96	line-height: 38px
14	border-bottom: 1px solid #d6d6d6;	97	}
15	background: #fff;	98	
16	}	99	.nav-urls .url .btn {
17		100	border: dashed #e3e3e3;
18	.famous li a {	101	border-width: 0 1px 1px 0;
19	display: block;	102	}
20	border-right: 1px solid #d6d6d6;	103	
21	height: 100%;	104	.nav-urls .sort .btn {
22	padding-left: 46px;	105	color: #999;
23	position: relative;	106	border-left: 0;

序号	CSS 代码	序号	CSS 代码
24	}	107	-webkit-tap-highlight-color: rgba(0,0,0,0)
25		108	}
26	.famous li a::before {	109	
27	content: '';	110	.nav-urls .urls .url .btn {
28	position: absolute;	111	border: dashed #e3e2e3;
29	width: 16px;	112	border-width: 0 1px 1px 0
30	height: 16px;	113	}
31	top: 50%;	114	
32	margin-top: -8px;	115	.nav-urls .urls:last-child .url .btn {.
33	left: 15px;	116	border-bottom: 0
34	background-image:	117	}
35	url(../images/websites.png);	118	
36	background-repeat: no-repeat;	119	.nav-urls .urls .url:last-child .btn {
37	-webkit-background-size: 16px auto	120	border-right: 0
38	}	121	}
39		122	
40	.famous li:nth-child(3n) a {	123	.nav-urls .urls .url .btn {
41	border-width: 0	124	boder-left: 0;
42	}	125	border-right: 0;
43		126	border-bottom: 1px solid #d6d6d6;
44	.famous li a.fsohu::before {	127	}
45	background-position: 0 0	128	
46	}	129	.url .btn, .tab .btn {
47		130	line-height: 45px;
48	.famous li a.fsogou::before {	131	}
49	background-position: 0 -220px	132	
50	}	133	.btn b {
51		134	display: block
52	.famous li a.fbaidu::before {	135	}
53	background-position: 0 -160px	136	
54	}	137	.btn1 {
55		138	border: 1px solid #d6d6d6;
56	.famous li a.fsina::before {	139	padding: 2px 12px;
57	background-position: 0 -100px	140	border-radius: 3px;
58	}	141	color: #666;
59		142	box-shadow: 0 1px 1px #fff inset;
60	.famous li a.fqq::before {	143	background: -webkit-gradient(linear,0 0 0
61	background-position: 0 -180px	144	100%,from(#f7f7f7),to(#ececec));
62	}	145	-webkit-tap-highlight-color: rgba(0,0,0,0)
63		146	}
64	.famous li a.f163::before {	147	
65	background-position: 0 -200px	148	.i {
66	}	149	background: url("../images/02.png")
67		150	no-repeat;
68	.famous li a.fifeng::before {	151	width: 10px;
69	background-position: 0 -20px	152	height: 10px;
70	}	153	display: inline-block;
71		154	vertical-align: middle;
72	.famous li a.fvip::before {	155	-webkit-background-size: 200px auto;

序号	CSS 代码	序号	CSS 代码
73	background-position: 0 -240px	156	background-size: 200px auto
74	}	157	}
75		158	
76	.famous li a.ftaobao::before {	159	.iF {
77	background-position: 0 -140px	160	width: 20px;
78	}	161	height: 20px
79		162	}
80	.url {	163	
81	float: left;	164	.iF1 {
82	text-align: center	165	background-position: -40px -40px
83	}	166	}

知识梳理

1. HTML5 中常用的文本标签

（1）<details>标签与<summary>标签

<details>标签用于描述文档或文档某个部分的细节，目前只有 Chrome 浏览器支持<details>标签，可以与<summary>标签配合使用。

<summary>标签用于描述有关文档的详细信息，示例代码如下所示：

<details>

    <summary>HTML 5</summary>

      This document teaches you everything you have to learn about HTML 5.

</details>

<summary>标签为<details>元素定义标题，<details>元素用于描述有关文档或文档片段的详细信息。<summary>标签应与<details>标签一起使用。标题是可见的，当用户单击标题时会显示出详细信息。<summary>元素应该是<details>元素的第一个子元素。

（2）<bdi>标签

<bdi>标签用于设置一段文本，使其脱离其父元素的文本方向设置。

（3）<ruby>标签、<rt>标签与<rp>标签

<ruby>标签用于定义 ruby 注释（中文注音或字符）。与<rt>标签一同使用。<ruby>元素由一个或多个字符（需要一个解释或发音）和一个提供该信息的<rt>元素组成，还包括可选的<rp>元素，定义当浏览器不支持<ruby>标签时显示的内容。

<rt>标签用于定义字符（中文注音或字符）的解释或发音。

<rp>标签在 ruby 注释中使用，以定义不支持<ruby>元素的浏览器所显示的内容。

（4）<mark>标签

<mark>标签主要用来在视觉上向用户呈现那些需要突出显示或高亮显示的文字，典型应用是搜索结果中高亮显示搜索关键字。

（5）<time>标签

<time>标签用于定义日期或时间，也可以两者同时。示例代码如下所示：

<p>我们在每天早上 <time>9:00</time> 开始营业。</p>

<p>我在 <time datetime="2015-02-14">情人节</time>有个约会。</p>

<time>标签定义公历的时间（24 小时制）或日期，时间和时区偏移是可选的。该元素能够以机器可读的方式对日期和时间进行编码，当用户把生日提醒或排定的事件添加到用户日程表中，搜索引擎也能够生成更智能的搜索结果。

<time>标签不会在任何浏览器中呈现任何特殊效果，目前所有主流浏览器都不支持<time>标签。

（6）<meter>标签

<meter>标签用于定义度量衡。仅用于已知最大和最小值的度量。

（7）<progress>标签

<progress>标签用于定义任何类型任务的运行进度，可以使用<progress>元素显示 JavaScript 中耗时时间函数的进程。

（8）
 标签与<wbr>标签

标签可插入一个简单的换行符，使用
来输入空行，而不是分割段落。
 标签是空标签（意味着它没有结束标签，因此这是错误的：
</br>）。在 XHTML 中，把结束标签放在开始标签中，也就是
。

标签只是简单地开始新的一行，而当浏览器遇到<p>标签时，通常会在相邻的段落之间插入一些垂直的间距。

<wbr>标签表示软换行，用于在文本中添加换行符。与
标签元素的区别是
标签表示此处必须换行；<wbr>表示浏览器窗口或父级元素足够宽时（没必要换行时）则不换行，而宽度不够时主动在此处换行。

2．CSS 文本属性（Text）

CSS 文本属性可定义文本的外观，通过文本属性，可以改变文本的颜色、字符间距、对齐文本、装饰文本，以及对文本进行缩进等。

（1）缩进文本

把 Web 页面中段落的第一行缩进，这是一种最常用的文本格式化效果。CSS 提供了 text-indent 属性，该属性可以方便地实现文本缩进。通过使用 text-indent 属性，所有元素的第一行都可以缩进一个给定的长度，甚至该长度可以是负值。

text-indent 属性最常见的用途是将段落的首行缩进，下面的规则会使所有段落的首行缩进 5em：

p {text-indent: 5em;}

一般来说，可以为所有块级元素应用 text-indent，但无法将该属性应用于行内元素，图像之类的替换元素上也无法应用 text-indent 属性。不过，如果一个块级元素（如段落）的首行中有一个图像，它会随该行的其余文本移动。如果想把一个行内元素的第一行"缩进"，可以用左内边距或外边距创造这种效果。

text-indent 属性值还可以设置为负值，利用这种技术，可以实现很多有趣的效果，如"悬挂缩进"，即第一行悬挂在元素中余下部分的左边，示例代码如下：

p {text-indent: -5em;}

不过在为 text-indent 设置负值时要当心，如果对一个段落设置了负值，那么首行的某些文本可能会超出浏览器窗口的左边界。为了避免出现这种显示问题，建议针对负缩进再设置一个外边距或一些内边距，示例代码如下：

p {text-indent: -5em; padding-left: 5em;}

text-indent 属性值可以使用所有长度单位，包括百分比值。百分数要相对于缩进元素父元素的宽度。换句话说，如果将缩进值设置为 20%，所影响元素的第一行会缩进其父元素宽度的 20%。

在以下示例代码中，缩进值是父元素的 20%，即 100 个像素：

div {width: 500px;}

p {text-indent: 20%;}

<div>

    <p>this is a paragragh</p>

</div>

text-indent 属性可以继承。

（2）水平对齐

text-align 是一个基本的属性，它会影响一个元素中的文本行互相之间的对齐方式，其取值 left、right 和 center 会导致元素中的文本分别左对齐、右对齐和居中。

（3）字间隔

word-spacing 属性可以改变字（单词）之间的标准间隔，其默认值 normal 与设置值为 0 是一样的。word-spacing 属性接受一个正长度值或负长度值。如果提供一个正长度值，那么文字之间的间隔就会增加。为 word-spacing 设置一个负值，就会把文字拉近，示例代码如下：

p.spread {word-spacing: 30px;}

p.tight {word-spacing: -0.5em;}

（4）字母间隔

与 word-spacing 属性一样，letter-spacing 属性的可取值包括所有长度，默认关键字是 normal（这与 letter-spacing:0 相同）。输入的长度值会使字母之间的间隔增加或减少指定的量，示例代码如下：

h1 {letter-spacing: -0.5em}

h4 {letter-spacing: 20px}

letter-spacing 属性与 word-spacing 的区别在于，字母间隔修改的是字符或字母之间的间隔。

（5）字符转换

text-transform 属性处理文本的大小写，该属性有 4 个取值：none、uppercase、lowercase 和 capitalize。默认值 none 对文本不做任何改动，将使用源文档中的原有大小写。顾名思义，uppercase 和 lowercase 将文本转换为全大写和全小写字符，capitalize 只对每个单词的首字母大写。

（6）文本装饰

text-decoration 属性提供了很多非常有趣的行为，text-decoration 有 5 个值：none、underline、overline、line-through、blink，不出所料，underline 会对元素加下划线， overline 的作用恰好相反，会在文本的顶端画一个上划线，line-through 则在文本中间画一个贯穿线，blink 会让文本闪烁。

none 值会关闭原本应用到一个元素上的所有装饰。通常，无装饰的文本是默认外观，但也不总是这样。例如，链接默认地会有下划线，如果希望去掉超链接的下划线，可以使用以下 CSS 来做到这一点：

a {text-decoration: none;}

注意：如果显式地用这样一个规则去掉链接的下划线，那么超链接与正常文本之间在视觉上的唯一差别就是颜色。

（7）文本阴影

在 CSS3 中，text-shadow 可向文本应用阴影，允许规定水平阴影、垂直阴影、模糊距离及阴影的颜色。

（8）处理空白符

white-space 属性会影响到对源文档中的空格、换行和 tab 字符的处理。通过使用该属性，可以影响浏览器处理字之间和文本行之间的空白符的方式。从某种程度上讲，默认的 XHTML 处理已经完成了空白符处理——它会把所有空白符合并为一个空格。所以给定以下代码，它在 Web 浏览器中显示时，各个字之间只会显示一个空格，同时忽略元素中的换行：

<p>This   paragraph has   many   spaces   in it.</p>

可以使用以下声明显式地设置这种默认行为：

p {white-space: normal;}

上面的规则告诉浏览器按照平常的做法去处理——丢掉多余的空白符。如果给定这个值，换行字符（回车）会转换为空格，一行中多个空格也会转换为一个空格。

如果将 white-space 设置为 pre，受这个属性影响的元素中，空白符的处理就有所不同，其行为就像 XHTML 的<pre>元素一样，空白符不会被忽略。

3．CSS 字体属性（Font）

CSS 字体属性定义文本的字体系列、大小、加粗、风格（如斜体）和变形（如小型大写字母）。

（1）CSS 字体系列

在 CSS 中，有两种不同类型的字体系列：

① 通用字体系列：拥有相似外观的字体系统组合（如"serif"或"monospace"）。

② 特定字体系列：具体的字体系列（如"Times"或"Courier"）。

除了各种特定的字体系列外，CSS 定义了 5 种通用字体系列：serif 字体、sans-serif 字体、monospace 字体、cursive 字体和 fantasy 字体。

使用 font-family 属性定义文本的字体系列。如果希望文档使用一种 sans-serif 字体，但是并不关心是哪一种字体，以下就是一个合适的声明：

body {font-family: sans-serif;}

这样就会从 sans-serif 字体系列中选择一个字体（如 Helvetica），并将其应用到 body 元素。因为有继承，这种字体选择还将应用到 body 元素中包含的所有元素，除非有一种更特定的选择器将其覆盖。

除了使用通用的字体系列，还可以通过 font-family 属性设置更具体的字体。下面的实例为所有<h1>元素设置了 Georgia 字体：

h1 {font-family: Georgia;}

这样的规则同时会产生另外一个问题，如果计算机中没有安装 Georgia 字体，就只能使用默认字体来显示<h1>元素。我们可以通过结合特定字体名和通用字体系列来解决这个问题，示例代码如下：

h1 {font-family: Georgia, serif;}

如果计算机中没有安装 Georgia 字体，但安装了 Times 字体（serif 字体系列中的一种字体），就可能对<h1>元素使用 Times。尽管 Times 与 Georgia 并不完全匹配，但至少足够接近。

建议在所有 font-family 规则中都提供一个通用字体系列，这样就提供了一条后路，在无法提供与规则匹配的特定字体时，就可以选择一个候选字体。

也许已经注意到了，上面的实例中使用了单引号。只有当字体名中有一个或多个空格（如 New York），或者如果字体名包括#或$之类的符号，才需要在 font-family 声明中加引号。单引号或双引号都可以接受。但是，如果把一个 font-family 属性放在 HTML 的 style 属性中，则需要使用该属性本身未使用的那种引号，示例代码如下：

```
<p style="font-family: Times, 'New York', serif;">…</p>
```

（2）字体风格

font-style 属性最常用于规定斜体文本，该属性有 3 个取值：normal（文本正常显示）、italic（文本斜体显示）、oblique（文本倾斜显示）。

（3）字体变形

font-variant 属性可以设定小型大写字母，小型大写字母不是一般的大写字母，也不是小写字母，这种字母采用不同大小的大写字母。

（4）字体加粗

font-weight 属性设置文本的粗细，使用 bold 关键字可以将文本设置为粗体。关键字 100～900 为字体指定了 9 级加粗度。如果一个字体内置了这些加粗级别，那么这些数字就直接映射到预定义的级别，100 对应最细的字体变形，900 对应最粗的字体变形。数字 400 等价于 normal，而 700 等价于 bold。

如果将元素的加粗设置为 bolder，浏览器会设置比所继承值更粗的一个字体加粗。与此相反，关键词 lighter 会导致浏览器将加粗度下移而不是上移。

（5）字体大小

font-size 属性设置文本的大小，font-size 值可以是绝对或相对值。绝对值是指将文本设置为指定的大小，不允许用户在所有浏览器中改变文本大小，绝对大小在确定了输出的物理尺寸时很有用。相对大小是指相对于周围的元素来设置大小，允许用户在浏览器改变文本大小。注意：如果没有规定字体大小，普通文本（如段落）的默认大小是 16px（16px=1em）。

通过像素设置文本大小，可以对文本大小进行完全控制，示例代码如下：

```
h2 {font-size:40px;}
p {font-size:14px;}
```

还可以使用 em 来设置字体大小，如果要避免在 Internet Explorer 中无法调整文本的问题，许多开发者使用 em 单位代替 pixels。W3C 推荐使用 em 尺寸单位，1em 等于当前的字体尺寸。如果一个元素的 font-size 为 16px，那么对于该元素，1em 就等于 16px。在设置字体大小时，em 的值会相对于父元素的字体大小改变。浏览器中默认的文本大小是 16px，因此 1em 的默认尺寸是 16px。

可以使用这个公式将 pixels 转换为 em：pixels/16=em，示例代码如下：

```
h2 {font-size:2.5em;}      /* 40px/16=2.5em */
p {font-size:0.875em;}     /* 14px/16=0.875em */
```

在上面的实例中，以 em 为单位的文本大小与前一个实例中以 pixels 计的文本是相同的。不过，如果使用 em 单位，则可以在所有浏览器中调整文本大小。

注意，16 等于父元素的默认字体大小，假设父元素的 font-size 为 20px，那么公式需改为：

pixels/20=em

在所有浏览器中均有效的方案是为<body>元素（父元素）以百分比设置默认的 font-size 值，示例代码如下：

body {font-size:100%;}

h2 {font-size:2.5em;}

p {font-size:0.875em;}

（6）CSS3 @font-face 规则

在 CSS3 之前，我们必须使用已在用户计算机上安装好的字体，通过 CSS3，则可以使用我们喜欢的任意字体。当我们找到或购买到希望使用的字体时，可将该字体文件存放到 Web 服务器上，它会在需要时被自动下载到用户的计算机上。

我们自己使用的字体是在 CSS3 @font-face 规则中定义的，在新的@font-face 规则中，必须首先定义字体的名称（如 myFont），然后指向该字体文件。如果需要为 HTML 元素使用字体，则通过 font-family 属性来引用字体的名称 myFont。

以下示例代码是使用粗体字体的实例，必须为粗体文本添加另一个包含描述符的@font-face。

```
<style>
  @font-face
  {
    font-family: myFont;
    src: url(' Sansation_Bold.ttf'),
        url(' Sansation_Bold.eot'); /* IE9+ */
    font-weight:bold;
  }
  div
  {
    font-family:myFont;
  }
</style>
```

上述 CSS 定义中的文件"Sansation_Bold.ttf" 是另一个字体文件，它包含了 Sansation 字体的粗体字符。只要 font-family 为"myFont"的文本需要显示为粗体，浏览器就会使用该字体。通过这种方式，我们可以为相同的字体设置许多@font-face 规则。

表 2-6 中列出了能够在@font-face 规则中定义的所有字体描述符。

表 2-6　能够在@font-face 规则中定义的字体描述符

描述符名称	允许的取值	使用说明
font-family	name	必需项，规定字体的名称
src	URL	必需项，定义字体文件的 URL
font-stretch	normal、condensed、ultra-condensed、extra-condensed、semi-condensed、 expanded、 semi-expanded、extra-expanded、ultra-expanded	可选项，定义如何拉伸字体，默认是"normal"

描述符名称	允许的取值	使用说明
font-style	normal、italic、oblique	可选项，定义字体的样式，默认是"normal"
font-weight	normal、bold、100、200、300、400、500、600、700、800、900	可选项，定义字体的粗细，默认是"normal"
unicode-range	unicode-range	可选项，定义字体支持的 UNICODE 字符范围，默认是"U+0-10FFFF"

4．CSS 颜色

颜色是通过对红、绿和蓝光的组合来显示的。

（1）颜色值

CSS 颜色使用组合了红、绿、蓝颜色值（RGB）的十六进制（HEX）表示法进行定义。对光源进行设置的最低值可以是 0（十六进制 00），最高值是 255（十六进制 FF）。十六进制值使用 3 个两位数来编写，并以#符号开头。CSS 常用颜色的 HEX 表示法与 RGB 表示法如表 2-7 所示。

表 2-7　CSS 常用颜色的 HEX 表示法与 RGB 表示法

颜色 HEX 表示法	颜色 RGB 表示法	颜色 HEX 表示法	颜色 RGB 表示法
#000000	rgb(0,0,0)	#00FFFF	rgb(0,255,255)
#FF0000	rgb(255,0,0)	#FF00FF	rgb(255,0,255)
#00FF00	rgb(0,255,0)	#FFFFFF	rgb(255,255,255)
#0000FF	rgb(0,0,255)	#CCCCCC	rgb(204,204,204)
#FFFF00	rgb(255,255,0)	#C0C0C0	rgb(192,192,192)

从 0～255 种红、绿、蓝三原色的值能够组合出总共超过 16000000 种不同的颜色（根据 256×256×256 计算）。当今，大多数显示器都能显示出至少 16384 种不同的颜色。多年前，当计算机只支持最多 256 种颜色时，216 种"网络安全色"列表被定义为 Web 标准，并保留了 40 种固定的系统颜色。现在，这些都不重要了，因为大多数计算机都能显示数百万种颜色。

（2）CSS 中的颜色的表示方法

① 十六进制颜色

十六进制颜色是这样规定的：#RRGGBB，其中的 RR（红色）、GG（绿色）、BB（蓝色）十六进制整数规定了颜色的成分，所有值必须介于 0 与 FF 之间。所有浏览器都支持十六进制颜色值。例如，#0000ff 值显示为蓝色，这是因为蓝色成分被设置为最高值（ff），而其他成分被设置为 0。

② RGB 颜色

RGB 颜色值的表示方式为 rgb(red, green, blue)，每个参数(red、green 及 blue)定义颜色的强度，可以是介于 0～255 之间的整数，或者是百分比值（从 0%～100%）。所有浏览器都支持 RGB 颜色值。例如，rgb(0,0,255)值显示为蓝色，这是因为 blue 参数被设置为最高值（255），而其他被设置为 0。同样地，以下两种表示方式定义了相同的颜色：rgb(0,0,255)和 rgb(0%,0%,100%)。

③ RGBA 颜色

RGBA 颜色值是 RGB 颜色值的扩展，带有一个 alpha 通道（它规定了对象的不透明度）。RGBA 颜色值的表示方式为：rgba(red, green, blue, alpha)，其中 alpha 参数是介于 0.0（完全透明）与 1.0（完全不透明）之间的数字。RGBA 颜色值得到以下浏览器的支持：IE9+、Firefox 3+、Chrome、Safari 及 Opera 10+。例如，rgba(255,0,0,0.5)值显示为红色，不透明度为 0.5。

④ HSL 颜色

HSL 指的是 Bue（色调）、Saturation（饱和度）、Lightness（亮度）。HSL 颜色值的表示方式为：hsl(hue, saturation, lightness)，例如，hsl(120,65%,75%)。hue 是色盘上的度数（从 0~360），0（或 360）是红色，120 是绿色，240 是蓝色；saturation 是百分比值；0%意味着灰色，而 100% 是全彩；lightness 同样是百分比值，0%是黑色，100%是白色。HSL 颜色值得到以下浏览器的支持：IE9+、Firefox、Chrome、Safari 及 Opera 10+。

⑤ HSLA 颜色

HSLA 颜色值是 HSL 颜色值的扩展，带有一个 alpha 通道（它规定了对象的不透明度）。HSLA 颜色值表示方式为：hsla(hue, saturation, lightness, alpha)，其中的 alpha 参数定义不透明度，alpha 参数是介于 0.0(完全透明)与 1.0(完全不透明)之间的数字。例如，hsla(120,65%,75%,0.3)。HSLA 颜色值得到以下浏览器的支持：IE9+、Firefox 3+、Chrome、Safari 及 Opera 10+。

⑥ 预定义/跨浏览器颜色名

HTML 和 CSS 颜色规范中定义了 147 种颜色名（17 种标准颜色加 130 种其他颜色）。17 种标准色分别是 aqua、black、blue、fuchsia、gray、green、lime、maroon、navy、olive、orange、purple、red、silver、teal、white、yellow。所有浏览器都支持的颜色名。

5．网页元素的水平对齐

在 CSS 中，可以使用多种属性来水平对齐元素。

（1）使用 text-align 属性水平对齐元素

块元素指的是占据全部可用宽度的元素，并且在其前后都会换行。网页中常见的块元素有 <h1>、<p>、<div>。text-align 是一个基本的属性，它会影响一个元素中的文本行互相之间的对齐方式。

（2）使用 margin 属性水平对齐块元素

将块级元素或表元素居中，要通过在这些元素上适当地设置左、右外边距来实现，可通过将左和右外边距设置为 "auto" 来对齐块元素。把左和右外边距设置为 auto，规定的是均等地分配可用的外边距，结果就是居中的元素，示例代码如下：

```
.center
    {
    margin-left:auto;
    margin-right:auto;
    width:70%;
    background-color:#b0e0e6;
    }
```

如果宽度是 100%，则对齐没有效果。

（3）使用 position 属性进行左和右对齐

对齐元素的方法之一是使用绝对定位，绝对定位元素会从正常流中删除，并且能够交叠元素。示例代码如下：

```
.right
    {
        position:absolute;
        right:0px;
        width:300px;
        background-color:#b0e0e6;
    }
```

（4）使用 float 属性来进行左和右对齐

对齐元素的另一种方法是使用 float 属性，示例代码如下：

```
.right
    {
        float:right;
        width:300px;
        background-color:#b0e0e6;
    }
```

6．CSS 链接属性（Hyperlink）

（1）设置链接的样式

链接的特殊性在于能够根据它们所处的状态来设置它们的样式，能够设置链接样式的 CSS 属性有很多种（如 color、font-family、background 等）。链接有 4 种状态：a:link（普通的、未被访问的链接）、a:visited（用户已访问的链接）、a:hover（鼠标指针位于链接的上方）和 a:active（链接被单击的时刻）。

设置链接样式的示例代码如下：

```
a:link {color:#FF0000;}      /* 未被访问的链接 */
a:visited {color:#00FF00;}    /* 已被访问的链接 */
a:hover {color:#FF00FF;}      /* 鼠标指针移动到链接上 */
a:active {color:#0000FF;}     /* 正在被单击的链接 */
```

当为链接的不同状态设置样式时，请按照以下次序规则：a:hover 必须位于 a:link 和 a:visited 之后，a:active 必须位于 a:hover 之后。

（2）常见的链接样式

① 文本修饰

text-decoration 属性大多用于去掉链接中的下划线，示例代码如下：

```
a:link {text-decoration:none;}
a:visited {text-decoration:none;}
a:hover {text-decoration:underline;}
a:active {text-decoration:underline;}
```

② 背景色

background-color 属性用于设置链接的背景色，示例代码如下：

```
a:link {background-color:#B2FF99;}
a:visited {background-color:#FFFF85;}
```

```
a:hover {background-color:#FF704D;}
a:active {background-color:#FF704D;}
```

7．CSS 导航栏

拥有易用的导航栏对于任何网站都很重要，通过 CSS，能够把乏味的 HTML 菜单转换为漂亮的导航栏。导航栏基本上是一个链接列表，因此使用\<ul\>和\<li\> 元素是非常合适的，示例代码如下：

```
<ul>
  <li><a href="default.html">Home</a></li>
  <li><a href="news.html">News</a></li>
  <li><a href="contact.html">Contact</a></li>
  <li><a href="about.html">About</a></li>
</ul>
```

设置样式从列表中去掉圆点和外边距的 CSS 代码如下：

```
ul
{
  list-style-type:none;
  margin:0;
  padding:0;
}
```

list-style-type:none 表示删除圆点，导航栏不需要列表项标记。把外边距和内边距设置为 0 可以去除浏览器的默认设定。

（1）垂直导航栏

如需构建垂直导航栏，我们只需要定义\<a\>元素的样式，除了上面的代码之外，添加以下代码：

```
a
{
  display:block;
  width:60px;
}
```

display:block：把链接显示为块元素可使整个链接区域可单击（不仅仅是文本），同时也允许我们规定宽度。width:60px：块元素默认占用全部可用宽度，我们需要规定 60px 的宽度。始终规定垂直导航栏中\<a\>元素的宽度，如果省略宽度，IE6 会产生意想不到的结果。

（2）水平导航栏

有两种创建水平导航栏的方法。使用行内或浮动列表项。两种方法都不错，但是如果希望链接拥有相同的尺寸，就必须使用浮动方法。

① 行内列表项

除了上面的标准代码，构建水平导航栏的方法之一是将\<li\>元素规定为行内元素，示例代码如下：

```
li
{
```

```
display:inline;
}
```

display:inline：默认地，<li>元素是块元素。在这里，我们去除了每个列表项前后的换行，以便让它们在一行中显示。

② 对列表项进行浮动

在上面的实例中，链接的宽度是不同的。为了让所有链接拥有相等的宽度，浮动<li>元素并规定<a>元素的宽度：

```
li
{
float:left;
}
a
{
display:block;
width:60px;
}
```

引导训练

【任务 2-2】设计手机搜狐网的站内导航网页

【任务描述】

编写 HTML 代码和 CSS 代码，设计图 2-2 所示手机搜狐网的站内导航网页 0202.html。

手机搜狐网的站内导航网页 0202.html 的主体结构为上、中、下结构，如图 2-2 所示。顶部内容包括返回链接按钮、标题文字和主页链接按钮，中部内容包括多行分类的站内页面导航超链接，底部内容包括多个超链接和版权信息。

网页 0202.html 顶部结构使用<header>标签实现，中部结构使用<section>标签实现，底部结构使用<footer>标签实现。

【任务实施】

1．网页 0202.html 的主体结构设计

在本地硬盘的文件夹"02 文本新闻浏览网页设计\0202"中创建网页 0202.html。

（1）定义网页 0202.html 通用 CSS 代码

网页 0202.html 通用的 CSS 代码定义如表 2-8 所示。

图 2-2　手机搜狐网的站内导航网页 0202.html 的浏览效果

表 2-8　网页 0202.html 通用的 CSS 代码定义

序号	CSS 代码	序号	CSS 代码
01	html,body,menu,ul,ol,li,p,div,img,a img {	19	body,input,button,textarea,select {
02	padding: 0;	20	font-family: "Microsoft YaHei",Helvetica;
03	margin: 0;	21	-webkit-text-size-adjust: none;
04	border: 0	22	font: normal 14px/1.5em helvetica,
05	}	23	verdana,san-serif;
06		24	outline: 0;
07	ul,ol,li {	25	color: #333
08	list-style: none	26	}
09	}	27	
10	h1,h2,h3,h4,h5,h6,b,i,em {	28	body {
11	font-size: 1em;	29	min-width: 320px;
12	font-weight: normal;	30	margin: 0 auto;
13	font-style: normal	31	background: #fff
14	}	32	}
15	a {	33	
16	text-decoration: none;	34	.img img,video {
17	color: #333	35	vertical-align: middle
18	}	36	}

（2）定义网页 0202.html 主体结构的 CSS 代码

网页 0202.html 主体结构的 CSS 代码如表 2-9 所示。

表 2-9　网页 0202.html 主体结构的 CSS 代码

序号	CSS 代码	序号	CSS 代码
01	header {	16	nav.foo {
02	position: relative;	17	font-size: 18px;
03	height: 51px;	18	background: -webkit-gradient(linear,0 0,0
04	background: -o-linear-gradient(top,	19	100%,from(#333),to(#272627));
05	#fcd007,#fccb01);	20	margin-bottom: 10px
06	background: -webkit-gradient(linear,0 0,0	21	}
07	100%,from(#fcd007),to(#fccb01));	22	
08	-webkit-box-shadow: 0 2px 4px	23	footer.site .func {
09	rgba(0,0,0,0.3);	24	margin: 0 0 5px
10	box-shadow: 0 2px 4px rgba(0,0,0,0.3);	25	}
11	}	26	
12	footer.site {	27	footer.site .cop {
13	text-align: center;	28	color: #666;
14	padding-bottom: 10px	29	font-size: 12px
15	}	30	}

（3）编写网页 0202.html 主体结构的 HTML 代码

网页 0202.html 主体结构的 HTML 代码如表 2-10 所示。

表 2-10 网页 0202.html 主体结构的 HTML 代码

序号	HTML 代码
01	<!DOCTYPE html>
02	<html>
03	<head>
04	<meta http-equiv="Content-Type" content="text/html; charset=UTF-8" />
05	<meta http-equiv="Cache-Control" content="no-cache" />
06	<meta name="viewport" content="width=device-width" />
07	<meta name="MobileOptimized" content="320" />
08	<meta name="copyright" content="Copyright © 2014 Sohu.com" />
09	<meta name="description" content="手机搜狐触版- m.sohu.com" />
10	<meta name="keywords" content="手机搜狐网,搜狐手机版,搜狐新闻,搜狐" />
11	<title>站内导航-手机搜狐</title>
12	<link rel="stylesheet" href="css/common.css" />
13	<link rel="stylesheet" href="css/main.css" />
14	</head>
15	<body>
16	<header class="h"> </header>
17	<section class="cnl">
18	<div class="ls"> </div>
19	</section>
20	<footer class="site">
21	<nav class="foo"> </nav>
22	<section class="func"> </section>
23	<p class="cop"> </p>
24	</footer>
25	</body>
26	</html>

2. 网页 0202.html 的局部内容设计

（1）网页 0202.html 的顶部内容设计

网页 0202.html 顶部内容的 CSS 代码定义如表 2-11 所示。

表 2-11 网页 0202.html 顶部内容的 CSS 代码

序号	CSS 代码	序号	CSS 代码
01	header h2 {	28	.reHome {
02	line-height: 49px;	29	background-position: left top;
03	font-size: 22px;	30	padding-left: 10px
04	color: #333;	31	}
05	text-align: center	32	
06	}	33	.i {
07	.reHome,.reBack {	34	width: 16px;
08	position: absolute;	35	height: 16px;
09	right: 10px;	36	display: inline-block;
10	top: 0;	37	vertical-align: middle;
11	display: block;	38	background-size: 150px;

序号	CSS 代码	序号	CSS 代码
12	text-align: center;	39	margin-bottom: .24em;
13	color: #333;	40	background-image: url(../images/02.png);
14	font-size: 18px;	41	background-repeat: no-repeat;
15	height: 100%;	42	}
16	line-height: 49px;	43	
17	min-width: 50px;	44	.i {
18	background-size: 2px;	45	background-image: url(../images/03.png)
19	background-image: url(../images/01.png);	46	}
20	background-repeat: repeat-y;	47	
21	}	48	.iF4 {
22	.reBack {	49	background-position: 0 -50px
23	left: 10px;	50	}
24	right: auto;	51	
25	background-position: right top;	52	.iF8 {
26	padding-right: 10px;	53	background-position: 0 -75px
27	}	54	}

在网页 0202.html 顶部代码"<header class="h">"与"</header>"之间编写 HTML 代码,实现其功能,网页 0202.html 顶部内容的 HTML 代码如表 2-12 所示。

表 2-12　网页 0202.html 顶部内容的 HTML 代码

序号	HTML 代码
01	<header class="h">
02	<h2 class="cTtl">站内导航-手机搜狐</h2>
03	<a href="" onclick="javascript:history.go(-1);return false;" class="reBack">
04	<i class="i iF iF8"></i>
05	</a>
06	<a href="http://m.sohu.com/" class="reHome"> <i class="i iF iF4"></i> </a>
07	</header>

(2)网页 0202.html 的中部内容设计

网页 0202.html 中部内容的 CSS 代码定义如表 2-13 所示。

表 2-13　网页 0202.html 中部内容的 CSS 代码

序号	CSS 代码	序号	CSS 代码
01	.ls .it {	14	.hs a {
02	border-bottom: 1px dashed #d6d6d6	15	display: block;
03	}	16	width: 50px;
04		17	text-align: center
05	.ls .it:last-child {	18	}
06	border-bottom: 0	19	.hs .h3 {
07	}	20	color: #3783c6
08		21	}

序号	CSS 代码	序号	CSS 代码
09	.hs {	22	
10	padding: 10px;	23	.sep{
11	display: -webkit-box;	24	font-size: xx-large;
12	font-size: 18px	25	font-weight: 900;
13	}	26	}

在网页 0202.html 中部代码"<div class="ls">"和"</div>"之间编写 HTML 代码,实现其功能,网页 0202.html 中部内容的 HTML 代码如表 2-14 所示。

表 2-14　网页 0202.html 中部内容的 HTML 代码

序号	HTML 代码
01	<section class="cnl">
02	<div class="ls">
03	<div class="it">
04	<div class="hs">
05	<a class="h3" href="http://m.sohu.com/c/2/">新闻</a>
06	<i class="sep">·</i>
07	<a href="http://m.sohu.com/c/32/" class="h3Sub">国内</a>
08	<a href="http://m.sohu.com/c/57/" class="h3Sub">国际</a>
09	<a href="http://m.sohu.com/c/53/" class="h3Sub">社会</a>
10	<a href="http://m.sohu.com/cl/2686/" class="h3Sub">评论</a>
11	<a href="http://m.sohu.com/c/2714/" class="h3Sub">策划</a>
12	</div>
13	<div class="hs">
14	<a class="h3" href=""> </a>
15	<i class="sep">·</i>
16	<a href="http://m.sohu.com/c/55/" class="h3Sub">图库</a>
17	<a href="http://m.sohu.com/c/5100/" class="h3Sub">历史</a>
18	<a href="http://m.sohu.com/c/568/" class="h3Sub">专题</a>
19	<a href="http://m.sohu.com/c/497/" class="h3Sub">排行</a>
20	<a href="http://m.sohu.com/cr/2/" class="h3Sub">快讯</a>
21	</div>
22	</div>
23	<div class="it">
24	<div class="hs">
25	<a class="h3" href="http://m.sohu.com/c/3/">体育</a>
26	<i class="sep">·</i>
27	<a href="http://m.sohu.com/c/315/" class="h3Sub">篮球</a>
28	<a href="http://m.sohu.com/c/24/" class="h3Sub">NBA</a>
29	<a href="http://m.sohu.com/c/27/" class="h3Sub">综合</a>
30	<a href="http://m.sohu.com/c/28/" class="h3Sub">彩票</a>
31	<a href="http://m.sohu.com/c/31/" class="h3Sub">图库</a>
32	</div>
33	<div class="hs">
34	<a class="h3" href=""> </a>
35	<i class="sep">·</i>
36	<a href="http://m.sohu.com/c/26/" class="h3Sub">国际</a>

序号	HTML 代码
37	`<a href="http://m.sohu.com/c/208/" class="h3Sub">欧冠</a>`
38	`<a href="http://m.sohu.com/c/79/" class="h3Sub">英超</a>`
39	`<a href="http://m.sohu.com/c/81/" class="h3Sub">西甲</a>`
40	`<a href="http://m.sohu.com/c/80/" class="h3Sub">意甲</a>`
41	`</div>`
42	`<div class="hs">`
43	`<a class="h3" href=""> </a>`
44	`<i class="sep">&middot;</i>`
45	`<a href="http://m.sohu.com/c/25/" class="h3Sub">国内</a>`
46	`<a href="http://m.sohu.com/c/82/" class="h3Sub">中超</a>`
47	`<a href="http://m.sohu.com/c/89/" class="h3Sub">亚冠</a>`
48	`<a href="http://m.sohu.com/c/1586/" class="h3Sub">奥运</a>`
49	`<a href="http://zhibo.m.sohu.com/?_once_=000090_zhibo" class="h3Sub">直播</a>`
50	`</div>`
51	`</div>`
52	`<div class="it">`
53	`<div class="hs">`
54	`<a class="h3" href="http://m.sohu.com/c/1592/">汽车</a>`
55	`<i class="sep">&middot;</i>`
56	`<a href="http://m.sohu.com/c/1918/" class="h3Sub">新车</a>`
57	`<a href="http://m.sohu.com/c/1944/" class="h3Sub">导购</a>`
58	`<a href="http://m.sohu.com/cl/2026/" class="h3Sub">用车</a>`
59	`<a href="http://m.sohu.com/c/3445/" class="h3Sub">行情</a>`
60	`<a href="#" class="h3Sub">车型</a>`
61	`</div>`
62	`</div>`
63	`<div class="it">`
64	`<div class="hs">`
65	`<a class="h3" href="http://m.sohu.com/c/266/?v=3">科技</a>`
66	`<i class="sep">&middot;</i>`
67	`<a href="http://m.sohu.com/c/190/" class="h3Sub">网络</a>`
68	`<a href="http://m.sohu.com/c/191/" class="h3Sub">通信</a>`
69	`<a href="http://m.sohu.com/c/193/" class="h3Sub">业界</a>`
70	`<a href="http://m.sohu.com/c/74/" class="h3Sub">科学</a>`
71	`<a href="http://m.sohu.com/c/267/?v=3" class="h3Sub">图库</a>`
72	`</div>`
73	`<div class="hs">`
74	`<a class="h3" href=""> </a>`
75	`<i class="sep">&middot;</i>`
76	`<a href="http://m.sohu.com/c/61/?v=3" class="h3Sub">数码</a>`
77	`<a href="http://m.sohu.com/c/498/" class="h3Sub">导购</a>`
78	`<a href="http://m.sohu.com/c/101/?v=3" class="h3Sub">手机</a>`
79	`<a href="http://m.sohu.com/c/210/" class="h3Sub">苹果</a>`
80	`<a href="http://m.sohu.com/c/211/" class="h3Sub">安卓</a>`
81	`</div>`
82	`</div>`
83	`<div class="it">`
84	`<div class="hs">`
85	`<a class="h3" href="http://m.sohu.com/car/model/index?_once_=000105_carmodel">搜车</a>`

序号	HTML 代码
86	\<a class="h3" href="http://m.sohu.com/weather/">天气\</a>
87	\<a class="h3" href="http://download.m.sohu.com/" target="_blank">软件\</a>
88	\<a class="h3" href="http://m.sohu.com/roll/">滚动\</a>
89	\<a class="h3" href="#" target="_blank">直播\</a>
90	\</div>
91	\</div>
92	\</div>
93	\</section>

（3）网页 0202.html 的底部内容设计

网页 0202.html 底部内容的 CSS 代码定义如表 2-15 所示。

表 2-15　网页 0202.html 底部内容的 CSS 代码

序号	CSS 代码	序号	CSS 代码
01	nav.foo a {	10	footer.site .func * {
02	color: #fff;	11	font-size: 16px;
03	line-height: 40px;	12	color: #3783c6;
04	margin: 0 3px	13	margin: 0 10px
05	}	14	}
06		15	
07	footer.site .func .on {	16	footer.site .func {
08	color: #333	17	margin: 0 0 5px
09	}	18	}

在网页 0202.html 底部代码"\<footer class="site">"和"\</footer>"之间编写 HTML 代码，实现其功能，网页 0202.html 底部内容的 HTML 代码如表 2-16 所示。

表 2-16　网页 0202.html 底部内容的 HTML 代码

序号	HTML 代码
01	\<footer class="site">
02	\<nav class="foo">
03	\<a href="http://m.sohu.com/">首页\</a>
04	\<a href="http://m.sohu.com/c/2/?_once_=000026_zhitongche_xinwen_v3">新闻\</a>
05	\<a href="http://m.sohu.com/c/3/">体育\</a>
06	\<a href="http://m.sohu.com/c/4/">娱乐\</a>
07	\<a href="0202.html">导航\</a>
08	\</nav>
09	\<section class="func">
10	\<a href="http://m.sohu.com/c/395/?v=2&_once_=sohu_version_2">彩版\</a>
11	\<b class="on">触版\</b>
12	\<a href="http://m.sohu.com/towww">PC 版\</a>
13	\<a href="http://m.sohu.com/c/3804/?_once_=000058_v3">客户端\</a>
14	\</section>
15	\<p class="cop">Copyright © 2014 Sohu.com\</p>
16	\</footer>

【网页浏览】

保存网页 0202.html，在浏览器 Google Chrome 中的浏览效果如图 2-2 所示。

【任务 2–3】设计手机搜狐网的文本新闻网页

【任务描述】

编写 HTML 代码和 CSS 代码，设计图 2-3 所示手机搜狐网的文本新闻网页 0203.html。

手机搜狐网的文本新闻网页 0203.html 的主体结构为上、中、下结构，如图 2-3 所示。顶部内容包括标题文字和主页链接按钮，中部内容包括文本新闻的标题和正文，底部内容包括多个超链接和版权信息。

网页 0203.html 顶部结构使用<header>标签实现，中部结构使用<article>标签实现，底部结构使用<footer>标签实现。

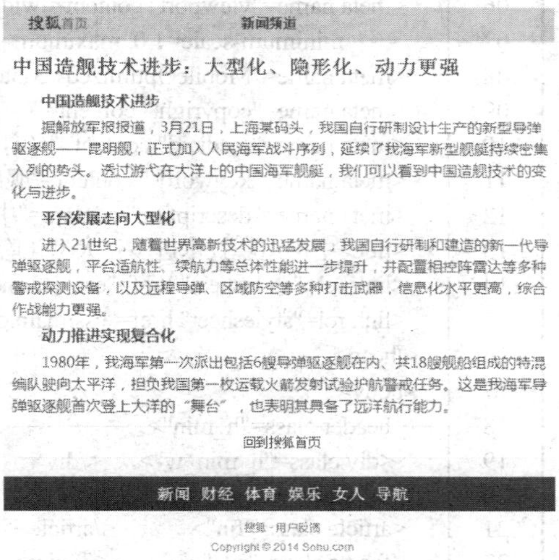

【任务实施】

1．网页 0203.html 的主体结构设计

在本地硬盘的文件夹"02 文本新闻浏览网页设计\0203"中创建网页 0203.html。

（1）定义网页 0203.html 通用 CSS 代码

网页 0203.html 通用的 CSS 代码定义如表 2-8 所示。

（2）定义网页 0203.html 主体结构的 CSS 代码

网页 0203.html 主体结构的 CSS 代码如表 2-17 所示。

图 2-3　手机搜狐网的文本新闻网页
0203.html 的浏览效果

表 2-17　网页 0203.html 主体结构的 CSS 代码

序号	CSS 代码	序号	CSS 代码
01	header {	10	.h_min {
02	position: relative;	11	width: 100%;
03	height: 51px	12	height: 36px;
04	}	13	position: relative;
05		14	}
06	footer.site {	15	
07	text-align: center;	16	.fin {
08	padding-bottom: 10px	17	padding: 15px 10px
09	}	18	}

（3）编写网页 0203.html 主体结构的 HTML 代码

网页 0203.html 主体结构的 HTML 代码如表 2-18 所示。

表 2-18　网页 0203.html 主体结构的 HTML 代码

序号	HTML 代码
01	<!DOCTYPE html>
02	<html>
03	<head>
04	<meta http-equiv="Content-Type" content="text/html; charset=UTF-8" />
05	<meta http-equiv="Cache-Control" content="no-cache" />
06	<meta name="viewport" content="width=device-width,user-scalable=0,initial-scale=1.0,
07	minimum-scale=1.0, maximum-scale=1.0" />
08	<meta name="MobileOptimized" content="320" />
09	<meta name="copyright" content="Copyright © 2014 Sohu.com Inc. All Rights Reserved." />
10	<meta name="mediaid" content="环球网" />
11	<meta name="keywords" content="舰艇,驱逐舰" />
12	<meta name="description" content="中国造舰技术进步据解放军" />
13	<title>中国造舰技术进步：大型化隐形化动力更强-新闻频道-手机搜狐</title>
14	<link rel="stylesheet" href="css/common.css" />
15	<link rel="stylesheet" href="css/main.css" />
16	</head>
17	<body>
18	<header class="h_min">
19	<div class="h_min_w">　　</div>
20	</header>
21	<article class="fin">　　</article>
22	<footer class="site">　　</footer>
23	</body>
24	</html>

2．网页 0203.html 的局部内容设计

（1）网页 0203.html 的顶部内容设计

网页 0203.html 顶部内容的 CSS 代码定义如表 2-19 所示。

表 2-19　网页 0203.html 顶部内容的 CSS 代码

序号	CSS 代码	序号	CSS 代码
01	.h_min .h_min_w {	29	.h_min .logo_min a {
02	border-bottom: 1px solid #f4b701;	30	display: block;
03	-webkit-box-shadow: 0 2px 4px	31	padding: 8px 7px 0 10px
04	rgba(0,0,0,.3);	32	}
05	-moz-box-shadow: 0 2px 4px	33	
06	rgba(0,0,0,.3);	34	.h_min_w,.h_min_w a .img {
07	box-shadow: 0 2px 4px rgba(0,0,0,.3);	35	height: 35px
08	background: -ms-linear-gradient(top,	36	}
09	#fcd007, #fccb01);	37	
10	background: -webkit-gradient(linear,0 0,0	38	.h_min .logo_min a .img {
11	100%,from(#fcd007),to(#fccb01));	39	display: block
12	position: fixed;	40	}
13	left: 0;	41	
14	top: 0;	42	.h_min .logo_min a .img img {
15	z-index: 100;	43	height: 28px
16	width: 100%;	44	}

序号	CSS 代码	序号	CSS 代码
17	}	45	
18		46	.h_min .title {
19	.h_min .logo_min {	47	display: inline-block;
20	border-right: 1px solid #f4b802;	48	vertical-align: top;
21	display: inline-block;	49	height: 40px;
22	vertical-align: top;	50	line-height: 36px;
23	height: 36px;	51	padding-left: 10px;
24	padding-left: 15px	52	position: relative;
25	}	53	text-align: center;
26	.h_min_w .logo_min a {	54	width: 60%;
27	padding-top: 5px	55	z-index: 99;
28	}	56	}

在网页 0203.html 顶部代码"<header class="h_min">"与"</header>"之间编写 HTML 代码，实现其功能，网页 0203.html 顶部内容的 HTML 代码如表 2-20 所示。

表 2-20　网页 0203.html 顶部内容的 HTML 代码

序号	HTML 代码
01	<header class="h_min">
02	<div class="h_min_w">
03	<h1 class="logo_min">
04	<a href="http://m.sohu.com/?_once_=000027_top_msohuv3">
05	<i class="img">
06	<img src="images/msohu_v3.png" alt="搜狐网" />
07	</i>
08	</a>
09	</h1>
10	<div class="title"><strong>新闻频道</strong></div>
11	</div>
12	</header>

（2）网页 0203.html 的中部内容设计

网页 0203.html 中部内容的 CSS 代码定义如表 2-21 所示。

表 2-21　网页 0203.html 中部内容的 CSS 代码

序号	CSS 代码	序号	CSS 代码
01	.finTit {	11	.finCnt .para {
02	font-size: 22px;	12	text-indent: 32px;
03	line-height: 30px	13	margin-bottom: 5px;
04	}	14	text-align: justify;
05	.finCnt {	15	line-height: 1.5em;
06	font-size: 16px;	16	color: #333;
07	padding: 10px 0;	17	font-family: "Microsoft YaHei",
08	word-break: break-all;	18	"Microsoft JhengHei",
09	border-top: 1px solid #efefef	19	STHeiti, MingLiu
10	}	20	}

在网页 0203.html 中部代码"<article class="fin">"和"</article>"之间编写 HTML 代码，实现其功能，网页 0203.html 中部内容的 HTML 代码如表 2-22 所示。

表 2-22　网页 0203.html 中部内容的 HTML 代码

序号	HTML 代码
01	<article class="fin">
02	<h1 class="finTit"><strong>中国造舰技术进步：大型化、隐形化、动力更强</strong></h1>
03	<div class="finCnt" style="font-size: 16px;">
04	<p class="para"><strong>中国造舰技术进步</strong></p>
05	<p class="para">据解放军报报道，3 月 21 日，上海某码头，我国自行研制设计生产的新型导弹
06	驱逐舰——昆明舰，正式加入人民海军战斗序列，延续了我海军新型舰艇持续密集入列的势头。透
07	过游弋在大洋上的中国海军舰艇，我们可以看到中国造舰技术的变化与进步。</p>
08	<p class="para"><strong>平台发展走向大型化</strong></p>
09	<p class="para">进入 21 世纪，随着世界高新技术的迅猛发展，我国自行研制和建造的新一代
10	导弹驱逐舰，平台适航性、续航力等总体性能进一步提升，并配置相控阵雷达等多种警戒探测设备，
11	以及远程导弹、区域防空等多种打击武器，信息化水平更高，综合作战能力更强。</p>
12	<p class="para"><strong>动力推进实现复合化</strong></p>
13	<p class="para">1980 年，我海军第一次派出包括 6 艘导弹驱逐舰在内、共 18 艘舰船组成的特
14	混编队驶向太平洋，担负我国第一枚运载火箭发射试验护航警戒任务。这是我海军导弹驱逐舰首次
15	登上大洋的“舞台”，也表明其具备了远洋航行能力。</p>
16	</div>
17	</article>

（3）网页 0203.html 的底部内容设计

网页 0203.html 底部内容的 CSS 代码定义如表 2-23 所示。

表 2-23　网页 0203.html 底部内容的 CSS 代码

序号	CSS 代码	序号	CSS 代码
01	.back-to-home {	29	footer.site {
02	background: #f6f6f6;	30	text-align: center;
03	padding: 0 10px;	31	padding-bottom: 10px
04	overflow: hidden;	32	}
05	margin-top: -20px;	33	
06	}	34	.back-2-home a {
07		35	display: block;
08	.back-2-home {	36	-webkit-box-flex: 1;
09	text-align: center;	37	}
10	margin-bottom: 20px;	38	
11	border: 1px solid #eee;	39	nav.foo a {
12	border-radius: 4px;	40	color: #fff;
13	background: #fff;	41	line-height: 40px;
14	line-height: 34px;	42	margin: 0 3px
15	}	43	}
16		44	
17	nav.foo {	45	footer.site .inf,footer.site .inf a {
18	font-size: 18px;	46	font-size: 12px;
19	background-image: -moz-linear-gradient(	47	color: #6f6f6f
20	top,#333,#272627);	48	}
21	background-image: -webkit-linear-gradient(	49	

序号	CSS 代码	序号	CSS 代码
22	top,#333,#272627);	50	footer.site .inf {
23	background-image: -o-linear-gradient(	51	margin: 0 0 5px
24	top,#333,#272627);	52	}
25	background-image: linear-gradient(	53	footer.site .cop {
26	top,#333,#272627);	54	color: #666;
27	margin-bottom: 10px	55	font-size: 12px
28	}	56	}

在网页 0203.html 底部代码 "<footer class="site">" 和 "</footer>" 之间编写 HTML 代码，实现其功能，网页 0203.html 底部内容的 HTML 代码如表 2-24 所示。

表 2-24　网页 0203.html 底部内容的 HTML 代码

序号	HTML 代码
01	<footer class="site">
02	<div class="back-to-home">
03	<section class="back-2-home">
04	<a href="http://m.sohu.com/?_once_=000027_back2home_v3">回到搜狐首页</a>
05	</section>
06	</div>
07	<nav class="foo" style="background-color:#333333;">
08	<a href="http://m.sohu.com/c/2/?_once_=000027_zhitongche_xinwenv3">新闻</a>
09	<a href="http://m.sohu.com/c/2/?_once_=000027_zhitongche_caijingv3">财经</a>
10	<a href="http://m.sohu.com/c/3/?_once_=000027_zhitongche_tiyuv3">体育</a>
11	<a href="http://m.sohu.com/c/4/?_once_=000027_zhitongche_yulev3">娱乐</a>
12	<a href="http://m.sohu.com/c/326/?_once_=000027_zhitongche_nvrenv3">女人</a>
13	<a href="http://m.sohu.com/c/395/?_once_=000027_zhitongche_daohangv3">导航</a>
14	</nav>
15	<p class="inf">
16	<a href="http://m.sohu.com/?_once_=000027_end_homev3">搜狐</a>
17	<i class="hyp">-</i>
18	<a href="http://m.sohu.com/help/?_once_=000027_end_fankuiv3">用户反馈</a>
19	</p>
20	<p class="cop">Copyright © 2014 Sohu.com</p>
21	</footer>

【网页浏览】

保存网页 0203.html，在浏览器 Google Chrome 中的浏览效果如图 2-3 所示。

同步训练

【任务 2-4】设计新华网手机版的网址导航网页

【任务描述】

编写 HTML 代码和 CSS 代码，设计图 2-4 所示新华网手机版的网址导航网页 0204.html。

新华网手机版的网址导航网页 0204.html 的主体结构为上、中、下结构，如图 2-4 所示。顶部内容包括 Logo 图片和标题文字，中部内容包括多行的站内页面导航超链接，底部内容包括多个超链接和版权信息。

网页 0204.html 顶部结构使用<header>标签实现，中部结构使用<section>标签实现，底部结构使用<footer>标签实现。

图 2-4　新华网手机版的网址导航
网页 0204.html 的浏览效果

【任务实施】

1．网页 0204．html 的主体结构设计

在本地硬盘的文件夹"02 文本新闻浏览网页设计\0204"中创建网页 0204.html。

（1）定义网页 0204.html 通用 CSS 代码

网页 0204.html 通用的 CSS 代码定义如表 2-25 所示。

表 2-25　网页 0204.html 通用的 CSS 代码定义

序号	CSS 代码	序号	CSS 代码
01	body,div,ul,ol,li,h1,h2,h3,h4,h5,h6 {	22	html {
02	margin: 0;	23	min-height: 100%;
03	padding: 0;	24	}
04	border: 0;	25	
05	font-size: 100%;	26	article,aside,footer,header,nav,section {
06	vertical-align: baseline	27	display: block
07	}	28	}
08	body {	29	
09	font: 16px/23px "microsoft yahei",	30	ol,ul,li {
10	Helvetica;	31	list-style: none
11	-webkit-font-smoothing: antialiased;	32	}
12	-webkit-text-size-adjust: none;	33	
13	-webkit-touch-callout: none;	34	h1,h2,h3,h4,h5,h6 {
14	-webkit-user-select: text;	35	font-weight: normal
15	-webkit-touch-callout: none;	36	}
16	word-break: break-all;	37	
17	word-wrap: break-word;	38	a {
18	color: #5f6f79;	39	color: #0053a5;
19	position: relative;	40	text-decoration: none;
20	min-height: 100%;	41	outline: 0
21	}	42	

（2）定义网页 0204.html 主体结构的 CSS 代码

网页 0204.html 主体结构的 CSS 代码如表 2-26 所示。

表 2-26　网页 0204.html 主体结构的 CSS 代码

序号	CSS 代码	序号	CSS 代码
01	header {	24	.footbox {
02	background-image: -webkit-gradient(	25	border-top: 1px solid #bababa;
03	linear, 0 0, 0 100%,	26	padding: 15px 0 10px;
04	color-stop(0, #57aef2),	27	color: #7b7b7b;
05	color-stop(100%, #3b97e0));	28	text-align: center;
06	border-bottom: 2px solid #C0CADD;	29	font-size: 14px;
07	border-top: 2px solid #0363CE;	30	background: #ebebeb;
08	line-height: 50px;	31	background-image: -webkit-linear-gradient(
09	height: 50px;	32	top,#ebebeb,#fcfcfc);
10	box-shadow: 0 1px 2px #8f959a;	33	background-image: -moz-linear-gradient(
11	-webkit-box-shadow: 0 1px 2px	34	top,#ebebeb,#fcfcfc);
12	#8f959a;	35	background-image: -ms-linear-gradient(
13	}	36	top,#ebebeb,#fcfcfc);
14		37	background-image: linear-gradient(
15	.main-navigation {	38	top,#ebebeb,#fcfcfc);
16	margin: 0 auto;	39	filter: progid:DXImageTransform
17	}	40	.Microsoft.gradient(startColorStr='#ebebeb',
18		41	EndColorStr='#fcfcfc');
19	footer,footer ul,footer li {	42	-moz-box-shadow: inset 0 1px 0
20	width: 100%;	43	rgba(255,255,255,1.0);
21	text-align: center;	44	-webkit-box-shadow: inset 0 1px 0
22	float: left	45	rgba(255,255,255,1.0);
23	}	46	}

（3）编写网页 0204.html 主体结构的 HTML 代码

网页 0204.html 主体结构的 HTML 代码如表 2-27 所示。

表 2-27　网页 0204.html 主体结构的 HTML 代码

序号	HTML 代码
01	<!DOCTYPE html>
02	<html>
03	<head>
04	<meta http-equiv="Content-Type" content="text/html; charset=UTF-8" />
05	<title>新华网手机版网址导航</title>
06	<meta name="viewport" content="width=device-width, initial-scale=1.0,
07	minimum-scale=1.0, maximum-scale=1.0" />
08	<meta content="telephone=no" name="format-detection" />
09	<meta name="keywords" content="新华网手机版,网址导航" />
10	<meta name="description" content="新华网手机版网址导航" />
11	<link href="css/common.css" rel="stylesheet" type="text/css" />
12	<link href="css/main.css" rel="stylesheet" type="text/css" />
13	<link href="css/foot.css" rel="stylesheet" type="text/css" />
14	</head>
15	<body>
16	<header>　　　　　　　　　　　</header>
17	<section class="main-navigation">　　　</section>
18	<!--页尾信息-->
19	<footer class="footbox">　　　　　</footer>
20	</body>
21	</html>

2．网页 0204.html 的局部内容设计

（1）网页 0204.html 的顶部内容设计

网页 0204.html 顶部内容的 CSS 代码定义见本书提供的电子资源。

在网页 0204.html 顶部代码"<header>"与"</header>"之间编写 HTML 代码，实现其功能，网页 0204.html 顶部内容的 HTML 代码如表 2-28 所示。

表 2-28　网页 0204.html 顶部内容的 HTML 代码

序号	HTML 代码
01	<header>
02	<img src="images/sjdh-banner.png" alt="新华网手机版网址导航" height="50" width="210" />
03	</header>

（2）网页 0204.html 的中部内容设计

网页 0204.html 中部内容的 CSS 代码定义见本书提供的电子资源。

在网页 0204.html 中部代码"<section class="main-navigation">"和"</section>"之间编写 HTML 代码，实现其功能，网页 0204.html 中部内容的 HTML 代码如表 2-29 所示。

表 2-29　网页 0204.html 中部内容的 HTML 代码

序号	HTML 代码
01	<section class="main-navigation">
02	<ul>
03	<li><a href="http://www.news.cn/shouji/">
04	<img src="images/dh_logo.png" alt="首页" />首页</a>
05	</li>
06	<li><a href="#"><img src="images/dh_jj.png" alt="聚焦" />聚焦</a></li>
07	<li><a href="#"><img src="images/dh_zt.png" alt="专题" />专题</a></li>
08	<li><a href="#"><img src="images/dh_politics.png" alt="时政" />时政</a></li>
09	<li><a href="#"><img src="images/dh_legal.png" alt="法治" />法治</a></li>
10	<li><a href="#"><img src="images/dh_world.png" alt="国际" />国际</a></li>
11	<li><a href="#"><img src="images/dh_auto.png" alt="汽车" />汽车</a></li>
12	<li><a href="#"><img src="images/dh_fortune.png" alt="财经" />财经</a></li>
13	<li><a href="#"><img src="images/dh_mil.png" alt="军事" />军事</a></li>
14	<li><a href="#"><img src="images/dh_sports.png" alt="体育" />体育</a></li>
15	<li><a href="#"><img src="images/dh_foto.png" alt="摄影" />摄影</a></li>
16	<li><a href="#"><img src="images/dh_yule.png" alt="娱乐" />娱乐</a></li>
17	<li><a href="#"><img src="images/dh_tech.png" alt="教育" />教育</a></li>
18	<li><a href="#"><img src="images/dh_fashion.png" alt="时尚" />时尚</a></li>
19	<li><a href="#"><img src="images/dh_keji.png" alt="科技" />科技</a></li>
20	</ul>
21	</section>

（3）网页 0204.html 的底部内容设计

网页 0204.html 底部内容的 CSS 代码定义见本书提供的电子资源。

在网页 0204.html 底部代码"<footer class="footbox">"和"</footer>"之间编写 HTML 代码，实现其功能，网页 0204.html 底部内容的 HTML 代码如表 2-30 所示。

表 2-30 网页 0204.html 底部内容的 HTML 代码

序号	HTML 代码
01	<footer class="footbox">
02	<ul>
03	<li class="f_box">
04	<span class="f_sbox">
05	<a class="l_c" href="#">PC 版</a>
06	<a class="m_c" href="#">简版</a>
07	<a class="r_c" href="#">触屏版</a>
08	</span>
09	<span class="backtop">
10	<a title="返回顶部" href="#">
11	<div class="backjt"></div>
12	</a>
13	</span>
14	</li>
15	<li class="f_box2">
16	<a href="#">导航</a>|<a href="#">炫闻</a>|<a href="#">联系我们</a>
17	</li>
18	<li>
19	<div class="copyright">
20	Copyright © 2014 XINHUANET
21	</div>
22	</li>
23	</ul>
24	</footer>

【网页浏览】

保存网页 0204.html，在浏览器 Google Chrome 中的浏览效果如图 2-4 所示。

【任务 2-5】设计新华网手机版的文本新闻网页

【任务描述】

编写 HTML 代码和 CSS 代码，设计图 2-5 所示新华网移动版的文本新闻网页 0205.html。

在网页 0205.html 中单击"A+"超链接，可以将文本新闻的文字大小设置为 24px，单击"A-"超链接，可以将文本新闻的文字大小重新设置为 16px，即该网页中文本新闻的文字大小可以在"24px"和"16px"之间进行动态切换。

新华网移动版的文本新闻网页 0205.html 的主体结构为上、中、下结构，如图 2-5 所示。顶部内容包括回首页超链

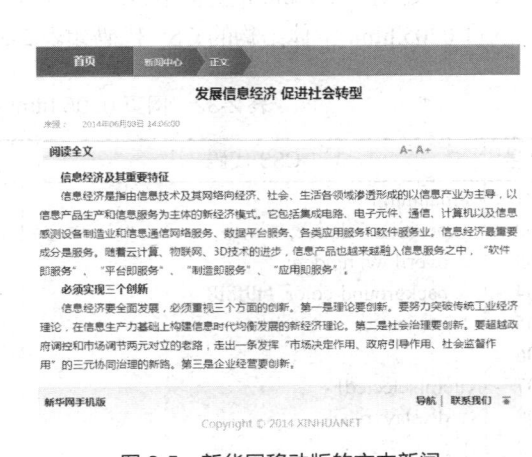

图 2-5 新华网移动版的文本新闻
网页 0205.html 的浏览效果

接和标题文字，中部内容包括文本新闻的标题、来源和正文，底部内容包括多个超链接和版权信息。

网页 0205.html 顶部结构使用<header>标签实现，中部结构使用<article>标签实现，底部结构使用<footer>标签实现。

【任务实施】

1. 网页 0205.html 的主体结构设计

在本地硬盘的文件夹"02 文本新闻浏览网页设计\0205"中创建网页 0205.html。

（1）定义网页 0205.html 通用 CSS 代码

网页 0205.html 通用的 CSS 代码定义如表 2-31 所示。

表 2-31　网页 0205.html 通用的 CSS 代码定义

序号	CSS 代码	序号	CSS 代码
01	body, p, h1, h2, h3, h4, h5, h6, ul, li {	16	h1, h2, h3, h4, h5, h6, em {
02	margin: 0;	17	font-weight: normal;
03	padding: 0;	18	font-style: normal;
04	list-style: none;	19	}
05	}	20	
06	body {	21	header, section, footer, img {
07	color: #000;	22	display: block;
08	background-color: #f9fcfd;	23	margin: 0;
09	-webkit-user-select: none;	24	padding: 0;
10	-webkit-text-size-adjust: none;	25	}
11	font-size: 16px;	26	
12	}	27	a {
13	img {	28	color: #000000;
14	border: 0;	29	text-decoration: none;
15	}	30	}

（2）定义网页 0205.html 主体结构的 CSS 代码

网页 0205.html 主体结构的 CSS 代码如表 2-32 所示。

表 2-32　网页 0205.html 主体结构的 CSS 代码

序号	CSS 代码	序号	CSS 代码
01	#mainhtml {	40	#contentblock {
02	position: relative;	41	font-size: 16px;
03	overflow: hidden;	42	line-height: 180%;
04	background-color: #f9f8f8	43	margin: 10px auto 20px;
05	}	44	text-align: left;
06		45	width: 99%;
07	.item[selected] {	46	text-indent: 2em;
08	display: block;	47	}
09	}	48	
10		49	footer {
11	.news-content {	50	background: -webkit-gradient(linear,
12	overflow: hidden;	51	left top, left bottom,

序号	CSS 代码	序号	CSS 代码
13	padding: 0 12px;	52	from(#E8E8E8), to(white));
14	}	53	border-top: 1px solid #BDBEC6;
15		54	-webkit-background-clip: content-box;
16		55	text-align: center;
17	#ydstart {	56	overflow: hidden;
18	background: url(../images/bj_xlrd.png)	57	padding-top: 1px;
19	repeat-x;	58	line-height: 1.5;
20	background-size: auto 28px;	59	margin-bottom: 60px
21	margin: 0 10px;	60	}
22	padding-left: 10px;	61	
23	line-height: 28px;	62	footer nav {
24	font-size: 16px;	63	border-top: 1px solid #E4E4E4;
25	color: #000000;	64	height: 42px;
26	font-weight: bold;	65	line-height: 42px;
27	border-bottom: 1px solid white;	66	padding: 0 10px 0 5px;
28	position: relative;	67	text-align: right;
29	border-top: 2px solid #d6d6d6;	68	float: left;
30	}	69	width: 100%
31	#ydstart::after {	70	}
32	content: "";	71	
33	background-color: #d6d6d6;	72	.copyright {
34	height: 1px;	73	width: 100%;
35	position: absolute;	74	text-align: center;
36	left: 0;	75	color: #9b9b9b;
37	bottom: 0;	76	font-size: 16px;
38	width: 100%;	77	margin: 10px 0;
39	}	78	}

（3）编写网页 0205.html 主体结构的 HTML 代码

网页 0205.html 主体结构的 HTML 代码如表 2-33 所示。

表 2-33　网页 0205.html 主体结构的 HTML 代码

序号	HTML 代码
01	<!DOCTYPE html>
02	<html>
03	<head>
04	<meta http-equiv="Content-Type" content="text/html; charset=UTF-8" />
05	<meta name="publishid" content="133391659.11.3399.0" />
06	<meta name="pageid" content="11229.1174.0.0.1124257.0.0.0.0.0.111923.133391659" />
07	<meta content="width=device-width, minimum-scale=1.0, maximum-scale=2.0" name="viewport" />
08	<meta content="yes" name="apple-mobile-web-app-capable" />
09	<meta content="black" name="apple-mobile-web-app-status-bar-style" />
10	<meta name="MobileOptimized" content="320" />
11	<meta name="copyright" content="Copyright (c) 2000-2014 XINHUANET." />

序号	HTML 代码
12	`<meta name="description" content="新华网移动版" />`
13	`<link rel="apple-touch-icon-precomposed" href="http://3g.news.cn/static/imgs/logo-icon.jpg" />`
14	`<title>发展信息经济 促进社会转型 _ 新华网移动版</title>`
15	`<link href="css/common.css" rel="stylesheet" type="text/css" />`
16	`<link href="css/main.css" rel="stylesheet" type="text/css" />`
17	`</head>`
18	`<body>`
19	`<div id="mainhtml" class="item">`
20	`<header id="header">     </header>`
21	`<!--正文-->`
22	`<article id="mainbox">`
23	`<section class="news-content" id="newsDetail">     </section>`
24	`<div id="ydstart" class="ydstart">     </div>`
25	`<div id="contentblock">  </div>`
26	`</article>`
27	`</div>`
28	`<footer>`
29	`<nav>   </nav>`
30	`<div class="copyright">    </div>`
31	`</footer>`
32	`</body>`
33	`</html>`

2．网页 0205.html 的局部内容设计

（1）网页 0205.html 的顶部内容设计

网页 0205.html 顶部内容的 CSS 代码定义见本书提供的电子资源。

在网页 0205.html 顶部代码"`<header id="header">`"与"`</header>`"之间编写 HTML 代码，实现其功能，网页 0205.html 顶部内容的 HTML 代码如表 2-34 所示。

表 2-34　网页 0205.html 顶部内容的 HTML 代码

序号	HTML 代码
01	`<header id="header">`
02	`<div class="crumb">`
03	`<a href="http://www.news.cn/" class="home">首页</a>`
04	`<nav class="crumb-nav">`
05	`<ul>`
06	`<li><a>新闻中心</a></li>`
07	`<li><a>正文</a></li>`
08	`</ul>`
09	`</nav>`
10	`</div>`
11	`</header>`

（2）网页 0205.html 的中部内容设计

网页 0205.html 中部内容的 CSS 代码定义见本书提供的电子资源。

在网页 0205.html 中部代码"<article id="mainbox">"和"</article>"之间编写 HTML 代码，实现其功能，网页 0205.html 中部内容的 HTML 代码如表 2-35 所示。

表 2-35　网页 0205.html 中部内容的 HTML 代码

序号	HTML 代码
01	<article id="mainbox">
02	<section class="news-content" id="newsDetail">
03	<h1 id="title"> 发展信息经济　促进社会转型 </h1>
04	<div class="from">
05	<time>
06	<span id="pubtime">2014 年 06 月 08 日　14:06:00 </span>
07	<span id="from"> 来源：　<a href=""></a> </span>
08	</time>
09	</div>
10	</section>
11	<div id="ydstart" class="ydstart">
12	<span>阅读全文</span>
13	<div id="size">
14	<a href="#" onclick="document.getElementById('contentblock').style.fontSize='16px';">A-</a>
15	<a href="#" onclick="document.getElementById('contentblock').style.fontSize='24px';">A+</a>
16	</div>
17	</div>
18	<div id="contentblock">
19	<div id="content">
20	<p><strong>信息经济及其重要特征</strong></p>
21	<p>信息经济是指由信息技术及其网络向经济、社会、生活各领域渗透形成的以信息产
22	业为主导，以信息产品生产和信息服务为主体的新经济模式。它包括集成电路、电子元件、通信、
23	计算机以及信息感测设备制造业和信息通信网络服务、数据平台服务、各类应用服务和软件服务业。
24	信息经济最重要成分是服务。随着云计算、物联网、3D 技术的进步，信息产品也越来越融入信息
25	服务之中，"软件即服务"、"平台即服务"、"制造即服务"、"应用即服务"。</p>
26	<p><strong>必须实现三个创新</strong></p> <p>信息经济要全面发展，必须重视三个方
27	面的创新。第一是理论要创新。要努力突破传统工业经济理论，在信息生产力基础上构建信息时代
28	均衡发展的新经济理论。第二是社会治理要创新。要超越政府调控和市场调节两元对立的老路，走
29	出一条发挥"市场决定作用、政府引导作用、社会监督作用"的三元协同治理的新路。第三是企业
30	经营要创新。</p>
31	</div>
32	</div>
33	</article>

（3）网页 0205.html 的底部内容设计

网页 0205.html 底部内容的 CSS 代码定义见本书提供的电子资源。

在网页 0205.html 底部代码"<footer>"和"</footer>"之间编写 HTML 代码，实现其功能，网页 0205.html 底部内容的 HTML 代码如表 2-36 所示。

表 2-36　网页 0205.html 底部内容的 HTML 代码

序号	HTML 代码
01	\<footer>
02	\<nav>
03	\<span class="bottomdh"> \<a href="#">新华网手机版\</a>\</span>
04	\<a id="foot_login" href="#">导航\</a>|
05	\<a id="foot_login" href="#">联系我们\</a>
06	\<a class="to-index" onclick="goTop();" href="#back">\</a>
07	\</nav>
08	\<div class="copyright">
09	Copyright © 2014 XINHUANET
10	\</div>
11	\</footer>

【网页浏览】

保存网页 0205.html，在浏览器 Google Chrome 中的浏览效果如图 2-5 所示。

拓展训练

【任务 2-6】设计新华网手机版的标题新闻及导航网页

【任务描述】

编写 HTML 代码和 CSS 代码，设计图 2-6 所示新华网手机版的标题新闻及导航网页 0206.html。

在新华网手机版的标题新闻及导航网页 0206.html 中单击"显示更多"超链接，可以显示更多的标题新闻。

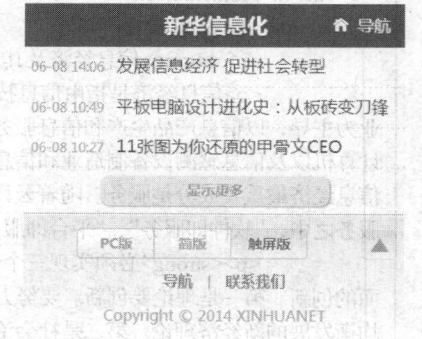

【操作提示】

（1）网页 0206.html 的 HTML 代码编写提示

网页 0206.html 主体结构的 HTML 代码如表 2-37 所示。

图 2-6　新华网手机版的标题新闻及导航网页
0206.html 的浏览效果

表 2-37　网页 0206.html 主体结构的 HTML 代码

序号	HTML 代码
01	\<!DOCTYPE html>
02	\<html>
03	\<head>
04	\<meta http-equiv="Content-Type" content="text/html; charset=UTF-8" />

序号	HTML 代码
05	`<meta name="publishid" content="1148026.0.99.0" />`
06	`<title>新华网手机版——新华信息化</title>`
07	`<meta name="viewport" content="width=device-width, initial-scale=1.0,`
08	`minimum-scale=1.0, maximum-scale=1.0" />`
09	`<meta content="telephone=no" name="format-detection" />`
10	`<meta name="keywords" content="新华网手机版,新华网触版" />`
11	`<meta name="description" content="中国主要重点新闻" />`
12	`<link href="css/common.css" rel="stylesheet" type="text/css" />`
13	`<link href="css/main.css" rel="stylesheet" type="text/css" />`
14	`<link href="css/foot.css" rel="stylesheet" type="text/css" />`
15	`</head>`
16	`<body>`
17	`<div id="mainpage">`
18	`<!--新闻频道-->`
19	`<header class="h">` `</header>`
20	`<section class="ls">` `</section>`
21	`<section class="ls" style=" display:none">` `</section>`
22	`<section class="ls" style=" display:none">` `</section>`
23	`<!--新闻频道-->`
24	`<div class="list_more" id="showmoren">` `</div>`
25	`<!--页尾信息-->`
26	`<nav class="footbox">` `</nav>`
27	`<!-- footbox end -->`
28	`</div>`
29	`</body>`
30	`</html>`

网页 0206.html 局部内容的 HTML 代码见本书提供的电子资源。

（2）网页 0206.html 的 CSS 代码定义提示

网页 0206.html 通用 CSS 代码定义见本书提供的电子资源，主体结构的 CSS 代码如表 2-38 所示。

表 2-38　网页 0206.html 主体结构的 CSS 代码定义

序号	CSS 代码	序号	CSS 代码
01	`#mainpage {`	21	`.footbox {`
02	`overflow: hidden;`	22	`border-top: 1px solid #bababa;`
03	`margin: 0 auto;`	23	`padding: 15px 0 10px;`
04	`width: 100%;`	24	`color: #7b7b7b;`
05	`}`	25	`text-align: center;`
06		26	`font-size: 14px;`
07	`header {`	27	`background: #ebebeb;`
08	`background-color: #32528D`	28	`background-image: -webkit-linear-gradient(`
09	`}`	29	`top,#ebebeb,#fcfcfc);`

序号	CSS 代码	序号	CSS 代码
10		30	background-image: -moz-linear-gradient(
11	.list_more {	31	top,#ebebeb,#fcfcfc);
12	clear: both;	32	background-image: -ms-linear-gradient(
13	overflow: hidden;	33	top,#ebebeb,#fcfcfc);
14	padding: 8px 20%;	34	background-image: linear-gradient(
15	}	35	top,#ebebeb,#fcfcfc);
16	nav,nav ul,nav li {	36	-moz-box-shadow: inset 0 1px 0
17	width: 100%;	37	rgba(255,255,255,1.0);
18	text-align: center;	38	-webkit-box-shadow: inset 0 1px 0
19	float: left	39	rgba(255,255,255,1.0);
20	}	40	}

网页 0206.html 各个局部内容的 CSS 代码见本书提供的电子资源。

（3）网页 0206.html 的 JavaScript 代码定义提示

网页 0206.html 中单击"显示更多"超链接显示更多的标题新闻对应的 JavaScript 代码如表 2-39 所示。

表 2-39 单击"显示更多"超链接显示更多的标题新闻对应的 JavaScript 代码

序号	JavaScript 代码
01	<script language="javascript" type="text/javascript">
02	var a = 0;
03	function jz() {
04	a++;
05	showjz(a);
06	};
07	function showjz(a) {
08	var c = document.getElementsByTagName("section");
09	c[a].style.display = "block";
10	if (a == 3) {
11	document.getElementById("showmoren").style.display = "none";
12	}
13	}
14	</script>

单元小结

本单元通过对新闻网站导航网页和文本新闻网页设计的探析与三步训练，重点熟悉了 HTML5 中常用的文本标签、CSS 文本属性、字体属性、颜色值及颜色表示方法、CSS 链接属性等，学会了网页元素的水平对齐、CSS 导航栏的设计，学会了文本新闻网页和导航网页的设计方法。

PART 3

单元 3
旅游景点推荐网页设计

　　旅游网站的景点推荐网页通常会运用大量图片，使网页变得更加生动活泼，更加引人入胜。本单元通过对旅游网站的旅游目的地推荐网页和景点推荐网页设计的探析与训练，重点学习 HTML5 中的图像标签、CSS 的背景设置、图像透明度设置等，学会在网页中合理地插入图像，学会恰当应用图片设计景点推荐网页。

教学导航

教学目标	（1）熟悉 HTML5 中的图像标签 （2）熟悉 CSS 的背景设置和图像透明度设置 （3）学会在网页中合理地插入图像 （4）学会恰当应用图片设计景点推荐网页的方法
关 键 字	旅游网站　景点推荐网页　图像标签　背景设置　图像透明度设置
参考资料	（1）HTML5 的常用标签及其属性、方法与事件参考附录 B （2）CSS 的属性参考附录 C （3）CSS 的各种选择器的含义和用法参考附录 D
教学方法	任务驱动法、分组讨论法、理论实践一体化、探究学习法
课时建议	6 课时

实例探析

【任务 3-1】探析蚂蜂窝的推荐旅游目的地网页

【效果展示】

　　蚂蜂窝的推荐旅游目的地网页 0301.html 的浏览效果如图 3-1 所示。

　　蚂蜂窝的推荐旅游目的地网页 0301.html 从上至下包括 4 个组成部分，分别为链接图片和标题文字、搜索文本框、选项卡按钮、推荐旅游目的地的图片列表。

图 3-1　蚂蜂窝的推荐旅游目的地网页 0301.html 的浏览效果

【网页探析】

1. 网页 0301.html 的 HTML 代码探析

网页 0301.html 的 HTML 代码如表 3-1 所示。

表 3-1　网页 0301.html 的 HTML 代码

序号	HTML 代码
01	<!DOCTYPE html>
02	<html>
03	<head>
04	<meta http-equiv="Content-Type" content="text/html; charset=UTF-8" />
05	<meta name="viewport" content="width=device-width,minimum-scale=1.0,maximum-scale=1.0,
06	user-scalable=no,minimal-ui" />
07	<meta name="copyright" content="Copyright (c) 2006-2013 Mafegnwo." />
08	<meta name="apple-mobile-web-app-capable" content="no" />
09	<meta name="apple-mobile-web-app-status-bar-style" content="black" />
10	<meta name="format-detection" content="telephone=no" />

序号	HTML 代码
11	\<meta name="format-detection" content="address=no" /\>
12	\<meta name="baidu-tc-cerfication" content="c0bca7dc46ac73477fc2083eb4300fc0" /\>
13	\<link rel="apple-touch-icon" href="http://images.mafengwo.net/mobile/images/mfw_icon.png" /\>
14	\<title\>旅游目的地精选 — 蚂蜂窝\</title\>
15	\<meta name="description" content="蚂蜂窝让你的旅行更精彩！" /\>
16	\<meta name="keywords" content="目的地,旅游攻略,最佳旅游目的地" /\>
17	\<link href="css/common.css" rel="stylesheet" type="text/css" /\>
18	\<link href="css/main.css" rel="stylesheet" type="text/css" /\>
19	\</head\>
20	\<body\>
21	\<header class="m-head"\>
22	\<a class="btn back" href="http://m.mafengwo.cn/" id="head_return_btn"\>\</a\>
23	\<div class="bar-c"\>
24	\<h1\>推荐旅游目的地\</h1\>
25	\</div\>
26	\<a class="btn message" href="#"\>\</a\>
27	\<div class="bar-r"\>
28	\<a href="http://m.mafengwo.cn/login.php?s=1" id="btn_card" class="nav ka"\>打卡\</a\>
29	\</div\>
30	\</header\>
31	\<section class="mdd_sea"\>
32	\<div class="searcher"\>
33	\<input type="search" name="q" autocomplete="on" id="mdd_search_box_new"
34	placeholder="搜索你想去的地方" /\>
35	\</div\>
36	\</section\>
37	\<nav class="mdd_menu"\>
38	\<ul\>
39	\<li\>\<em\>\</em\>\<a href="#" class="on"\>推荐\</a\>\</li\>
40	\<li\>\<em\>\</em\>\<a href="#" class=""\>国内\</a\>\</li\>
41	\<li\>\<em\>\</em\>\<a href="#" class=""\>国际\</a\>\</li\>
42	\</ul\>
43	\</nav\>
44	\<section class="mdd_con"\>
45	\<div class="mdd_box"\>
46	\<div class="mdd_tit"\>
47	\<span\> \<strong style="font-size:16px;font-weight:normal;"\>诗情画意\</strong\>，
48	山水中的彩墨美学 \</span\>
49	\</div\>
50	\<div class="slider-wrapper"\>
51	\<ul class="mdd_silde"\>
52	\<li\>\<a href="http://m.mafengwo.cn/mdd/10825"\>
53	\<img class="lazy" data-url="" src="images/04.jpeg" /\>\<span\>宏村\</span\>\</a\>\</li\>
54	\<li\>\<a href="http://m.mafengwo.cn/mdd/10445"\>
55	\<img class="lazy" data-url=" " src="images/01.jpeg" /\>\<span\>千岛湖\</span\>\</a\>\</li\>

序号	HTML 代码
56	`</ul>`
57	`<ul class="mdd_silde">`
58	`<li><a href="http://m.mafengwo.cn/mdd/12702">`
59	`<img class="lazy" data-url=" " src="images/03.jpeg" /><span>武功山</span></a></li>`
60	`<li><a href="http://m.mafengwo.cn/mdd/12491">`
61	`<img class="lazy" data-url=" " src="images/02.jpeg" /><span>霞浦</span></a></li>`
62	`</ul>`
63	`</div>`
64	`</div>`
65	`<div class="mdd_box">`
66	`<div class="mdd_tit">`
67	`<span> <strong style="font-size:16px;font-weight:normal;">一朝花枝俏</strong> ，`
68	`且行且趁早 </span>`
69	`</div>`
70	`<div class="slider-wrapper">`
71	`<ul class="mdd_silde">`
72	`<li><a href="http://m.mafengwo.cn/mdd/10045">`
73	`<img class="lazy" data-url=" " src="images/06.jpeg" /><span>婺源</span></a></li>`
74	`<li><a href="http://m.mafengwo.cn/mdd/10133">`
75	`<img class="lazy" data-url=" " src="images/07.jpeg" /><span>武汉</span></a></li>`
76	`</ul>`
77	`</div>`
78	`</div>`
79	`</section>`
80	`</body>`
81	`</html>`

网页 0301.html 主体结构的 HTML 代码如表 3-2 所示，该网页主体结构包括 4 个组成部分，其中第一部分使用<header>标签实现，第二部分使用<section>标签实现，第三分部使用<nav>标签实现，第四部分使用<section>标签实现。

表 3-2 网页 0301.html 主体结构的 HTML 代码

序号	HTML 代码
01	`<body>`
02	`<header class="m-head">        </header>`
03	`<section class="mdd_sea">        </section>`
04	`<nav class="mdd_menu">         </nav>`
05	`<section class="mdd_con">        </section>`
06	`</body>`

2. 网页 0301.html 的 CSS 代码探析

网页 0301.html 通用 CSS 代码定义如表 3-3 所示。

表 3-3　网页 0301.html 通用 CSS 代码

序号	CSS 代码	序号	CSS 代码
01	body,ul,p,h1,h2,h3,li,input,textarea,button {	20	input,textarea {
02	margin: 0;	21	-webkit-appearance: none;
03	padding: 0;	22	-webkit-border-radius: 0
04	word-break: break-all	23	}
05	}	24	
06		25	ul,li,dl,dt,dd {
07	body {	26	list-style: none
08	text-align: left;	27	}
09	font-family: Arial,Helvetica,sans-serif;	28	
10	background-color: #FFF;	29	em,i {
11	font-size-adjust: none;	30	font-style: normal
12	-webkit-text-size-adjust: none	31	}
13	}	32	
14		33	img {
15	a,a:visited {	34	vertical-align: middle
16	text-decoration: none;	35	}
17	color: #666;	36	ul,li,dl,dt,dd {
18	outline: 0	37	list-style: none
19	}	38	

网页 0301.html 主体结构的 CSS 代码如表 3-4 所示。

表 3-4　网页 0301.html 主体结构的 CSS 代码

序号	CSS 代码	序号	CSS 代码
01	.m-head {	13	.mdd_menu {
02	width: 100%;	14	height: 43px;
03	height: 50px;	15	background-color: #fff;
04	border-bottom: 1px solid #f29406;	16	border-bottom: solid 1px #c8c8c8;
05	display: table;	17	overflow: hidden;
06	position: relative	18	white-space: nowrap
07	}	19	}
08	.mdd_sea {	20	
09	background-color: #ededed;	21	.mdd_con {
10	padding: 8.5px 10px;	22	width: 100%;
11	position: relative	23	overflow: hidden
12	}	24	}

网页 0301.html 第一和第二组成部分的 CSS 代码定义如表 3-5 所示。

表 3-5　网页 0301.html 第一和第二组成部分的 CSS 代码

序号	CSS 代码	序号	CSS 代码
01	.m-head a.btn {	40	.m-head a.message {
02	width: 50px;	41	background-position: 0 -100px
03	height: 50px;	42	}

序号	CSS 代码	序号	CSS 代码
04	display: table-cell;	43	
05	background: url(../images/i_head4.png)	44	.m-head a.ka {
06	no-repeat;	45	width: 30px;
07	background-size: 100px 300px	46	height: 30px;
08	}	47	padding-left: 10px;
09		48	position: absolute;
10	.m-head a.back {	49	border: 0;
11	background-position: 0 0	50	line-height: 30px;
12	}	51	color: #fff;
13		52	right: 0;
14	.m-head .bar-c {	53	top: 10px;
15	display: table-cell;	54	display: inline-block;
16	text-align: center;	55	font-size: 12px;
17	line-height: 0;	56	background-color: #23a9f8;
18	font-size: 12px;	57	border-radius: 15px 0 0 15px;
19	vertical-align: top	58	margin-right: 5px;
20	}	59	}
21		60	.mdd_sea {
22	.m-head h1 {	61	background-color: #ededed;
23	font-size: 18px;	62	padding: 8.5px 10px;
24	color: #f29406;	63	position: relative
25	display: inline-block;	64	}
26	height: 50px;	65	
27	line-height: 50px;	66	.mdd_sea input {
28	vertical-align: top;	67	padding: 7.5px 0;
29	margin-left: 50px;	68	width: 100%;
30	font-weight: bold;	69	border: 0;
31	}	70	font-size: 15px;
32		71	color: #666;
33	.m-head .bar-r {	72	background: #fff
34	width: 30px;	73	url(../images/hotel_sprite4.png)
35	display: table-cell;	74	-62px 9px no-repeat;
36	padding: 10px 9px 0 0;	75	background-size: 240px 250px;
37	overflow: hidden;	76	border-radius: 4px;
38	vertical-align: top	77	text-indent: 25px
39	}	78	}

网页 0301.html 第三组成部分的 CSS 代码定义如表 3-6 所示。

表 3-6 网页 0301.html 第三组成部分的 CSS 代码

序号	CSS 代码	序号	CSS 代码
01	.mdd_menu {	21	.mdd_menu ul {
02	height: 43px;	22	display: table;
03	background-color: #fff;	23	width: 100%

序号	CSS 代码	序号	CSS 代码
04	border-bottom: solid 1px #c8c8c8;	24	}
05	overflow: hidden;	25	
06	white-space: nowrap	26	.mdd_menu ul li a {
07	}	27	display: inline-block;
08		28	line-height: 40px;
09	.mdd_menu ul li {	29	color: #666;
10	display: table-cell;	30	text-align: center;
11	text-align: center	31	font-size: 16px;
12	}	32	border-bottom: solid 2px #fff;
13		33	margin: 0 10px;
14	.mdd_menu ul li em {	34	padding: 0 27px
15	height: 15px;	35	}
16	width: 1px;	36	
17	background-color: #eee;	37	.mdd_menu ul li a.on {
18	float: right;	38	border-bottom: solid 3px #f29406;
19	margin-top: 13px	39	color: #f29406
20	}	40	}

网页 0301.html 第四组成部分的 CSS 代码定义如表 3-7 所示。

表 3-7　网页 0301.html 第四组成部分的 CSS 代码

序号	CSS 代码	序号	CSS 代码
01	.mdd_con {	35	.mdd_silde {
02	width: 100%;	36	overflow: hidden;
03	overflow: hidden	37	margin-top: 10px;
04	}	38	overflow: hidden
05		39	}
06	.mdd_box {	40	
07	padding: 25px 0 10px 10px;	41	.mdd_silde li {
08	border-bottom: solid 1px #eee	42	float: left;
09	}	43	width: 50%;
10		44	overflow: hidden;
11	.mdd_tit {	45	white-space: nowrap;
12	line-height: 16px;	46	position: relative
13	font-size: 13px;	47	}
14	color: #333;	48	
15	border-top: solid 1px #f29406;	49	.mdd_silde li a {
16	position: relative	50	display: block;
17	}	51	padding-right: 10px
18		52	}
19	.mdd_tit span {	53	
20	display: inline-block;	54	.mdd_silde img {
21	background-color: #fff;	55	width: 100%
22	padding: 0 10px 0 8px;	56	}

序号	CSS 代码	序号	CSS 代码
23	position: absolute;	57	border-bottom: solid 1px #ddd;
24	top: -10px;	58	.mdd_silde span {
25	border-left: solid 3px #f29406	59	height: 22px;
26	}	60	padding: 0 8px;
27		61	line-height: 22px;
28	.mdd_tit strong {	62	font-size: 13px;
29	font-size: 16px;	63	color: #fff;
30	font-weight: normal	64	position: absolute;
31	}	65	left: 0;
32	.slider-wrapper {	66	bottom: 10px;
33	padding-top: 12px;	67	background-color: rgba(0,0,0,0.5)
34	}	68	}

知识梳理

HTML 和 XHTML 最引人注目的特征之一，就是能够在文档的文本中包括图像，既可以把图像作为文档的内在对象（内联图像），也可以将其作为一个可通过超链接下载的单独文档，或者作为文档的背景。合理地在文档内容中加入图像（静态的或者具有动画效果的图标、照片、说明、绘画等）时，会使文档变得更加生动活泼，更加引人入胜，而且看上去更加专业，更具信息性并易于浏览。还可以专门使一个图像成为超链接的可视引导图。然而，如果过度使用图像，文档就会变得支离破碎，而且无法阅读，用户在下载和查看该页面时，更会增加很多不必要的等待时间。

1．HTML5 中常用的图像标签

（1）<img>标签

<img>标签用于向网页中嵌入一幅图像。从技术上讲，<img> 标签并不会在网页中插入图像，而是从网页上链接图像。<img>标签创建的是被引用图像的占位空间。<img> 标签有两个必需的属性：src 属性和 alt 属性。

（2）<figure>标签和<figcaption>标签

<figure>标签表示一段独立的流内容（图像、图表、照片、代码等），一般表示文档主体流内容中的一个独立单元，<figure>元素的内容应该与主内容相关，但如果被删除，则不应对文档流产生影响。使用<figcaption>元素可以为<figure>元素组添加标题。向文档中插入带有标题图像的示例代码如下：

```
<figure>
    <figcaption>张家界风光</figcaption>
    <img src="01.jpg" width="300" height="220" />
</figure>
```

<figcaption>标签用于定义<figure>元素的标题，<figcaption>元素应该被置于<figure>元素的第一个或最后一个子元素的位置。

（3）<area>标签

<area> 标签定义图像映射中的区域（图像映射是指带有可单击区域的图像）。

<area>元素总是嵌套在<map>标签中，<img>标签中的 usemap 属性与<map>元素 name 属性相关联，创建图像与映射之间的联系。<img>中的 usemap 属性可引用<map>中的 id 或 name 属性（由浏览器决定），所以我们需要同时向<map>添加 id 和 name 两个属性。

带有可单击区域的图像映射的示例代码如下：

```
<img src="planets.jpg" border="0" usemap="#planetmap" alt="Planets" />
<map name="planetmap" id="planetmap">
    <area shape="circle" coords="180,139,14" href ="one.html" alt="one" />
    <area shape="circle" coords="129,161,10" href ="two.html" alt="two" />
    <area shape="rect" coords="0,0,110,260" href ="three.html" alt="three" />
</map>
```

2. CSS 的背景设置

（1）CSS 背景属性

在 CSS3 之前，背景图片的尺寸是由图片的实际尺寸决定的。在 CSS3 中，可以规定背景图片的尺寸，这就允许我们在不同的环境中重复使用背景图片。可以以像素或百分比规定尺寸，如果以百分比规定尺寸，那么尺寸相对于父元素的宽度和高度。

background-origin 属性用于规定背景图片的定位区域，背景图片可以放置于 content-box、padding-box 或 border-box 区域，示意图如图 3-2 所示。

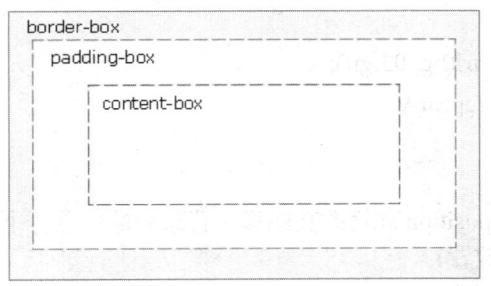

图 3-2 背景图片放置位置的示意图

在 content-box 中定位背景图片的示例代码如下：

```
div
{
    background:url(bg_flower.gif);
    background-repeat:no-repeat;
    background-size:100% 100%;
    background-origin:content-box;
}
```

（2）背景色

CSS 允许应用纯色作为背景，可以使用 background-color 属性为元素设置背景色，这个属性接受任何合法的颜色值。以下这条规则把元素的背景设置为灰色：

p {background-color: gray;}

如果希望背景色从元素中的文本向外稍有延伸，只需增加一些内边距即可：

p {background-color: gray; padding: 20px;}

可以为所有元素设置背景色，这包括<body>一直到<em>和<a>等行内元素。background-color 不能继承，其默认值是 transparent。transparent 有"透明"之意。也就是说，如果一个元素没有指定背景色，那么背景就是透明的，这样其祖先元素的背景才能可见。

（3）背景图像

CSS 也允许使用背景图像创建相当复杂的效果，要把图像放入背景，需要使用 background-image 属性，background-image 属性的默认值是 none，表示背景上没有放置任何图像。如果需要设置一个背景图像，必须为这个属性设置一个 URL 值，示例代码如下：

body {background-image: url(bg_01.gif);}

大多数背景都应用到<body>元素，不过并不仅限于此。下面的示例代码为一个段落应用了一个背景，而不会对文档的其他部分应用背景：

p.flower {background-image: url(bg_02.gif);}

甚至可以为行内元素设置背景图像，下面的示例代码为一个链接设置了背景图像：

a.radio {background-image: url(bg_03.gif);}

background-image 也不能继承，事实上，所有背景属性都不能继承。

（4）背景重复

如果需要在页面上对背景图像进行平铺，可以使用 background-repeat 属性。属性值 repeat 导致图像在水平、垂直方向上都平铺，就像以往背景图像的通常做法一样。repeat-x 和 repeat-y 分别导致图像只在水平或垂直方向上重复，no-repeat 则不允许图像在任何方向上平铺。默认地，背景图像将从一个元素的左上角开始，请看下面的示例代码：

```
body
  {
    background-image: url(bg_03.gif);
    background-repeat: repeat-y;
  }
```

（5）背景定位

可以利用 background-position 属性改变图像在背景中的位置。下面的示例代码在<body>元素中将一个背景图像居中放置：

```
body
  {
    background-image:url('bg_03.gif');
    background-repeat:no-repeat;
    background-position:center;
  }
```

为 background-position 属性提供值有很多方法。首先，可以使用一些关键字：top、bottom、left、right 和 center。通常，这些关键字会成对出现，不过也不总是这样。还可以使用长度值，如 100px 或 5cm，最后也可以使用百分数值。不同类型的值对于背景图像的放置稍有差异。

① 关键字

图像放置关键字最容易理解，其作用如其名称所表明的。例如，top right 使图像放置在元素内边距区的右上角。根据规范，位置关键字可以按任何顺序出现，只要保证不超过两个关键字（一个对应水平方向，另一个对应垂直方向）。如果只出现一个关键字，则认为另一个关键字是 center。所以，如果希望每个段落的中部上方出现一个图像，只需声明如下所示的代码：

```
p
  {
    background-image:url('bgimg.gif');
```

```
        background-repeat:no-repeat;
        background-position:top;
    }
```

② 百分数值

百分数值的表现方式更为复杂。假设希望用百分数值将图像在其元素中居中，这很容易，示例代码如下：

```
body
    {
        background-image:url('bg_03.gif');
        background-repeat:no-repeat;
        background-position:50% 50%;
    }
```

这会导致图像适当放置，其中心与其元素的中心对齐。换句话说，百分数值同时应用于元素和图像。也就是说，图像中描述为 50% 50%的点（中心点）与元素中描述为 50% 50%的点（中心点）对齐。如果图像位于 0% 0%，其左上角将放在元素内边距区的左上角。如果图像位置是100% 100%，会使图像的右下角放在右边距的右下角。

因此，如果想把一个图像放在水平方向 2/3、垂直方向 1/3 处，其代码如下：

```
body
    {
        background-image:url('bg_03.gif');
        background-repeat:no-repeat;
        background-position:66% 33%;
    }
```

如果只提供一个百分数值，所提供的这个值将用作水平值，垂直值将假设为 50%。这一点与关键字类似。background-position 的默认值是 0% 0%，在功能上相当于 top left。这就解释了背景图像为什么总是从元素内边距区的左上角开始平铺，除非设置了不同的位置值。

③ 长度值

长度值解释的是元素内边距区左上角的偏移，偏移点是图像的左上角。例如，如果设置值为 50px 100px，图像的左上角将在元素内边距区左上角向右 50px、向下 100px 的位置上，对应的代码如下所示：

```
body
    {
        background-image:url('bg_03.gif');
        background-repeat:no-repeat;
        background-position:50px 100px;
    }
```

注意，这一点与百分数值不同，因为偏移只是从一个左上角到另一个左上角。也就是说，图像的左上角与 background-position 声明中指定的点对齐。

（6）背景关联

如果文档比较长，那么当文档向下滚动时，背景图像也会随之滚动，当文档滚动到超过图像的位置时，图像就会消失。可以通过 background-attachment 属性防止这种滚动，通过这个属性，可以声明图像相对于可视区是固定的（fixed），因此不会受到滚动的影响，对应的代码如下：

```
body
  {
    background-image:url(/i/eg_bg_02.gif);
    background-repeat:no-repeat;
    background-attachment:fixed
  }
```

background-attachment 属性的默认值是 scroll，也就是说，在默认的情况下，背景会随文档滚动。

3．CSS 图像透明度

通过 CSS 创建透明图像是很容易的，定义透明效果的 CSS3 属性是 opacity。CSS 的 opacity 属性是 W3C CSS 推荐标准的一部分。

（1）创建透明图像

创建透明图像的 CSS 代码如下：

```
img
{
    opacity:0.4;
    filter:alpha(opacity=40);  /* 针对 IE8 及更早的版本 */
}
```

IE9、Firefox、Chrome、Opera 和 Safari 使用属性 opacity 来设定透明度。opacity 属性能够设置的值从 0.0～1.0，值越小，越透明。IE8 及更早的版本使用滤镜 filter:alpha(opacity=x)来设定透明度，x 能够取的值从 0～100。值越小，越透明。

（2）创建透明图像的 Hover 效果

将鼠标指针移动到图片上时，会改变图片的透明度，实现图像透明度的 Hover 效果。

创建透明图像的 Hover 效果的 CSS 代码如下：

```
img
{
    opacity:0.4;
    filter:alpha(opacity=40);      /* 针对 IE8 及更早的版本 */
}
img:hover
{
    opacity:1.0;
    filter:alpha(opacity=100);      /* 针对 IE8 及更早的版本 */
}
```

在这个实例中，当指针移动到图像上时，我们希望图像是不透明的，对应的 CSS 是 opacity=1，IE8 及更早的浏览器：filter:alpha(opacity=100)。当鼠标指针移出图像后，图像会再次透明。

【任务 3-2】设计去哪儿旅行网的 Touch 版旅图网页

【任务描述】

编写 HTML 代码和 CSS 代码，设计图 3-3 所示去哪儿旅行网的 Touch 版旅图网页 0302.html。

去哪儿旅行网的 Touch 版旅图网页 0302.html 的主体结构为上、中、下结构，如图 3-3 所示。顶部内容包括主页链接按钮、标题文字、Logo 图片和下载链接按钮等多个超链接，中部内容包括多行旅行图片，底部内容包括多个导航超链接和版权信息。

网页 0302.html 顶部结构使用<header>标签实现，中部结构使用<article>标签实现，底部结构使用<footer>标签实现。

【任务实施】

1. 网页 0302.html 的主体结构设计

在本地硬盘的文件夹"03 旅游景点推荐网页设计\0302"中创建网页 0302.html。

（1）定义网页 0302.html 通用 CSS 代码

网页 0302.html 通用的 CSS 代码定义如表 3-8 所示。

图 3-3 去哪儿旅行网的 Touch 版旅图网页 0302.html 的浏览效果

表 3-8 网页 0302.html 通用的 CSS 代码定义

序号	CSS 代码	序号	CSS 代码
01	html {	21	h1,h2,h3,h4,h5,h6 {
02	color: #000;	22	font-size: 100%;
03	-webkit-text-size-adjust: 100%;	23	font-weight: normal;
04	-ms-text-size-adjust: 100%;	24	}
05	}	25	
06		26	a {
07	body,div,article,footer,header,nav,section {	27	outline: none;
08	margin: 0;	28	text-decoration: none;
09	padding: 0;	29	}
10	}	30	a:active {
11		31	star: expression(this.onFocus=this.blur());
12	article,aside,	32	}
13	footer,header,hgroup,menu,nav,section {	33	img {
14	display: block;	34	vertical-align: bottom;
15	}	35	border: 0;
16		36	}
17	body,button,input,select,textarea {	37	
18	font: 12px/1.5	38	ol,ul {
19	tahoma,arial,SimSun,sans-serif,\5b8b\4f53;	39	list-style: none;
20	}	40	}

（2）定义网页 0302.html 主体结构的 CSS 代码

网页 0302.html 主体结构的 CSS 代码如表 3-9 所示。

表 3-9　网页 0302.html 主体结构的 CSS 代码

序号	CSS 代码	序号	CSS 代码
01	.channel {	31	.logoheader {
02	position: relative;	32	height: 48px;
03	z-index: 1;	33	}
04	clear: both;	34	
05	margin: 0 10px;	35	.ui-bar-a {
06	height: 40px;	36	border: 1px solid #333;
07	background:	37	background: #111;
08	url(../images/header.logo.png)	38	color: #fff;
09	100% 50% no-repeat;	39	font-weight: bold;
10	background-size: 165px;	40	text-shadow: 0 -1px 1px #000;
11	color: #04B2D4;	41	background-image:
12	}	42	-webkit-gradient(linear,left top, left
13		43	bottom, from(#3c3c3c),to(#111));
14	.ui-header {	44	background-image:
15	position: relative;	45	-webkit-linear-gradient(#3c3c3c,#111);
16	border-left-width: 0;	46	background-image:
17	border-right-width: 0;	47	-moz-linear-gradient(#3c3c3c,#111);
18	}	48	background-image:
19		49	-ms-linear-gradient(#3c3c3c,#111);
20	.content_list {	50	background-image:
21	width: 300px;	51	-o-linear-gradient(#3c3c3c,#111);
22	margin: 0 auto;	52	background-image:
23	}	53	linear-gradient(#3c3c3c,#111);
24		54	font-family: Helvetica,Arial,sans-serif;
25	.ui-content {	55	}
26	border-width: 0;	56	
27	overflow: visible;	57	.qn_footer {
28	overflow-x: hidden;	58	width: 320px;
29	padding: 10px;	59	margin: 0 auto;
30	}	60	}

（3）编写网页 0302.html 主体结构的 HTML 代码

网页 0302.html 主体结构的 HTML 代码如表 3-10 所示。

表 3-10　网页 0302.html 主体结构的 HTML 代码

序号	HTML 代码
01	<!DOCTYPE html>
02	<html>
03	<head>

序号	HTML 代码
04	`<meta http-equiv="Content-Type" content="text/html; charset=UTF-8" />`
05	`<!--<base href="http://touch.lvtu.qunar.com:80/mobile_ugc/">-->`
06	`<base href="." />`
07	`<meta name="viewport" content="width=device-width, initial-scale=1, maximum-scale=1" />`
08	`<title>Touch 版旅图，图说你的旅行故事!-去哪儿旅行网 touch.lvtu.qunar.com</title>`
09	`<meta name="Robots" content="index,follow,NOODP" />`
10	`<meta name="keywords" content="旅行,拍照,图片" />`
11	`<meta name="description" content="探索旅途中的热点，尽情享受您的旅途！" />`
12	`<meta http-equiv="cache-control" content="no-cache" />`
13	`<link href="css/common.css" rel="stylesheet" type="text/css" />`
14	`<link href="css/main.css" rel="stylesheet" type="text/css" />`
15	`</head>`
16	`<body>`
17	`<header>`
18	`<div class="channel">`　　　　　　　　　　　　　　`</div>`
19	`<div data-role="header" class="logoheader ui-header ui-bar-a" role="banner">`　`</div>`
20	`</header>`
21	`<article data-role="content" class="content_list ui-content" role="main">`　　`</article>`
22	`<footer id="qunarFooter" class="qn_footer">`　　　　　　`</footer>`
23	`</body>`
24	`</html>`

2．网页 0302.html 的局部内容设计

（1）网页 0302.html 的顶部内容设计

网页 0302.html 顶部内容的 CSS 代码定义如表 3-11 所示。

表 3-11　网页 0302.html 顶部内容的 CSS 代码

序号	CSS 代码	序号	CSS 代码
01	`.channel a {`	39	`.channel .qnlogo {`
02	`font-weight: 700;`	40	`position: absolute;`
03	`text-decoration: none;`	41	`top: 0;`
04	`color: #04B2D4;`	42	`right: 0;`
05	`}`	43	`width: 165px;`
06		44	`height: 40px;`
07	`.channel a:visited {`	45	`}`
08	`font-weight: 700;`	46	
09	`text-decoration: none;`	47	`.channel .qnlogo a {`
10	`color: #04B2D4;`	48	`display: block;`
11	`}`	49	`height: 40px;`
12		50	`}`
13	`.channel .back {`	51	
14	`position: absolute;`	52	`.ui-btn-left,.ui-btn-right {`
15	`top: 10px;`	53	`display: inline-block;`
16	`left: 0;`	54	`}`
17	`z-index: 1;`	55	

序号	CSS 代码	序号	CSS 代码
18	padding: 0 5px 0 12px;	56	.logo {
19	font: bold 16px/25px arial;	57	padding-top: 7px;
20	background: url(../images/iconl.png)	58	}
21	45% no-repeat;	59	
22	background-size: 7px;	60	.ui-header .ui-btn-left,.ui-header .ui-btn-right
23	}	61	{
24		62	position: absolute;
25	.ui-link {	63	top: 3px;
26	color: #2489ce;	64	}
27	font-weight: bold;	65	
28	}	66	.ui-header .ui-btn-left {
29		67	left: 15px;
30	.ui-link:hover {	68	}
31	color: #2489ce;	69	
32	}	70	.ui-header .ui-btn-right {
33	.ui-link:active {	71	right: 15px;
34	color: #2489ce;	72	}
35	}	73	
36	.ui-link:visited {	74	.appstore {
37	color: #2489ce;	75	padding-top: 3px;
38	}	76	}

在网页 0302.html 顶部代码 "<header>" 与 "</header>" 之间编写 HTML 代码，实现其功能，网页 0302.html 顶部内容的 HTML 代码如表 3-12 所示。

表 3-12 网页 0302.html 顶部内容的 HTML 代码

序号	HTML 代码
01	<header>
02	<div class="channel">
03	<a href="http://touch.qunar.com/" class="back ui-link" rel="external">去哪儿旅行网首页</a>
04	<h1 class="qnlogo"> <a href="#" rel="external" class="ui-link"></a> </h1>
05	</div>
06	<div data-role="header" class="logoheader ui-header ui-bar-a" role="banner">
07	<a href="javascript:void(0);" onclick="onReturnIndex()" rel="external" data-role="none"
08	class="ui-btn-left logo"><img src="images/logo_2.png" width="153" height="30" /></a>
09	<a id="indexd" href="javascript:void(0);" onclick="" rel="external" data-role="none"
10	class="ui-btn-right appstore"><img src="images/iphone_down.png"
11	width="110" height="37" /></a>
12	</div>
13	</header>

（2）网页 0302.html 的中部内容设计

网页 0302.html 中部内容的 CSS 代码定义如表 3-13 所示。

表 3-13　网页 0302.html 中部内容的 CSS 代码

序号	CSS 代码	序号	CSS 代码
1	.content_list ul li {	69	.f14 {
2	margin-bottom: 10px;	70	font-size: 14px;
3	position: relative;	71	}
4	text-align: center;	72	
5	}	73	.ui-btn:focus {
6		74	-moz-box-shadow: 0 0 12px #387bbe;
7	.text_layer {	75	-webkit-box-shadow: 0 0 12px #387bbe;
8	width: 280px;	76	box-shadow: 0 0 12px #387bbe;
9	position: absolute;	77	outline: 0;
10	bottom: 0;	78	}
11	left: 0;	79	
12	background-color: rgba(0,0,0,0.6);	80	.ui-btn-up-a {
13	opacity: 1;	81	font-family: Helvetica,Arial,sans-serif;
14	text-shadow: none;	82	text-decoration: none;
15	}	83	border: 1px solid #111;
16		84	background: #333;
17	.p10 {	85	font-weight: bold;
18	padding: 10px;	86	color: #fff;
19	}	87	text-shadow: 0 1px 1px #111;
20		88	background-image:
21	.font-yahei {	89	-webkit-gradient(linear,left top,left
22	font-family: '微软雅黑','YaHei',	90	bottom,from(#444),to(#2d2d2d));
23	'黑体',tahoma,arial,SimSun,	91	background-image:
24	sans-serif,\5b8b\4f53;	92	-webkit-linear-gradient(#444,#2d2d2d);
25	}	93	background-image:
26		94	-moz-linear-gradient(#444,#2d2d2d);
27	.f16 {	95	background-image:
28	font-size: 16px;	96	-ms-linear-gradient(#444,#2d2d2d);
29	}	97	background-image:
30		98	-o-linear-gradient(#444,#2d2d2d);
31	.fb {	99	background-image:
32	font-weight: bold;	100	linear-gradient(#444,#2d2d2d);
33	}	101	}
34		102	
35	.fefefe {	103	.ui-shadow {
36	color: #fefefe;	104	-moz-box-shadow: 0 1px 4px
37	}	105	rgba(0,0,0,.3);
38		106	-webkit-box-shadow: 0 1px 4px
39	.fn-tl {	107	rgba(0,0,0,.3);
40	text-align: left;	108	box-shadow: 0 1px 4px rgba(0,0,0,.3);
41	}	109	}
42		110	
43	.f12 {	111	.ui-btn-inner {
44	font-size: 12px;	112	border-top: 1px solid #fff;
45	}	113	border-color: rgba(255,255,255,.3);

序号	CSS 代码	序号	CSS 代码
46		114	padding: .6em 20px;
47	.bbb {	115	min-width: .75em;
48	color: #bbb;	116	display: block;
49	}	117	text-overflow: ellipsis;
50		118	overflow: hidden;
51	.fn-fl {	119	white-space: nowrap;
52	float: left;	120	position: relative;
53	display: inline;	121	zoom: 1;
54	}	122	}
55		123	
56	.fn-fr {	124	.ui-btn-corner-all {
57	float: right;	125	-moz-border-radius: 1em;
58	display: inline;	126	-webkit-border-radius: 1em;
59	}	127	border-radius: 0.6em;
60		128	-webkit-background-clip: padding-box;
61	.ui-btn {	129	-moz-background-clip: padding;
62	display: block;	130	background-clip: padding-box;
63	text-align: center;	131	}
64	cursor: pointer;	132	.ui-btn-text {
65	position: relative;	133	position: relative;
66	margin: 0;	134	z-index: 1;
67	padding: 0;	135	width: 100%;
68	}	136	}

在网页 0302.html 中部代码 "<article data-role="content" class="content_list ui-content" role="main">" 和 "</article>" 之间编写 HTML 代码，实现其功能，网页 0302.html 中部内容的 HTML 代码如表 3-14 所示。

表 3-14　网页 0302.html 中部内容的 HTML 代码

序号	HTML 代码
01	<article data-role="content" class="content_list ui-content" role="main">
02	<ul id="albumList" data-inset="true" data-header-theme="e">
03	<!--循环 GO-->
04	<li><a href="javascript:void(0);" onclick="" rel="external" class="ui-link">
05	<img src="images/01.jpg" original=" " width="300" height="170" /> </a>
06	<section class="text_layer p10 font-yahei">
07	<h2 class="f16 fb fefefe fn-tl">烟花三月</h2>
08	<aside class="f12 bbb">
09	<span class="fn-fl">2014-04-05【3 天 81 张图】瘦西湖 </span>
10	<span class="fn-fr">by 小丽</span>
11	</aside>
12	</section>
13	</li>
14	<li><a href="javascript:void(0);" onclick="" rel="external" class="ui-link">

序号	HTML 代码
15	`<img src="images/03.jpg" original=" " width="300" height="170" /> </a>`
16	`<section class="text_layer p10 font-yahei">`
17	`<h2 class="f16 fb fefefe fn-tl">这些年 在丽江</h2>`
18	`<aside class="f12 bbb">`
19	`<span class="fn-fl">2014-11-30【1 天 98 张图】丽江 </span>`
20	`<span class="fn-fr">by 小懿</span>`
21	`</aside>`
22	`</section>`
23	`</li>`
24	`</ul>`
25	`<div data-role="button" data-theme="a" onclick="nextPage()" id="change"`
26	`class="f14 ui-btn ui-btn-up-a ui-shadow ui-btn-corner-all"`
27	`data-corners="true" data-shadow="true" data-iconshadow="true" data-wrapperels="span">`
28	`<span class="ui-btn-inner ui-btn-corner-all">`
29	`<span class="ui-btn-text">点击查看更多</span>`
30	`</span>`
31	`</div>`
32	`</article>`

（3）网页 0302.html 的底部内容设计

网页 0302.html 底部内容的 CSS 代码定义如表 3-15 所示。

表 3-15　网页 0302.html 底部内容的 CSS 代码

序号	CSS 代码	序号	CSS 代码
1	`.qn_footer .main_nav {`	89	`.qn_footer .main_nav li.actived.hover:after {`
2	`width: 300px;`	90	`background: transparent;`
3	`height: 62px;`	91	`}`
4	`margin: 0 auto;`	92	
5	`padding: 5px 10px 0 10px;`	93	`.qn_footer .main_nav li .title {`
6	`}`	94	`font-weight: normal;`
7		95	`float: left;`
8	`.qn_footer .main_nav li {`	96	`display: inline-block;`
9	`margin: 0;`	97	`color: #9e9e9e;`
10	`height: 31px;`	98	`margin: 3px 0 0 5px;`
11	`width: 60px;`	99	`padding-bottom: 1px;`
12	`float: left;`	100	`border-bottom: 1px solid #acacac;`
13	`position: relative;`	101	`font-size: 12px;`
14	`background: none;`	102	`}`
15	`}`	103	
16		104	`.qn_footer .main_nav li.actived .title {`
17	`.qn_footer .main_nav li a {`	105	`border-bottom: none;`
18	`display: block;`	106	`}`
19	`height: 22px;`	107	
20	`width: 100%;`	108	`.qn_footer .footer_nav {`

序号	CSS 代码	序号	CSS 代码
21	font-size: 12px;	109	width: 100%;
22	}	110	height: 39px;
23		111	border-bottom: 1px solid #cacaca;
24	.qn_footer .main_nav li .icon {	112	}
25	float: left;	113	
26	width: 22px;	114	.qn_footer .footer_nav li {
27	height: 22px;	115	float: left;
28	background: url(../images/nav_4.png)	116	padding-left: 20px;
29	0 0 no-repeat;	117	}
30	background-size: 125px 50px;	118	
31	}	119	.qn_footer .footer_nav li a {
32		120	font-weight: normal;
33	@media screen	121	position: relative;
34	and(-webkit-min-device-pixel-ratio:1.5) {	122	color: #25a4bb;
35	.qn_footer .main_nav li .icon {	123	font-size: 14px;
36	background: url(../images/nav_4.png)	124	line-height: 39px;
37	0 0 no-repeat;	125	}
38	background-size: 125px 50px;	126	
39	}	127	.qn_footer .footer_nav li a.hover {
40	}	128	color: #fff;
41		129	}
42	.qn_footer .main_nav .flight .icon {	130	
43	background-position: 0 0;	131	.qn_footer .footer_nav li a.hover:after {
44	}	132	content: '';
45		133	position: absolute;
46	.qn_footer .main_nav .hotel .icon {	134	top: -4px;
47	background-position: -25px 0;	135	left: -4px;
48	}	136	width: 100%;
49		137	height: 100%;
50	.qn_footer .main_nav .tuan .icon {	138	padding: 4px;
51	background-position: -50px 0;	139	background: black;
52	}	140	opacity: .25;
53		141	border-radius: 5px;
54	.qn_footer .main_nav .gonglue .icon {	142	z-index: -1;
55	background-position: -75px -25px;	143	}
56	}	144	
57		145	.qn_footer .mobile_pc {
58	.qn_footer .main_nav .train .icon {	146	padding: 10px 0 0 0;
59	background-position: -50px -25px;	147	text-align: center;
60	}	148	}
61		149	
62	.qn_footer .main_nav .jingdian .icon {	150	.qn_footer .mobile_pc li {
63	background-position: -75px 0;	151	display: inline-block;
64	}	152	margin: 0 15px;
65	.qn_footer .main_nav .dujia .icon {	153	}

序号	CSS 代码	序号	CSS 代码
66	background-position: 0 -25px;	154	
67	}	155	.qn_footer .mobile_pc a {
68	.qn_footer .main_nav .lvtu .icon {	156	font-weight: normal;
69	background-position: -100px -25px;	157	font-size: 14px;
70	}	158	color: #25a4bb;
71	.qn_footer .main_nav .dangdi .icon {	159	}
72	background-position: -25px -25px;	160	
73	}	161	.qn_footer .mobile_pc .active a {
74	.qn_footer .main_nav .zuche .icon {	162	color: black;
75	background-position: -100px 0;	163	}
76	}	164	
77		165	.qn_footer .copyright {
78	.qn_footer .main_nav li.hover:after {	166	color: #9e9e9e;
79	content: ' ';	167	text-align: center;
80	position: absolute;	168	font-size: 14px;
81	top: -2px;	169	padding: 10px;
82	left: -2px;	170	}
83	width: 60px;	171	
84	height: 28px;	172	.qn_footer .copyright a {
85	background: black;	173	font-weight: normal;
86	opacity: .25;	174	color: #9e9e9e;
87	border-radius: 0;	175	height: 33px;
88	}	176	}

在网页 0302.html 底部代码 "<footer id="qunarFooter" class="qn_footer">" 和 "</footer>" 之间编写 HTML 代码，实现其功能，网页 0302.html 底部内容的 HTML 代码如表 3-16 所示。

表 3-16　网页 0302.html 底部内容的 HTML 代码

序号	HTML 代码
01	<footer id="qunarFooter" class="qn_footer">
02	<div class="main_nav_wrapper">
03	<ul class="main_nav" id="qunarFooterUL">
04	<li class="flight"><a href="#" class="ui-link">
05	<div class="icon"></div><span class="title">机票</span></a></li>
06	<li class="hotel"><a href="#" class="ui-link">
07	<div class="icon"></div><span class="title">酒店</span></a></li>
08	<li class="tuan"><a href="#" class="ui-link">
09	<div class="icon"></div><span class="title">团购</span></a></li>
10	<li class="jingdian"><a href="#" class="ui-link">
11	<div class="icon"></div><span class="title">景点</span></a></li>
12	<li class="zuche"><a href="#" class="ui-link">
13	<div class="icon"></div><span class="title">打车</span></a></li>
14	<li class="gonglue"><a href="#" class="ui-link">
15	<div class="icon"></div><span class="title">攻略</span></a></li>

序号	HTML 代码
16	<li class="lvtu actived">
17	<div class="icon"></div><span class="title">旅图</span></li>
18	<li class="dujia"><a href="#" class="ui-link">
19	<div class="icon"></div><span class="title">度假</span></a></li>
20	<li class="dangdii" style="width:80px"><a href="#" class="ui-link">
21	<div class="icon"></div><span class="title">当地游</span></a></li>
22	<li class="tag" id="qnFooterToggle" style="width:40px"><span class="title">更多</span></li>
23	</ul>
24	</div>
25	<ul class="footer_nav" id="qunarFooterBottom">
26	<li><a href="#" class="ui-link">登录</a></li>
27	<li><a href="#" class="ui-link">我的订单</a></li>
28	<li><a href="#" class="ui-link">最近浏览</a></li>
29	<li><a href="#" class="ui-link">关于我们</a></li>
30	</ul>
31	<ul class="mobile_pc">
32	<li class="active"><a href="#" class="ui-link">触屏版</a></li>
33	<li><a href="#" onclick="computer()" class="ui-link">电脑版</a></li>
34	</ul>
35	<div class="copyright">
36	<span>Qunar 京 ICP 备 05021087</span>
37	<a class="qn_ml25 ui-link" href="#">意见反馈</a>
38	</div>
39	</footer>

【网页浏览】

保存网页 0302.html，在浏览器 Google Chrome 中的浏览效果如图 3-3 所示。

同步训练

【任务 3-3】设计携程旅行网的最佳旅游景区网页

【任务描述】

编写 HTML 代码和 CSS 代码，设计图 3-4 所示携程旅行网的最佳旅游景区网页 0303.html。

携程旅行网的最佳旅游景区网页 0303.html 的主体结构为上、下结构，如图 3-4 所示。顶部内容为标题图片，底部内容为最佳旅游景区的图片和景区简介。

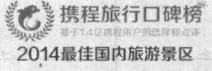

图 3-4 携程旅行网的
最佳旅游景区网页
0303.html 的浏览效果

网页 0303.html 顶部结构使用<header>标签实现，底部结构使用<section>标签实现。

【任务实施】

1. 网页 0303.html 的主体结构设计

在本地硬盘的文件夹"03 旅游景点推荐网页设计\0303"中创建网页 0303.html。

（1）定义网页 0303.html 通用 CSS 代码

网页 0303.html 通用 CSS 代码定义如表 3-17 所示。

表 3-17　网页 0303.html 通用 CSS 代码定义

序号	CSS 代码	序号	CSS 代码
01	body,footer,header,section {	26	ul,li {
02	margin: 0;	27	list-style: none
03	padding: 0	28	}
04	}	29	
05		30	img {
06	article,footer,header,section {	31	border: 0
07	display: block	32	}
08	}	33	
09		34	li,img,label,input {
10	html {	35	vertical-align: middle
11	font-size: 15px;	36	}
12	line-height: 19px;	37	
13	width: 100%;	38	a {
14	height: 100%	39	text-decoration: none;
15	}	40	outline: 0
16		41	}
17	body {	42	
18	width: 100%;	43	i {
19	background-color: #e8e8e8;	44	font-style: normal
20	color: #333;	45	}
21	-webkit-user-select: none;	46	img {
22	padding-bottom: 7px;	47	height: 196px;
23	-webkit-touch-callout: none;	48	width: 100%;
24	-webkit-tap-highlight-color: rgba(0,0,0,0)	49	overflow: hidden
25	}	50	}

（2）定义网页 0303.html 主体结构的 CSS 代码

网页 0303.html 主体结构的 CSS 代码如表 3-18 所示。

表 3-18　网页 0303.html 主体结构的 CSS 代码

序号	CSS 代码
01	.header {
02	border-width: 0;
03	border-bottom-width: 1px;

续表

序号	CSS 代码
04	border-image: url(../images/icon_border_half.png) 2 stretch;
05	-webkit-border-image: url(../images/icon_border_half.png) 2 stretch;
06	margin-bottom: 10px
07	}
08	
09	.wrap {
10	padding: 0 5px
11	}

（3）编写网页 0303.html 主体结构的 HTML 代码

网页 0303.html 主体结构的 HTML 代码如表 3-19 所示。

表 3-19　网页 0303.html 主体结构的 HTML 代码

序号	HTML 代码
01	<!DOCTYPE html>
02	<html>
03	<head>
04	<meta http-equiv="Content-Type" content="text/html; charset=UTF-8" />
05	<meta name="viewport" content="width=device-width,initial-scale=1.0,
06	minimum-scale=1.0, maximum-scale=1.0, user-scalable=no" />
07	<meta name="baidu-tc-cerfication" content="ba07d70ead40fe3171a72dc4099ed4e5" />
08	<title>最佳国内旅游景区 TOP10——携程旅行网</title>
09	<link rel="stylesheet" type="text/css" href="css/common.css" />
10	<link rel="stylesheet" type="text/css" href="css/main.css" />
11	</head>
12	<body style="zoom: 1;">
13	<header class="header">　　　　</header>
14	<section class="wrap">　　　　</section>
15	</body>
16	</html>

2.网页 0303.html 的局部内容设计

（1）网页 0303.html 的顶部内容设计

网页 0303.html 顶部内容的 CSS 代码定义见本书提供的电子资源。

在网页 0303.html 顶部代码 "<header class="header">" 与 "</header>" 之间编写 HTML 代码，实现其功能，网页 0303.html 顶部内容的 HTML 代码如表 3-20 所示。

表 3-20　网页 0303.html 顶部内容的 HTML 代码

序号	HTML 代码
01	<header class="header">
02	<h1><img id="cover_img" src="images/11.jpg" alt="最佳国内旅游景区 TOP10"
03	style="height: auto;" /></h1>
04	</header>

（2）网页 0303.html 的下部内容设计

网页 0303.html 下部内容的 CSS 代码定义见本书提供的电子资源。

在网页 0303.html 下部代码 "<section class="wrap">" 和 "</section>" 之间编写 HTML 代码，实现其功能，网页 0303.html 下部内容的 HTML 代码如表 3-21 所示。

表 3-21　网页 0303.html 下部内容的 HTML 代码

序号	HTML 代码
01	<section class="wrap">
02	<ul class="pic-list">
03	<li> <a class="jump" data-type="3" data-id="25" data-name="九寨沟" href="#">
04	<div class="pic-box">
05	<img src="images/01.jpg" alt="九寨沟" style="height: auto;" />
06	<span class="number cffaa39">1</span>
07	<div class="title">
08	<div class="title-name">九寨沟</div>
09	<ul class="score-list">
10	<li class="icon-score-full"></li>
11	<li class="icon-score-empty"></li>
12	</ul>
13	</div>
14	</div>
15	<div class="sub">
16	<span>沟内遍布原始森林，分布着无数的河湖，飞动与静谧结合，变幻无穷，美丽到让人
17	失语。</span>
18	</div> </a>
19	</li>
20	<li> <a class="jump" data-type="3" data-id="23" data-name="张家界" href="#">
21	<div class="pic-box">
22	<img src="images/02.jpg" alt="张家界" style="height: auto;" />
23	<span class="number">2</span>
24	<div class="title">
25	<div class="title-name">张家界</div>
26	<ul class="score-list">
27	<li class="icon-score-full"></li>
28	<li class="icon-score-empty"></li>
29	</ul>
30	</div>
31	</div>
32	<div class="sub">
33	<span>景区中的千座石峰拔地而起，八百条溪流蜿蜒曲折，被誉为"中国山水画的原本"、
34	"缩小的仙境，放大的盆景"。</span>
35	</div> </a>
36	</li>
37	</ul>
38	</section>

【网页浏览】

保存网页 0303.html，在浏览器 Google Chrome 中的浏览效果如图 3-4 所示。

拓展训练

【任务 3-4】设计路趣网手机版的热点景点推荐网页

【任务描述】

编写 HTML 代码和 CSS 代码，设计图 3-5 所示路趣网手机版的热点景点推荐网页 0304.html。

图 3-5　路趣网手机版的热点景点推荐网页 0304.html 的浏览效果

【操作提示】

（1）网页 0304.html 的 HTML 代码编写提示

网页 0304.html 主体结构的 HTML 代码如表 3-22 所示。

表 3-22　网页 0304.html 主体结构的 HTML 代码

序号	HTML 代码
01	<!DOCTYPE html>
02	<html>
03	<head>
04	<meta http-equiv="Content-Type" content="text/html; charset=UTF-8" />
05	<meta charset="UTF-8" />
06	<meta name="viewport" content="width=device-width, initial-scale=1.0,
07	minimum-scale=1.0, maximum-scale=1.0, user-scalable=no" />
08	<meta content="telephone=no" name="format-detection" />
09	<meta content="email=no" name="format-detection" />
10	<meta name="baidu-site-verification" content="3L5XkYWOlODWq657" />
11	<link rel="stylesheet" href="css/common.css" />
12	<link rel="stylesheet" href="css/main.css" />
13	<title>热点景点推荐——路趣网手机版</title>
14	<meta name="Keywords" content="路趣网手机版" />
15	<meta name="Description" content="路趣网手机版" />
16	</head>
17	<body>
18	<div class="wrapfix">
19	<nav class="wrapline">　　</nav>
20	<section class="m-carousel m-fluid m-carousel-photos">
21	<div class="m-carousel-inner" style="-webkit-transform: translate3d(0px, 0px, 0px);">
22	<div class="m-item m-active">　　</div>
23	<div class="m-item">　　　　</div>
24	</div>

序号	HTML 代码
25	<div class="m-carousel-controls m-carousel-bulleted"> </div>
26	</section>
27	<section style="margin:10px 0;">
28	<div id="hotlistWrapper">
29	<div class="hotlist"> </div>
30	<div class="hot-item">
31	<div class="hotbox"> </div>
32	<div class="hotbox"> </div>
33	</div>
34	<div style="clear: both;"> </div>
35	<div class="hotlist"> </div>
36	<div class="hot-item">
37	<div class="hotbox"> </div>
38	<div class="hotbox"> </div>
39	</div>
40	<div style="clear: both;"> </div>
41	</div>
42	<div class="show-more"> </div>
43	</section>
44	<footer class="footer" data-config-type="">
45	<div> </div>
46	</footer>
47	</div>
48	</body>
49	</html>

网页 0304.html 局部内容的 HTML 代码见本书提供的电子资源。

（2）网页 0304.html 的 CSS 代码定义提示

网页 0304.html 通用 CSS 代码定义见本书提供的电子资源，主体结构的 CSS 代码如表 3-23 所示。

表 3-23　网页 0304.html 主体结构的 CSS 代码定义

序号	CSS 代码	序号	CSS 代码
01	.wrapfix {	57	.m-fluid .m-item {
02	width: 100%;	58	margin-right: 20px
03	overflow: hidden	59	}
04	}	60	
05		61	.m-carousel-controls {
06	nav {	62	position: absolute;
07	display: box;	63	right: 10px;
08	display: -webkit-box;	64	bottom: 10px;
09	box-orient: horizontal;	65	text-align: center
10	-webkit-box-orient: horizontal;	66	}
11	width: 100%;	67	
12	background: #9ac969;	68	.hotlist {
13	border-top: 1px solid #e9e9e9;	69	height: 35px;

序号	CSS 代码	序号	CSS 代码
14	border-bottom: 1px solid #e9e9e9;	70	width: 100%;
15	list-style-type: none;	71	background: #f5f5f5;
16	margin-bottom: 5px	72	color: #378404;
17	}	73	line-height: 35px;
18		74	margin: 5px auto;
19	.m-carousel {	75	padding-left: 0.5em;
20	position: relative;	76	border: 1px solid #e9e9e9
21	overflow: hidden;	77	}
22	-webkit-font-smoothing: antialiased	78	
23	}	79	.hot-item {
24		80	width: 100%;
25	.m-carousel-photos {	81	display: box;
26	margin: 0 -10px;	82	display: -webkit-box;
27	padding: 0 10px	83	display: -moz-box
28	}	84	}
29		85	
30	.m-carousel-inner {	86	
31	position: relative;	87	.hotbox {
32	white-space: nowrap;	88	padding: 0 8px;
33	text-align: left;	89	text-align: center;
34	font-size: 0;	90	-webkit-box-flex: 1;
35	-webkit-transition-property:	91	-moz-box-flex: 1
36	-webkit-transform;	92	}
37	-moz-transition-property: -moz-transform;	93	
38	-ms-transition-property: -ms-transform;	94	.show-more {
39	-o-transition-property: -o-transform;	95	text-align: center;
40	transition-property: transform;	96	border-bottom: none;
41	-webkit-transition-timing-function:	97	padding-top: 5px;
42	cubic-bezier(0.33,0.66,0.66,1);	98	border-top: 1px solid #ccc
43	-moz-transition-timing-function:	99	}
44	cubic-bezier(0.33,0.66,0.66,1);	100	
45	-ms-transition-timing-function:	101	.footer {
46	cubic-bezier(0.33,0.66,0.66,1);	102	width: 100%;
47	-o-transition-timing-function:	103	text-align: center;
48	cubic-bezier(0.33,0.66,0.66,1);	104	padding: 5px 0px;
49	transition-timing-function:	105	border-top: 1px solid #d9d9d9;
50	cubic-bezier(0.33,0.66,0.66,1);	106	background: #f3f3f3
51	-webkit-transition-duration: 0.5s;	107	}
52	-moz-transition-duration: 0.5s;	108	
53	-ms-transition-duration: 0.5s;	109	.footer div {
54	-o-transition-duration: 0.5s;	110	margin: 5px;
55	transition-duration: 0.5s	111	color: #666
56	}	112	}

网页 0304.html 各个局部内容的 CSS 代码见本书提供的电子资源。

 单元小结

本单元通过对旅游网站的旅游目的地推荐网页和景点推荐网页设计的探析与三步训练，重点熟悉了 HTML5 中的图像标签、CSS 的背景设置、图像透明度设置等，学会了在网页中合理地插入图像，学会了恰当应用图片设计景点推荐网页的方法。

PART 4

单元 4
商品信息展示网页设计

　　购物网站通常会以图文混排方式展示商品外观和有用信息，吸引顾客选购商品。本单元通过对购物网站的商品列表网页和品牌展示网页设计的探析与训练，重点学习 HTML5 中的列表标签、CSS 的列表属性、表格属性和定位属性等，学会在网页中合理地使用列表、表格和 CSS 定位属性展示相关信息，学会应用列表、表格及 CSS 定位设计商品信息展示网页。

教学导航

教学目标	（1）熟悉 HTML5 中的列表标签 （2）熟悉 CSS 的列表属性、表格属性和定位属性 （3）学会在网页中合理地使用列表、表格和 CSS 定位属性展示相关信息 （4）学会应用列表、表格及 CSS 定位设计商品信息展示网页
关 键 字	购物网站　商品信息展示网页　列表标签　列表属性　表格属性　定位属性
参考资料	（1）HTML5 的常用标签及其属性、方法与事件参考附录 B （2）CSS 的属性参考附录 C （3）CSS 的各种选择器的含义和用法参考附录 D
教学方法	任务驱动法、分组讨论法、理论实践一体化、探究学习法
课时建议	6 课时

实例探析

【任务 4-1】探析手机麦包包网触屏版的热销商品网页

【效果展示】

　　手机麦包包网触屏版的热销商品网页 0401.html 的浏览效果如图 4-1 所示。

　　手机麦包包网触屏版的热销商品网页 0401.html 的主体结构为上、中、下结构，顶部内容包括 Logo 图片、用户登录超链接按钮和购物车超链接按钮，中部内容为热销商品列表，底部为多个导航超链接。

图 4-1　手机麦包包网触屏版的热销商品网页 0401.html 的浏览效果

【网页探析】

1．网页 0401.html 的 HTML 代码探析

网页 0401.html 的 HTML 代码如表 4-1 所示。

表 4-1　网页 0401.html 的 HTML 代码

序号	HTML 代码
01	\<!DOCTYPE html>
02	\<html lang="zh-cn">
03	\<head>
04	\<meta http-equiv="Content-Type" content="text/html; charset=UTF-8" />
05	\<meta charset="UTF-8" />
06	\<title> 手机麦包包网-触屏版\</title>
07	\<meta property="qc:admins" content="104132636421721763 75" />
08	\<meta property="wb:webmaster" content="6c1306619b13572d" />
09	\<meta name="baidu-site-verification" content="Tkk91We3bT" />
10	\<meta name="baidu-tc-cerfication" content="d2259ae76fa0f66c4e324e55ab84ddc5" />
11	\<meta name="apple-itunes-app" content="app-id=408126283" />
12	\<meta name="keywords" content="手机麦包包" />
13	\<meta name="description" content="中国最大最知名的快时尚箱包网上购物商城" />
14	\<meta content="width=device-width, initial-scale=1.0, maximum-scale=1.0,
15	user-scalable=0;" name="viewport" />
16	\<link href="images/favicon.ico" rel="shortcut icon" />
17	\<link rel="apple-touch-icon-precomposed" href="images/mbbicon.png" />
18	\<link rel="stylesheet" media="only screen" href="css/common.css" />
19	\<link rel="stylesheet" media="only screen" href="css/main.css" />
20	\</head>

序号	HTML 代码
21	<body>
22	<header class="mbHead">
23	<div class="mbTop clearfix">
24	<div class="mbTop_wrap">
25	<a class="userLogo" href="http://m.mbaobao.com/user/userCenter.html">
26	<img src="images/user_logo.png" alt="userlogo" width="30" height="30" />
27	</a>
28	<a class="mbLogo" href="#">
29	<img src="images/logo.png" alt="mbblogo" width="119" height="19" />
30	</a>
31	<a class="mbCart" href="#">
32	<span class="modRankSTag"><em id="cartItemCount">1</em></span>
33	</a>
34	</div>
35	</div>
36	</header>
37	<section id="mbMain">
38	<section class="productMod modTop">
39	<h3 class="modHd">热销风云榜
40	<a class="modMoreTag" href="http://m.mbaobao.com/itemTopList.html">
41	<span class="tL">+</span> <span class="tR">更多<i></i></span>
42	</a>
43	</h3>
44	<div class="modBd">
45	<ul class="modList clearfix">
46	<li>
47	<div class="productImg">
48	<a href="#"><img alt="手提斜挎包" src="images/01.jpg" width="100%" /></a>
49	<div class="modRankBTag"><span>1</span></div>
50	</div>
51	<div class="productName"><a href="#">西西里系列手提斜挎...</a> </div>
52	<div class="productPrice">价格：<em>￥188.00</em></div>
53	</li>
54	<li>
55	<div class="productImg">
56	<a href="#"><img alt="手提斜挎包" src="images/02.jpg" width="100%" /></a>
57	<div class="modRankBTag"><span>2</span></div>
58	</div>
59	<div class="productName"> <a href="#">圣迭戈系列手提斜挎...</a> </div>
60	<div class="productPrice">价格：<em>￥159.00</em></div>
61	</li>
62	<li>
63	<div class="productImg">
64	<a href="#"><img alt="手提斜挎包" src="images/03.jpg" width="100%" /></a>
65	<div class="modRankBTag"><span>3</span></div>
66	</div>
67	<div class="productName"> <a href="#">ANDY 系列手提斜...</a> </div>
68	<div class="productPrice">价格：<em>￥178.00</em></div>
69	</li>

序号	HTML 代码
70	`<li>`
71	`<div class="productImg">`
72	`<a href="#"><img alt="单肩包" src="images/04.jpg" width="100%" /></a>`
73	`<div class="modRankBTag"><span>4</span></div>`
74	`</div>`
75	`<div class="productName"> <a href="#">轻名媛系列单肩包</a> </div>`
76	`<div class="productPrice">价格：<em>￥168.00</em></div>`
77	`</li>`
78	`</ul>`
79	`<ul class="modTextList">`
80	`<li> <span class="modRankSTag"><em>5</em></span>`
81	`<span class="modGoodsName"><a href="#">如约之恋系列手提斜挎包</a></span>`
82	`<span class="modGoodsPrice"> <em>￥199.00</em> </span> </li>`
83	`<li> <span class="modRankSTag"><em>6</em></span>`
84	`<span class="modGoodsName"><a href="#">巴黎左岸系列手提斜...</a></span>`
85	`<span class="modGoodsPrice"> <em>￥298.00</em> </span> </li>`
86	`<li> <span class="modRankSTag"><em>7</em></span>`
87	`<span class="modGoodsName"><a href="#">简约之美系列手提斜挎包</a></span>`
88	`<span class="modGoodsPrice"> <em>￥219.00</em> </span> </li>`
89	`</ul>`
90	`</div>`
91	`</section>`
92	`</section>`
93	`<footer class="mbFoot">`
94	`<ul class="mbBotLink clearfix">`
95	`<li><a href="#">首页</a></li>`
96	`<li><a href="#">用户反馈</a></li>`
97	`<li><a href="#">帮助中心</a></li>`
98	`</ul>`
99	`<ul class="mbBotInfo clearfix">`
100	`<li id="loginInfo">`
101	`<div class="noLogin">`
102	`<a href="#" class="loginL">登录</a> <a href="#" class="loginR">注册</a>`
103	`</div>`
104	`</li>`
105	`<li>`
106	`<nav>`
107	`<a href="#">触屏版</a> <a href="#">客户端</a> <a href="#">电脑版</a>`
108	`</nav>`
109	`</li>`
110	`</ul>`
111	`<div class="mbCopyright">`
112	`<p>&copy;2014-2018 Mbaobao All Rights Reserved.</p>`
113	`<p>ICP:浙 B2-20100425 </p>`
114	`</div>`
115	`</footer>`
116	`</body>`
117	`</html>`

网页 0401.html 主体结构的 HTML 代码如表 4-2 所示，该网页主体结构包括 3 个组成部分，

分别为顶部、中部和底部，其中项部结构使用<header>标签实现，中部结构使用<section>标签实现，底部结构使用<footer>标签实现。

表 4-2 网页 0401.html 主体结构的 HTML 代码

序号	HTML 代码
01	<body>
02	<header class="mbHead">
03	<div class="mbTop clearfix">
04	<div class="mbTop_wrap"> </div>
05	</div>
06	</header>
07	<section id="mbMain">
08	<section class="productMod modTop">
09	<h3 class="modHd"> </h3>
10	<div class="modBd"> </div>
11	</section>
12	</section>
13	<footer class="mbFoot"> </footer>
14	</body>

2．网页 0401.html 的 CSS 代码探析

网页 0401.html 通用 CSS 代码定义如表 4-3 所示。

表 4-3 网页 0401.html 通用 CSS 代码

序号	CSS 代码	序号	CSS 代码
01	body {	27	img a {
02	background: #e8e8e8;	28	border: 0;
03	font-family: Helvetica,san-serif;	29	text-decoration: none
04	line-height: 1.5;	30	}
05	font-size: 12px;	31	
06	margin: 0;	32	ol,ul {
07	padding: 0;	33	list-style: none
08	color: #666;	34	}
09	-webkit-text-size-adjust: none;	35	
10	-webkit-touch-callout: none;	36	a {
11	-webkit-tap-highlight-color: rgba(0,0,0,.5)	37	margin: 0;
12	}	38	padding: 0;
13		39	font-size: 100%;
14	body,footer,h1,h2,h3,h4,h5,h6,header,	40	vertical-align: baseline;
15	html,li,nav,ol,p,section,ul {	41	background: 0 0;
16	margin: 0;	42	text-decoration: none;
17	padding: 0	43	color: #666
18	}	44	}
19		45	
20	article,aside,footer,header,section {	46	div,li,p {
21	display: block	47	-webkit-tap-highlight-color: rgba(0,0,0,.5)
22	}	48	}
23	img {	49	
24	border: 0;	50	em {
25	vertical-align: bottom	51	font-weight: 700
26	}	52	}

网页 0401.html 主体结构的 CSS 代码如表 4-4 所示。

表 4-4　网页 0401.html 主体结构的 CSS 代码

序号	CSS 代码	序号	CSS 代码
01	.mbHead .mbTop {	35	.productMod {
02	height: 35px;	36	background: #fff;
03	background-color: #DC0005;	37	-webkit-box-shadow: 0 1px 3px #999;
04	background-size: auto 50px;	38	padding: 8px;
05	background-position: 0 -10px;	39	border-radius: 5px
06	top: 0;	40	}
07	width: 100%;	41	
08	z-index: 1200;	42	.modTop {
09	box-shadow: 0 2px 5px rgba(9,9,9,.3);	43	margin-top: 8px
10	-webkit-box-shadow: 0 2px 5px	44	}
11	rgba(9,9,9,.3)	45	
12	}	46	.modHd {
13		47	background: #fff
14	.mbHead .mbTop_wrap {	48	}
15	max-width: 640px;	49	
16	position: relative;	50	.modBd {
17	margin: 0 auto	51	background: #fff;
18	}	52	color: #666
19		53	}
20	#mbMain {	54	
21	padding: 8px;	55	.mbFoot {
22	min-width: 320px;	56	padding: 8px;
23	max-width: 640px	57	padding-top: 0;
24	}	58	color: #666;
25		59	max-width: 640px
26	@media only screen and	60	}
27	(min-device-width:320px) {	61	
28	#mbMain,.mbFoot {	62	.clearfix:after,dl:after,ul:after {
29	-webkit-box-sizing: border-box;	63	content: ".";
30	-moz-box-sizing: border-box;	64	display: block;
31	box-sizing: border-box;	65	clear: both;
32	margin: 0 auto	66	height: 0;
33	}	67	visibility: hidden
34	}	68	}

网页 0401.html 顶部内容的 CSS 代码定义如表 4-5 所示。

表 4-5　网页 0401.html 顶部内容的 CSS 代码

序号	CSS 代码	序号	CSS 代码
01	.mbHead .mbTop_wrap {	32	.mbHead .mbTop .mbCart {
02	max-width: 640px;	33	width: 37px;
03	position: relative;	34	height: 37px;

序号	CSS 代码	序号	CSS 代码
04	margin: 0 auto	35	display: block;
05	}	36	position: absolute;
06		37	top: -4px;
07	.mbHead .mbTop .userLogo {	38	right: 8px;
08	width: 30px;	39	background: url(../images/cart.png)
09	height: 30px;	40	no-repeat 1px 0;
10	display: block;	41	background-size: 37px 37px;
11	position: absolute;	42	color: #fff;
12	top: 0;	43	text-align: center;
13	right: 44px	44	padding-top: 5px;
14	}	45	font-size: 12px
15		46	}
16	.mbHead .mbTop .mbLogo {	47	
17	width: 119px;	48	.modRankSTag em {
18	height: 19px;	49	background: #ec1b23;
19	display: block;	50	width: 10px;
20	padding: 7px 0 0 8px	51	height: 14px;
21	}	52	line-height: 14px;
22		53	display: block;
23	.modRankSTag {	54	-webkit-border-radius: 7px;
24	width: 16px;	55	margin: 1px 0 0 1px;
25	height: 16px;	56	font-size: 12px;
26	display: inline-block;	57	text-align: left;
27	-webkit-border-radius: 8px;	58	padding: 0 0 0 4px;
28	background: #fff;	59	color: #fff;
29	-webkit-box-shadow: 1px 1px 1px #999;	60	font-weight: 700;
30	margin-right: 3px	61	list-style: none
31	}	62	}

网页 0401.html 中部内容的 CSS 代码定义如表 4-6 所示。

表 4-6　网页 0401.html 中部内容的 CSS 代码

序号	CSS 代码	序号	CSS 代码
01	.productMod h3 {	82	.modBd .modList .productImg img {
02	height: 30px;	83	width: 100%;
03	line-height: 20px;	84	height: auto;
04	color: #333;	85	border: 0
05	padding: 0 5px;	86	}
06	position: relative	87	.modRankBTag {
07	}	88	position: absolute;
08		89	top: -12px;
09	.modMoreTag {	90	left: -12px;
10	display: block;	91	width: 26px;
11	position: absolute;	92	height: 26px;
12	top: 0;	93	display: block;
13	right: 5px;	94	-webkit-border-radius: 13px;
14	background: #fff;	95	background: #fff;
15	color: #666;	96	-webkit-box-shadow: 1px 1px 1px #999

序号	CSS 代码	序号	CSS 代码
16	border: 1px solid #bdbdbd;	97	}
17	height: 24px;	98	
18	overflow: hidden;	99	.modRankBTag span {
19	-webkit-box-sizing: border-box;	100	background: #ec1b23;
20	-webkit-box-shadow: 0 1px 0 #a8a8a8	101	width: 16px;
21	}	102	height: 22px;
22		103	display: block;
23	.modMoreTag .tL,.modMoreTag .tR {	104	line-height: 20px;
24	color: #666;	105	-webkit-border-radius: 11px;
25	display: block;	106	margin: 3px 0 0 3px;
26	float: left;	107	font-size: 16px;
27	-webkit-box-sizing: border-box	108	text-align: left;
28	}	109	padding: 0 0 0 6px;
29		110	color: #fff;
30	.modMoreTag .tR {	111	font-weight: 700
31	background: -webkit-gradient(linear,0 0,0	112	}
32	100%,from(#f5f5f5),to(#e6e6e6));	113	
33	font-weight: 400;	114	.modBd .modList .productName {
34	padding: 0 3px 0 8px;	115	height: 38px;
35	border-bottom: 1px solid #fff;	116	overflow: hidden
36	border-top: 1px solid #fcfcfc;	117	}
37	border-right: 1px solid #f9f9f9;	118	
38	border-left: 1px solid #b7b7b7;	119	.modBd .modList .productPrice em {
39	}	120	list-style: none;
40		121	color: #ed1b23
41	.modMoreTag .tR i {	122	}
42	display: inline-block;	123	
43	border-width: 4px;	124	.modBd .modTextList {
44	border-color: #f1f1f1 #f1f1f1	125	margin-top: 5px;
45	#f1f1f1 #7c7c7c;	126	padding: 0 5px;
46	border-style: solid;	127	clear: both
47	width: 0;	128	}
48	height: 0;	129	
49	line-height: 0;	130	.modBd .modTextList li {
50	margin-left: 5px	131	padding: 8px 0;
51	}	132	border-top: 1px solid #e8e8e8;
52		133	position: relative
53	.modBd .modList {	134	}
54	width: 100%	135	
55	}	136	.modBd .modTextList li a,.productMod
56		137	.modBd .modTextList li a:hover {
57	.modBd .modList li {	138	color: #666;
58	float: left;	139	text-decoration: none
59	text-align: center;	140	}
60	padding: 5px;	141	
61	-webkit-box-sizing: border-box;	142	.modBd .modTextList .modGoodsName {
62	width: 25%	143	text-overflow: ellipsis;
63	}	144	overflow: hidden;
64		145	white-space: nowrap;

序号	CSS 代码	序号	CSS 代码
65	@media only screen and (min-width:641px) {	146	display: inline-block
66	.modBd .modList li {	147	}
67	width: 25%	148	
68	}	149	@media screen and (min-width:640px) {
69	}.	150	.modBd .modTextList .modGoodsName {
70		151	width: auto
71	modBd .modList .productImg {	152	}
72	margin-bottom: 5px;	153	}
73	position: relative	154	
74	}	155	.modBd .modTextList .modGoodsPrice {
75		156	color: #ed1b23;
76	.modBd .modList .productImg img {	157	display: inline-block;
77	background: #e8e8e8	158	position: absolute;
78	url(../images/loading.png) center center	159	top: 8px;
79	no-repeat;	160	right: 8px;
80	background-size: 130px 130px	161	background: #fff
81	}	162	}

网页 0401.html 底部内容的 CSS 代码定义如表 4-7 所示。

表 4-7　网页 0401.html 底部内容的 CSS 代码

序号	CSS 代码	序号	CSS 代码
01	..mbFoot a,.mbFoot a:hover {	34	.mbFoot .mbBotInfo {
02	color: #333;	35	text-align: center
03	text-decoration: none	36	}
04	}	37	
05		38	.mbFoot .mbBotInfo li {
06	.mbFoot .mbBotLink {	39	height: 35px;
07	line-height: 18px;	40	line-height: 35px;
08	background: #fff;	41	width: 75%;
09	fong-size: 0;	42	border-bottom: 1px solid #ccc;
10	-webkit-border-radius: 5px;	43	margin: 0 auto
11	-webkit-box-shadow: 0 1px 3px #999;	44	}
12	margin-bottom: 8px	45	
13	}	46	.mbFoot .noLogin .loginL {
14		47	width: 40%;
15	.mbFoot .mbBotLink li {	48	float: left;
16	width: 30%;	49	text-align: right
17	float: left;	50	}
18	font-size: 12px;	51	.mbFoot .noLogin .loginR {
19	padding: 10px 0;	52	width: 40%;
20	box-sizing: border-box;	53	float: right;
21	-webkit-box-sizing: border-box;	54	text-align: left
22	text-align: center	55	}
23	}	56	.mbFoot .mbBotInfo nav a {
24		57	width: 32%;
25	.mbFoot .mbBotLink li a {	58	display: inline-block;

序号	CSS 代码	序号	CSS 代码
26	display: block	59	text-align: center
27	}	60	}
28		61	.mbFoot .mbCopyright {
29	.mbFoot .mbBotLink li:nth-child(2) {	62	text-align: center;
30	border-left: 1px solid #e8e8e8;	63	line-height: 18px;
31	border-right: 1px solid #e8e8e8;	64	margin-top: 8px;
32	width: 38%	65	font-size: 11px
33	}	66	}

知识梳理

1．HTML5 的列表标签

（1）<ul>、<ol>和<li>标签

<ul>标签用于定义无序列表，<ol>标签用于定义有序列表，<li>标签用于定义列表项目。<li>标签可用在有序列表（<ol>）和无序列表（<ul>）中。

（2）<dl>、<dt>和<dd>标签

<dl>标签定义了定义列表（definition list），<dd>在定义列表中用于定义条目的定义部分，<dt>标签定义了定义列表中的项目（即术语部分）。<dl>标签用于结合<dt>（定义列表中的项目）和<dd>（描述列表中的项目）。

（3）<menu>标签

<menu>标签用于定义菜单列表。当希望列出表单控件时使用该标签。注意与<nav>的区别，<menu>专门用于表单控件。示例代码如下：

```
<menu>
    <li><input type="checkbox" />red</li>
    <li><input type="checkbox" />blue</li>
</menu>
```

（4）<command>标签

<command>标签用于定义命令按钮，如单选按钮、复选框或按钮。只有当<command>标签位于<menu>标签内时，该元素才是可见的。否则不会显示这个元素，但是可以用它规定键盘快捷键。示例代码如下：

```
<menu>
    <command onclick="alert('Hello World')">Click Me!</command>
</menu>
```

2．CSS 列表属性（List）

CSS 列表属性允许放置、改变列表项标志，或者将图像作为列表项标志。从某种意义上讲，不是描述性文本的任何内容都可以认为是列表。

（1）列表类型

在一个无序列表中，列表项的标志（marker）是出现在各列表项旁边的圆点。在有序列表中，标志可能是字母、数字或另外某种计数体系中的一个符号。要修改用于列表项的标志类型，可以使用属性 list-style-type，示例代码如下：

　　ul {list-style-type : square}

　　上面的代码把无序列表中的列表项标志设置为方块。

　　（2）列表项图像

　　有时，常规的标志是不够的，可能想对各标志使用一个图像，这可以利用 list-style-image 属性做到，只需要简单地使用一个 url()值，就可以使用图像作为标志。示例代码如下：

　　ul li {list-style-image : url(01.gif)}

　　（3）列表标志位置

　　CSS2.1 可以确定标志出现在列表项内容之外还是内容内部，这是利用 list-style-position 完成的。

　　为简单起见，可以将以上 3 个列表样式属性合并为一个方便的属性——list-style，示例代码如下：

　　li {list-style : url(example.gif) square inside}

　　list-style 的值可以按任何顺序列出，而且这些值都可以忽略。只要提供了一个值，其他的就会填入其默认值。

3．HTML5 的链接与导航标签

　　（1）<a>标签

　　<a>标签定义超链接，用于从一张页面链接到另一张页面。<a>元素最重要的属性是 href 属性，它指示链接的目标。示例代码如下：

　　<a href="http://m.hao123.com/"> hao123.</a>

　　在所有浏览器中，链接的默认外观是：未被访问的链接带有下划线而且是蓝色的；已被访问的链接带有下划线而且是紫色的；活动链接带有下划线而且是红色的。

　　如果不使用 href 属性，则不可以使用如下属性：download、hreflang、media、rel、target 及 type 属性。被链接页面通常显示在当前浏览器窗口中，除非使用 target 属性指定了另一个目标。

　　（2）<nav>标签

　　<nav>标签用于定义页面导航，表示页面中导航链接的部分。示例代码如下：

　　<nav>

　　　　<a href="index.html">Home</a>

　　　　<a href="pre.html">Previous</a>

　　　　<a href="next.html">Next</a>

　　</nav>

4．CSS 表格属性（Table）

　　CSS 表格属性可以改善表格的外观。

　　（1）表格边框

　　如需在 CSS 中设置表格边框，则使用 border 属性。以下示例代码为<table>、<th>及<td>设置了蓝色边框：

　　table, th, td

　　　　{

　　　border: 1px solid blue;

　　　　}

（2）折叠边框

上述代码设置表格具有双线条边框，这是由于\<table\>、\<th\>及\<td\>元素都有独立的边框。如果需要把表格显示为单线条边框，则使用 border-collapse 属性。border-collapse 属性设置是否将表格边框折叠为单一边框，示例代码如下：

```
table
    {
        border-collapse:collapse;
    }
table,th, td
    {
        border: 1px solid black;
    }
```

（3）表格宽度和高度

通过 width 和 height 属性定义表格的宽度和高度。

以下示例代码将表格宽度设置为 100%，同时将\<th\>元素的高度设置为 50px：

```
table
    {
        width:100%;
    }
th
    {
        height:50px;
    }
```

（4）表格文本对齐

text-align 和 vertical-align 属性设置表格中文本的对齐方式。text-align 属性设置水平对齐方式，如左对齐、右对齐或者居中，示例代码如下：

```
td
    {
    text-align:right;
    }
```

vertical-align 属性设置垂直对齐方式，如顶部对齐、底部对齐或居中对齐，示例代码如下：

```
td
    {
        height:50px;
        vertical-align:bottom;
    }
```

（5）表格内边距

如需控制表格中内容与边框的距离，则为\<td\>和\<th\>元素设置 padding 属性，示例代码如下：

```
td
```

```
    {
        padding:15px;
    }
```

（6）表格颜色

以下示例代码设置边框的颜色及<th>元素的文本和背景颜色：

```
table, td, th
    {
        border:1px solid green;
    }
th
    {
        background-color:green;
        color:white;
    }
```

5．CSS 定位属性（Positioning）

CSS 定位（Positioning）属性允许对元素进行定位。CSS 为定位和浮动提供了一些属性，利用这些属性，可以建立列式布局，将布局的一部分与另一部分重叠，还可以完成多年来通常需要使用多个表格才能完成的任务。

定位的基本思想很简单，它允许定义元素框相对于其正常位置应该出现的位置，或者相对于父元素、另一个元素甚至浏览器窗口本身的位置。

<div>、<h1>或<p>元素常常被称为块级元素。这意味着这些元素显示为一块内容，即"块框"。与之相反，<span>和<strong>等元素称为"行内元素"，这是因为它们的内容显示在行中，即"行内框"。

可以使用 display 属性改变生成的框的类型。这意味着，通过将 display 属性设置为 block，可以让行内元素（如 <a> 元素）表现得像块级元素一样。还可以通过把 display 设置为 none，让生成的元素根本没有框。这样的话，该框及其所有内容就不再显示，不占用文档中的空间。但是在一种情况下，即使没有进行显式定义，也会创建块级元素。这种情况发生在把一些文本添加到一个块级元素（如<div>）的开头。即使没有把这些文本定义为段落，它也会被当作段落对待，示例代码如下：

```
<div>
    some text
    <p>Some more text.</p>
</div>
```

在这种情况下，这个框称为无名块框，因为它不与专门定义的元素相关联。

块级元素的文本行也会发生类似的情况。假设有一个包含 3 行文本的段落。每行文本形成一个无名框。无法直接对无名块或行框应用样式，因为没有可以应用样式的地方（注意，行框和行内框是两个概念）。但是，这有助于理解在屏幕上看到的所有东西都形成某种框。

（1）CSS 定位机制

CSS 有 3 种基本的定位机制：普通流、浮动和绝对定位。除非专门指定，否则所有框都在普通流中定位。也就是说，普通流中的元素的位置由元素在(X)HTML 中的位置决定。

块级框从上到下一个接一个地排列，框之间的垂直距离是由框的垂直外边距计算出来。行内框在一行中水平布置。可以使用水平内边距、边框和外边距调整它们的间距。但是，垂直内边距、边框和外边距不影响行内框的高度。由一行形成的水平框称为行框（Line Box），行框的高度总是足以容纳它包含的所有行内框。不过，设置行高可以增加这个框的高度。

（2）CSS position 属性

通过使用 position 属性，可以选择 4 种不同类型的定位，这会影响元素框生成的方式。position 属性值的含义如表 4-8 所示。

表 4-8　position 属性值的含义

position 属性值	使用说明
static	元素框正常生成。块级元素生成一个矩形框，作为文档流的一部分，行内元素则会创建一个或多个行框，置于其父元素中
relative	元素框偏移某个距离。元素仍保持其未定位前的形状，它原本所占的空间仍保留
absolute	元素框从文档流完全删除，并相对于其包含块定位。包含块可能是文档中的另一个元素或者是初始包含块。元素原先在正常文档流中所占的空间会关闭，就好像元素原来不存在一样。元素定位后生成一个块级框，而不论原来它在正常流中生成何种类型的框
fixed	元素框的表现类似于将 position 设置为 absolute，不过其包含块是视窗本身

（3）CSS 相对定位

设置为相对定位的元素框会偏移某个距离。元素仍然保持其未定位前的形状，它原本所占的空间仍保留。相对定位实际上被看作普通流定位模型的一部分，因为元素的位置相对于它在普通流中的位置。

相对定位是一个非常容易掌握的概念。如果对一个元素进行相对定位，它将出现在它所在的位置上。然后，可以通过设置垂直或水平位置，让这个元素"相对于"它的起点进行移动。

如果将 top 设置为 20px，那么框将在原位置顶部下面 20px 的地方。如果 left 设置为 30px，那么会在元素左边创建 30px 的空间，也就是将元素向右移动，代码如下：

```
#box_relative {
    position: relative;
    left: 30px;
    top: 20px;
}
```

如图 4-2 所示。

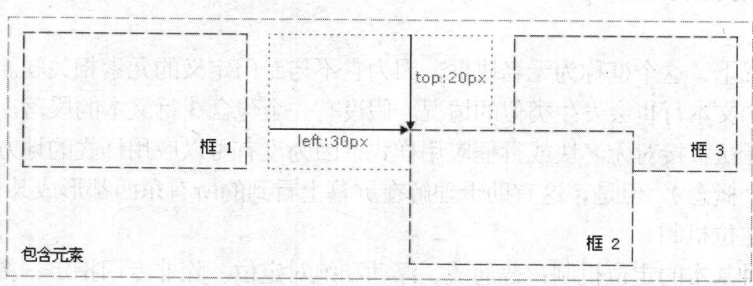

图 4-2　相对定位示意图

注意，在使用相对定位时，无论是否进行移动，元素仍然占据原来的空间。因此，移动元素会导致它覆盖其他框。

（4）CSS 绝对定位

设置为绝对定位的元素框从文档流完全删除，并相对于其包含块定位，包含块可能是文档中的另一个元素或者是初始包含块。元素原先在正常文档流中所占的空间会关闭，就好像该元素原来不存在一样。元素定位后生成一个块级框，而不论原来它在正常流中生成何种类型的框。

绝对定位使元素的位置与文档流无关，因此不占据空间。这一点与相对定位不同，相对定位实际上被看作普通流定位模型的一部分，因为元素的位置相对于它在普通流中的位置。普通流中其他元素的布局就像绝对定位的元素不存在一样，示例代码如下：

```
#box_relative {
    position: absolute;
    left: 30px;
    top: 20px;
}
```

如图 4-3 所示。

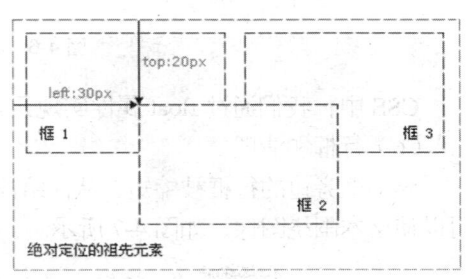

绝对定位的元素的位置相对于最近的已定位祖先元素，如果元素没有已定位的祖先元素，那么它的位置相对于最初的包含块。相对定位是"相对于"

图 4-3　绝对定位示意图

元素在文档中的初始位置，而绝对定位是"相对于"最近的已定位祖先元素，如果不存在已定位的祖先元素，那么"相对于"最初的包含块，最初的包含块可能是画布或 HTML 元素。

提示：因为绝对定位的框与文档流无关，所以它们可以覆盖页面上的其他元素。可以通过设置 z-index 属性来控制这些框的堆放次序。

（5）CSS 浮动

浮动的框可以向左或向右移动，直到它的外边缘碰到包含框或另一个浮动框的边框为止。由于浮动框不在文档的普通流中，所以文档的普通流中的块框表现得就像浮动框不存在一样。如图 4-4 所示，当把框 1 向右浮动时，它脱离文档流并且向右移动，直到它的右边缘碰到包含框的右边缘。

如图 4-5 所示，当框 1 向左浮动时，它脱离文档流并且向左移动，直到它的左边缘碰到包含框的左边缘。因为它不再处于文档流中，所以它不占据空间，实际上

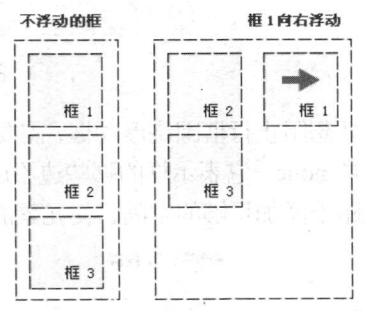

图 4-4　右浮动示意图

覆盖住了框 2，使框 2 从视图中消失。如果把所有 3 个框都向左移动，那么框 1 向左浮动直到碰到包含框，另外两个框向左浮动直到碰到前一个浮动框。

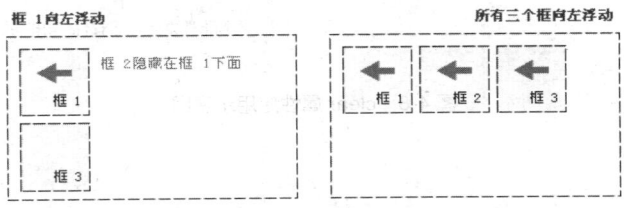

图 4-5　左浮动示意图

　　如图 4-6 所示，如果包含框太窄，无法容纳水平排列的 3 个浮动元素，那么其他浮动块向下移动，直到有足够的空间。如果浮动元素的高度不同，那么当它们向下移动时可能被其他浮动元素"卡住"。

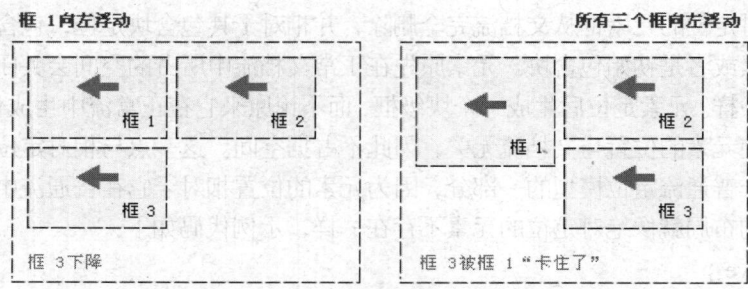

图 4-6　浮动元素被卡住的示意图

　　CSS 中，我们通过 float 属性实现元素的浮动。

（6）行框和清理

　　浮动框旁边的行框被缩短，从而给浮动框留出空间，行框围绕浮动框。因此，创建浮动框可以使文本围绕图像，如图 4-7 所示。

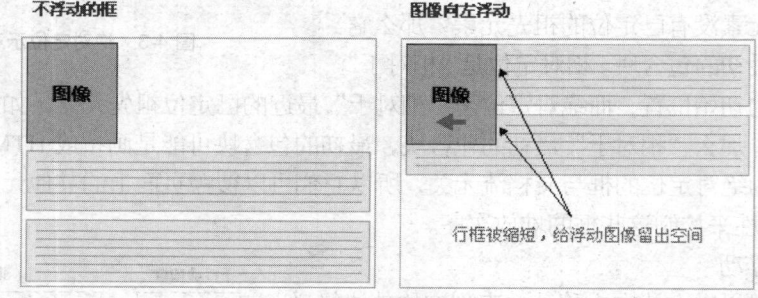

图 4-7　图像向左浮动示意图

　　要想阻止行框围绕浮动框，需要对该行框应用 clear 属性。clear 属性的值可以是 left、right、both 或 none，它表示框的哪些边不应该挨着浮动框。为了实现这种效果，在被清理的元素的上外边距上添加足够的空间，使元素的顶边缘垂直下降到浮动框下面，如图 4-8 所示。

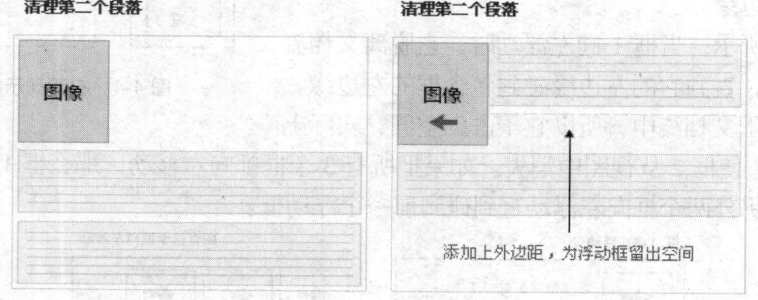

图 4-8　clear 属性应用示意图

【任务 4-2】设计苏宁易购触屏版的促销商品列表网页

【任务描述】

编写 HTML 代码和 CSS 代码,设计图 4-9 所示苏宁易购触屏版的促销商品列表网页 0402.html。

苏宁易购触屏版的促销商品列表网页 0402.html 的主体结构为上、中、下结构,如图 4-9 所示。顶部内容包括返回链接图片、标题文字和主页链接图片,中部内容包括多行促销商品列表,底部内容包括多个导航超链接和版权信息。

网页 0402.html 顶部结构使用<nav>标签实现,中部结构使用<section>标签实现,底部结构使用<footer>标签实现。

【任务实施】

1. 网页 0402.html 的主体结构设计

在本地硬盘的文件夹 "04 商品信息展示网页设计\0402" 中创建网页 0402.html。

(1)定义网页 0402.html 通用 CSS 代码

网页 0402.html 通用的 CSS 代码定义如表 4-9 所示。

图 4-9 苏宁易购触屏版的促销商品列表网页 0402.html 的浏览效果

表 4-9 网页 0402.html 通用的 CSS 代码定义

序号	CSS 代码	序号	CSS 代码
01	body,div,section,header,footer,nav {	18	em,i {
02	margin: 0;	19	font-style: normal;
03	padding: 0;	20	}
04	}	21	
05		22	img {
06	body {	23	border: 0;
07	font-family: "microsoft yahei",sans-serif;	24	vertical-align: middle;
08	font-size: 12px;	25	}
09	min-width: 320px;	26	
10	line-height: 1.5;	27	a {
11	color: #333;	28	color: #444;
12	background: #F2EEE0;	29	text-decoration: none;
13	}	30	}
14		31	
15	ul,ol,li {	32	* {
16	list-style: none;	33	-webkit-tap-highlight-color: rgba(0,0,0,0);
17	}	34	}

（2）定义网页 0402.html 主体结构的 CSS 代码

网页 0402.html 主体结构的 CSS 代码如表 4-10 所示。

表 4-10　网页 0402.html 主体结构的 CSS 代码

序号	CSS 代码	序号	CSS 代码
01	.nav {	13	.w {
02	height: 46px;	14	width: 320px!important;
03	background: -webkit-gradient(linear,	15	margin: 0 auto;
04	0% 0,0% 100%,	16	}
05	from(#F9F3E6),to(#F1E8D6));	17	
06	border-top: 1px solid #FBF8F0;	18	.layout {
07	border-bottom: 1px solid #E9E5D7;	19	margin: 10px;
08	}	20	-webkit-box-sizing: border-box;
09		21	}
10	.pr {	22	.footer {
11	position: relative;	23	margin-top: 10px;
12	}	24	}

（3）编写网页 0402.html 主体结构的 HTML 代码

网页 0402.html 主体结构的 HTML 代码如表 4-11 所示。

表 4-11　网页 0402.html 主体结构的 HTML 代码

序号	HTML 代码
01	<!DOCTYPE html>
02	<html>
03	<head>
04	<meta http-equiv="Content-Type" content="text/html; charset=UTF-8" />
05	<meta charset="UTF-8" />
06	<meta name="viewport" content="width=device-width, initial-scale=1.0,
07	maximum-scale=1.0, user-scalable=0" />
08	<meta name="apple-mobile-web-app-capable" content="yes" />
09	<meta name="apple-mobile-web-app-status-bar-style" content="black" />
10	<meta content="telephone=no" name="format-detection" />
11	<title>促销商品列表——苏宁易购触屏版</title>
12	<link rel="stylesheet" type="text/css" href="css/common.css" />
13	<link rel="stylesheet" type="text/css" href="css/main.css" />
14	<link rel="stylesheet" type="text/css" href="css/foot.css" />
15	</head>
16	<body>
17	<!-- 公用头部导航 -->
18	<nav class="nav nav-sub pr">　　</nav>
19	<section class="layout w" style="margin:10px auto;">　　</section>
20	<!-- 公用尾部 -->
21	<footer class="footer">　　</footer>
22	</body>
23	</html>

2．网页 0402.html 的局部内容设计

（1）网页 0402.html 的顶部内容设计

网页 0402.html 顶部内容的 CSS 代码定义如表 4-12 所示。

表 4-12　网页 0402.html 顶部内容的 CSS 代码

序号	CSS 代码	序号	CSS 代码
01	.nav .goback {	22	.nav .nav-title {
02	position: absolute;	23	line-height: 46px;
03	left: 15px;	24	width: 30%;
04	width: 30px;	25	font-size: 16px;
05	height: 46px;	26	margin: 0 auto;
06	background:	27	text-align: center;
07	url(../images/arrow_header.png)	28	color: #766d62;
08	no-repeat center;	29	height: 46px;
09	background-size: 25px 20px;	30	overflow: hidden;
10	text-indent: -100px;	31	}
11	overflow: hidden;	32	
12	}	33	.nav .home {
13		34	position: absolute;
14	.wb {	35	top: 12px;
15	word-wrap: break-word;	36	right: 60px;
16	word-break: break-all;	37	width: 19px;
17	text-overflow: ellipsis;	38	height: 22px;
18	}	39	background: url(../images/icon-home.png)
19	.nav-sub .home {	40	no-repeat 0 0;
20	right: 15px;	41	background-size: contain;
21	}	42	}

在网页 0402.html 顶部代码 "<nav class="nav nav-sub pr">" 与 "</nav>" 之间编写 HTML 代码，实现其功能，网页 0402.html 顶部内容的 HTML 代码如表 4-13 所示。

表 4-13　网页 0402.html 顶部内容的 HTML 代码

序号	HTML 代码
01	<nav class="nav nav-sub pr">
02	<a class="goback" href="javascript:history.back(1)">返回</a>
03	<div class="nav-title wb">促销商品列表</div>
04	<a href="#" class="home"></a>
05	</nav>

（2）网页 0402.html 的中部内容设计

网页 0402.html 中部内容的 CSS 代码定义如表 4-14 所示。

表 4-14　网页 0402.html 中部内容的 CSS 代码

序号	CSS 代码	序号	CSS 代码
01	.wbox {	26	.jhy1 li img {
02	display: -webkit-box;	27	width: 145px;
03	}	28	height: 145px;
04		29	}
05	.jhy1 li {	30	
06	margin: 0 10px 10px 0;	31	.jhy1 li p {
07	background: #fff;	32	height: 24px;
08	width: 50%;	33	line-height: 1.2;
09	}	34	overflow: hidden;
10		35	color: #7A7A7A;
11	.jhy1 li:nth-child(2n) {	36	background: #F5F5F5;
12	margin-right: 0;	37	text-indent: 2px;
13	}	38	padding: 5px;
14		39	}
15	.jhy1 li a {	40	
16	display: block;	41	.jhy1 li .snPrice {
17	}	42	display: block;
18		43	font-size: 14px;
19	.jhy1 li:last-child {	44	padding-left: 5px;
20	margin-right: 0;	45	background: #F5F5F5;
21	}	46	}
22		47	
23	.snPrice {	48	.snPrice em {
24	color: #d00;	49	padding-left: 2px;
25	}	50	}

在网页 0402.html 中部代码 "<section class="layout w" style="margin:10px auto;">" 和 "</section>" 之间编写 HTML 代码，实现其功能，网页 0402.html 中部内容的 HTML 代码如表 4-15 所示。

表 4-15　网页 0402.html 中部内容的 HTML 代码

序号	HTML 代码
01	<section class="layout w" style="margin:10px auto;">
02	<!--一行两图 -->
03	<ul class="jhy1 wbox">
04	<li> <a href="javascript:void(0);" onclick="">
05	<img src="images/01.jpg" alt="" />
06	<p>三星手机 GT-I8552(釉白） 4.7 英寸屏幕+四核 1.2GHz CPU+双卡双待</p>
07	<span class="snPrice">¥<em>1298.00</em></span> </a>
08	</li>
09	<li> <a href="javascript:void(0);" onclick="">
10	<img src="images/02.jpg" alt="" />
11	<p>小米手机红米(灰色)移动版 红米手机。</p>
12	<span class="snPrice">¥<em>929.00</em></span> </a>

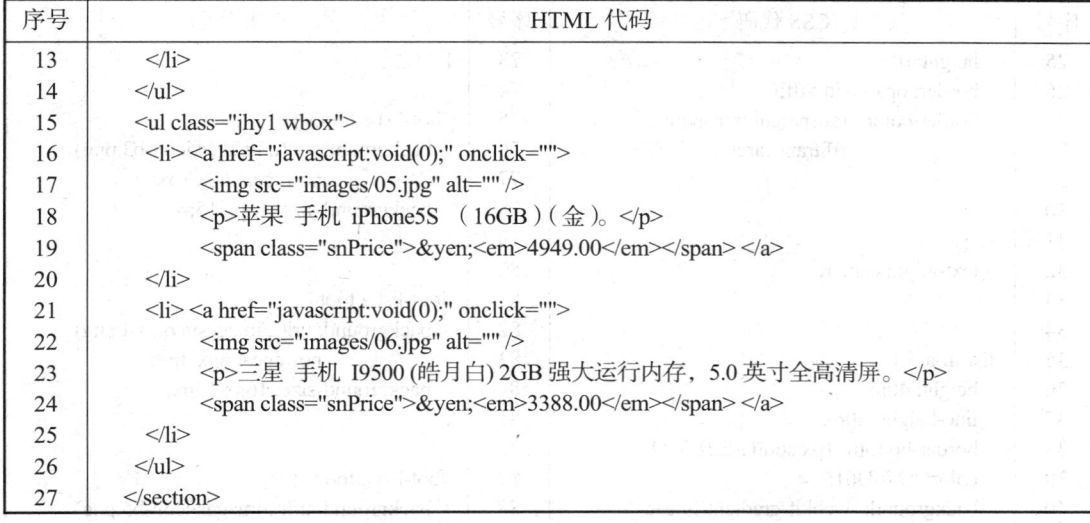

序号	HTML 代码
13	</li>
14	</ul>
15	<ul class="jhy1 wbox">
16	<li> <a href="javascript:void(0);" onclick="">
17	<img src="images/05.jpg" alt="" />
18	<p>苹果 手机 iPhone5S （16GB）（金）。</p>
19	<span class="snPrice">¥<em>4949.00</em></span> </a>
20	</li>
21	<li> <a href="javascript:void(0);" onclick="">
22	<img src="images/06.jpg" alt="" />
23	<p>三星 手机 I9500 (皓月白) 2GB 强大运行内存，5.0 英寸全高清屏。</p>
24	<span class="snPrice">¥<em>3388.00</em></span> </a>
25	</li>
26	</ul>
27	</section>

（3）网页 0402.html 的底部内容设计

网页 0402.html 底部内容的 CSS 代码定义如表 4-16 所示。

表 4-16　网页 0402.html 底部内容的 CSS 代码

序号	CSS 代码	序号	CSS 代码
01	.tr {	49	.list-ui-a li a {
02	text-align: right;	50	color: #776D61;
03	}	51	}
04		52	
05	.backTop {	53	.foot-list a {
06	position: relative;	54	padding: 0 15px 0 25px;
07	display: inline-block;	55	border-right: 1px solid #AFABA5;
08	width: 85px;	56	margin: 0 7px;
09	height: 25px;	57	}
10	line-height: 25px;	58	
11	color: #fff;	59	.foot-list a:last-child {
12	text-align: left;	60	border: none;
13	text-indent: 30px;	61	}
14	background: #A9A9A9;	62	
15	margin: 0 10px 10px 0;	63	.foot-list a.foot1 {
16	border-radius: 2px;	64	background: url(../images/icon-b1.png)
17	}	65	no-repeat 6px 1px;
18		66	background-size: 16px 15px;
19	.backTop:after {	67	}
20	content: '';	68	
21	position: absolute;	69	.foot-list a.foot2 {
22	left: 10px;	70	background: url(../images/icon-b2.png)
23	top: 4px;	71	no-repeat 6px 1px;
24	width: 0;	72	background-size: 16px 15px;

序号	CSS 代码	序号	CSS 代码
25	height: 0;	73	}
26	border: 6px solid #fff;	74	
27	border-color: transparent transparent	75	.foot-list a.foot3 {
28	#fff transparent;	76	background: url(../images/icon-b3.png)
29	}	77	no-repeat 6px 1px;
30		78	background-size: 16px 15px;
31	.tc {	79	}
32	text-align: center;	80	
33	}	81	.foot-list a.foot4 {
34		82	background: url(../images/icon-b4.png)
35	.list-ui-a li {	83	no-repeat 6px 3px;
36	height: 40px;	84	background-size: 16px 13px;
37	line-height: 40px;	85	}
38	border-bottom: 1px solid #EBE3D9;	86	
39	color: #776D61;	87	.foot-list a.foot5 {
40	background: -webkit-gradient(linear,	88	background: url(../images/icon-b5.png)
41	50% 0,50% 100%,	89	no-repeat 6px 2px;
42	from(#FDF0DF),to(#FBF2E7));	90	background-size: 10px 15px;
43	font-size: 14px;	91	}
44	}	92	.copyright {
45		93	color: #776d61;
46	.list-ui-a li:first-child {	94	padding: 5px 0;
47	border-top: 1px solid #EBE3D9;	95	background: #FCF1E4;
48	}	96	}

在网页 0402.html 底部代码 "<footer class="footer">" 和 "</footer>" 之间编写 HTML 代码，实现其功能，网页 0402.html 底部内容的 HTML 代码如表 4-17 所示。

表 4-17　网页 0402.html 底部内容的 HTML 代码

序号	HTML 代码
01	<footer class="footer">
02	<div class="tr">
03	<a href="#" class="backTop" id="backTop">回顶部</a>
04	</div>
05	<ul class="list-ui-a foot-list tc">
06	<li>
07	<a name="shouye_none_weibu_word01" href="#" id="footerLogin"class="foot1">登录</a>
08	<a name="shouye_none_weibu_word02" href="#" id="footerRegister"class="foot2">注册</a>
09	<a name="shouye_none_weibu_word03" href="#" id="shopCartTip" class="foot3">购物车</a>
10	</li>
11	<li>
12	<a name="shouye_none_weibu_word04" href="#" class="foot4">电脑版</a>
13	<a name="shouye_none_weibu_word05" href="#" class="foot5">客户端</a>
14	</li>
15	</ul>
16	<div class="tc copyright">
17	Copyright© 2014-2018 m.suning.com
18	</div>
19	</footer>

【网页浏览】

保存网页 0402.html，在浏览器 Google Chrome 中的浏览效果如图 4-9 所示。

【任务 4-3】设计易购网的选用商品列表网页

【任务描述】

编写 HTML 代码和 CSS 代码，设计图 4-10 所示易购网的选用商品列表网页 0403.html。

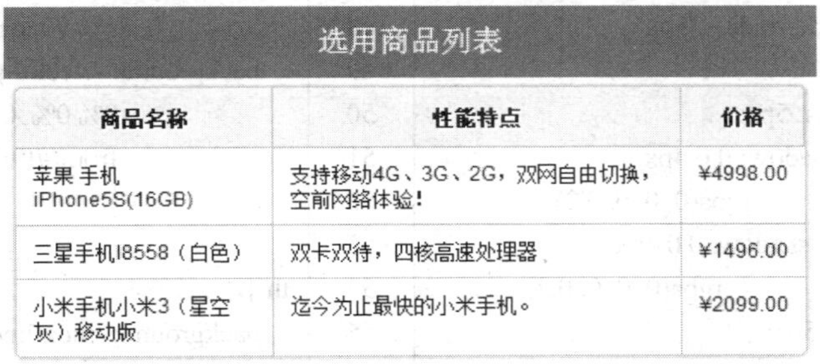

图 4-10　易购网的选用商品列表网页 0403.html 的浏览效果

易购网的选用商品列表网页 0403.html 的主体结构为上、下结构，如图 4-10 所示。上部内容包括标题文字，底部内容为圆角表格，在该表格中显示所选商品。

网页 0402.html 上部结构使用<header>标签实现，下部结构使用<section>标签实现。

【任务实施】

1．设计网页 0403.html 的 CSS 代码

在本地硬盘的文件夹"04 商品信息展示网页设计\0403"中创建网页 0403.html。

（1）定义网页 0403.html 通用 CSS 代码

网页 0403.html 通用的 CSS 代码定义如表 4-18 所示。

表 4-18　网页 0403.html 通用的 CSS 代码定义

序号	CSS 代码	序号	CSS 代码
01	html, body, div, span, table, tr, th, td {	10	body {
02	margin: 0;	11	margin: 0;
03	padding: 0;	12	padding: 0;
04	border: 0;	13	font: 12px/15px "Helvetica Neue",
05	outline: 0;	14	Arial, Helvetica, sans-serif;
06	font-size: 100%;	15	color: #555;
07	vertical-align: baseline;	16	background: #f5f5f5
08	background: transparent;	17	url(../images/bg.jpg);
09	}	18	}

（2）定义网页 0403.html 中的表格的 CSS 代码

网页 0403.html 中的表格及行、列的 CSS 代码如表 4-19 所示。

表 4-19　网页 0403.html 中的表格及行、列的 CSS 代码

序号	CSS 代码	序号	CSS 代码
01	table {	41	td.last {
02	overflow: hidden;	42	text-align:center;
03	border: 1px solid #d3d3d3;	43	border-right: none;
04	background: #fefefe;	44	}
05	width: 90%;	45	
06	-moz-border-radius: 5px;	46	td {
07	/* FF1+ */	47	background: -moz-linear-gradient(100%
08	-webkit-border-radius: 5px;	48	25% 90deg, #fefefe, #f9f9f9);
09	/* Saf3-4 */	49	background: -webkit-gradient(linear,
10	border-radius: 5px;	50	0% 0%, 0% 25%,
11	-moz-box-shadow: 0 0 4px	51	from(#f9f9f9), to(#fefefe));
12	rgba(0, 0, 0, 0.2);	52	}
13	-webkit-box-shadow: 0 0 4px	53	
14	rgba(0, 0, 0, 0.2);	54	th {
15	margin-top: 5px;	55	background: -moz-linear-gradient(100%
16	margin-right: auto;	56	20% 90deg, #e8eaeb, #ededed);
17	margin-bottom: 5px;	57	background: -webkit-gradient(linear,
18	margin-left: auto;	58	0% 0%, 0% 20%,
19	}	59	from(#ededed), to(#e8eaeb));
20		60	}
21	td {	61	tr:first-child th.first {
22	padding: 8px 10px 8px;	62	-moz-border-radius-topleft: 5px;
23	text-align: left;	63	-webkit-border-top-left-radius: 5px;
24	}	64	/* Saf3-4 */
25		65	}
26	th {	66	
27	text-align: center;	67	
28	padding: 10px 15px;	68	tr:first-child th.last {
29	text-shadow: 1px 1px 1px #fff;	69	-moz-border-radius-topright: 5px;
30	background: #e8eaeb;	70	-webkit-border-top-right-radius: 5px;
31	}	71	}
32		72	
33	td {	73	tr:last-child td.first {
34	border-top: 1px solid #ccc;	74	-moz-border-radius-bottomleft: 5px;
35	border-right: 1px solid #ccc;	75	-webkit-border-bottom-left-radius: 5px;
36	}	76	
37		77	}
38	th {	78	tr:last-child td.last {
39	border-right: 1px solid #ccc;	79	-moz-border-radius-bottomright: 5px;
40	}	80	-webkit-border-bottom-right-radius: 5px;
		81	}

（3）定义网页 0403.html 主体结构的 CSS 代码

网页 0403.html 主体结构的 CSS 代码如表 4-20 所示。

表 4-20　网页 0403.html 主体结构的 CSS 代码

序号	CSS 代码	序号	CSS 代码
01	.header {	25	.inset_shadow {
02	height: 44px;	26	display: block;
03	line-height: 44px;	27	overflow: hidden
04	text-align: center;	28	}
05	background-color: #3cafdc	29	
06	}	30	.header-return {
07		31	background:
08	.header-title {	32	url("../images/header-nav.png") no-repeat
09	color: #FFFFFF;	33	scroll -44px 0px;
10	display: block;	34	display: inline-block;
11	font-size: 18px;	35	height: 36px;
12	margin: 0 auto;	36	margin: 12px 15px 0px 25px;
13	overflow: hidden;	37	overflow: hidden;
14	text-overflow: ellipsis;	38	width: 30px;
15	white-space: nowrap;	39	}
16	width: 320px;	40	
17	}	41	#content {
18		42	width: 100%;
19	.left-head {	43	margin-top: 5px;
20	position: absolute;	44	margin-right: auto;
21	left: 0;	45	margin-bottom: 5px;
22	top: 0;	46	margin-left: auto;
23	height: 40px	47	}
24	}		

2．编写网页 0403.html 的 HTML 代码

网页 0403.html 的 HTML 代码如表 4-21 所示。

表 4-21　网页 0403.html 的 HTML 代码

序号	HTML 代码
01	<!DOCTYPE html>
02	<html>
03	<head>
04	<meta http-equiv="Content-Type" content="text/html; charset=utf-8" />
05	<title>选用商品列表——易购网</title>
06	<link rel="stylesheet" type="text/css" href="css/common.css" />
07	<link rel="stylesheet" type="text/css" href="css/main.css" />
08	</head>
09	<body>
10	<header class="header">
11	<p class="header-title">选用商品列表 </p>
12	<div class="left-head">
13	<a id="goBack" href="javascript:history.go(-1);" class="tc_back">
14	<span class="inset_shadow">
15	<span class="header-return"></span>
16	</span>

序号	HTML 代码
17	</a>
18	</div>
19	</header>
20	<section id="content">
21	<table cellspacing="0">
22	<tbody>
23	<tr>
24	<th>商品名称</th>
25	<th>性能特点</th>
26	<th>价格</th>
27	</tr>
28	<tr>
29	<td>苹果 手机 iPhone5S(16GB)</td>
30	<td>支持移动 4G、3G、2G，双网自由切换，空前网络体验!</td>
31	<td class="last">¥4998.00</td>
32	</tr>
33	<tr>
34	<td>三星手机 I8558（白色）</td>
35	<td>双卡双待，四核高速处理器</td>
36	<td class="last">¥1496.00</td>
37	</tr>
38	<tr>
39	<td>小米手机小米 3（星空灰）移动版</td>
40	<td>迄今为止最快的小米手机。</td>
41	<td class="last">¥2099.00</td>
42	</tr>
43	</tbody>
44	</table>
45	</section>
46	</body>
47	</html>

【网页浏览】

保存网页 0403.html，在浏览器 Google Chrome 中的浏览效果如图 4-10 所示。

同步训练

【任务 4-4】设计凡客诚品网触屏版的品牌墙网页

【任务描述】

编写 HTML 代码和 CSS 代码，设计图 4-11 所示凡客诚品网触屏版的品牌墙网页 0404.html。凡客诚品网触屏版的品牌墙网页 0404.html 的主体结构为上、中、下结构，如图 4-11 所示。

顶部内容包括首页链接图片和标题文字，中部内容包括多行商品品牌列表，底部内容包括多个导航超链接。

网页 0404.html 顶部结构使用<nav>标签实现，中部结构使用<section>标签实现，底部结构使用<footer>标签实现。

图 4-11　凡客诚品网触屏版的品牌墙网页 0404.html 的浏览效果

【任务实施】

1．网页 0404.html 的主体结构设计

在本地硬盘的文件夹"04 商品信息展示网页设计\0404"中创建网页 0404.html。

（1）定义网页 0404.html 通用 CSS 代码

网页 0404.html 通用的 CSS 代码定义如表 4-22 所示。

表 4-22　网页 0404.html 通用的 CSS 代码定义

序号	CSS 代码	序号	CSS 代码
01	* {	26	a:active {
02	margin: 0px;	27	-webkit-tap-highlight-color:
03	padding: 0px	28	rgba(200,200,200,.5)
04	}	29	star: expression(this.onFocus=this.blur());
05	body {	30	-webkit-tap-highlight-color: #c8c8c8
06	font-size: 14px;	31	}
07	-webkit-text-size-adjust: none;	32	
08	color: #666;	33	img {
09	background-color: #f2f2f2;	34	border: 0 none;
10	}	35	vertical-align: middle
11	ul,li {	36	}
12	list-style: none;	37	
13	}	38	ul, li {
14		39	list-style: none;
15	a {	40	}
16	outline: 0;	41	
17	text-decoration: none;	42	a {
18	color: #666;	43	outline: none;
19	-webkit-tap-highlight-color:	44	text-decoration: none;
20	rgba(200,200,200,.5)	45	-webkit-tap-highlight-color: #c8c8c8
21	}	46	}
22		47	
23	a:hover {	48	header,nav,footer,section,acticle {
24	text-decoration: none	49	display: block
25	}	50	}

（2）定义网页 0404.html 主体结构的 CSS 代码

网页 0404.html 主体结构的 CSS 代码如表 4-23 所示。

表 4-23　网页 0404.html 主体结构的 CSS 代码

序号	CSS 代码	序号	CSS 代码
01	header,footer,.main {	06	footer {
02	width: 320px;	07	text-align: center;
03	margin: 0 auto	08	line-height: 1.8em;
04	}	09	padding-top: 10px
05		10	}

（3）编写网页 0404.html 主体结构的 HTML 代码

网页 0404.html 主体结构的 HTML 代码如表 4-24 所示。

表 4-24　网页主体结构的 HTML 代码

序号	HTML 代码
01	<!DOCTYPE html>
02	<html lang="en">
03	<head>
04	<meta http-equiv="Content-Type" content="text/html; charset=UTF-8" />
05	<meta charset="utf-8" http-equiv="Content-Type" />
06	<title>品牌墙——凡客诚品网触屏版</title>
07	<meta name="viewport" content="width=device-width, initial-scale=1.0,
08	maximum-scale=1.0, user-scalable=0;" />
09	<meta name="apple-mobile-web-app-capable" content="yes" />
10	<meta name="apple-mobile-web-app-status-bar-style" content="black" />
11	<meta name="format-detection" content="telephone=no" />
12	<meta name="twcClient" content="false" id="twcClient" />
13	<meta name="keywords" content="凡客诚品网,凡客诚品" />
14	<meta name="description" content="凡客诚品官方手机" />
15	<link rel="apple-touch-icon" href=" images/apple-touch-icon.ico" />
16	<link rel="stylesheet" type="text/css" href="css/common.css" />
17	<link rel="stylesheet" type="text/css" href="css/main.css" />
18	</head>
19	<body>
20	<header>　　　　　　　　</header>
21	<section class="main">　　</section>
22	<footer>　　　　　　　</footer>
23	</body>
24	</html>

2．网页 0404.html 的局部内容设计

（1）网页 0404.html 的顶部内容设计

网页 0404.html 顶部内容的 CSS 代码定义见本书提供的电子资源。

在网页 0404.html 顶部代码 "<header>" 与 "</header>" 之间编写 HTML 代码，实现其功能，网页 0404.html 顶部内容的 HTML 代码如表 4-25 所示。

表 4-25　网页 0404.html 顶部内容的 HTML 代码

序号	HTML 代码
01	<header>
02	<!--定义顶部锚点-->

序号	HTML 代码
03	<a name="top"></a>
04	<div class="screen">
05	<a class="vhp" href="http://m.vancl.com/"></a>
06	<div class="t_cen c_text">品牌墙</div>
07	</div>
08	</header>

（2）网页 0404.html 的中部内容设计

网页 0404.html 中部内容的 CSS 代码定义见本书提供的电子资源。

在网页 0404.html 中部代码 "<section class="main">" 和 "</section>" 之间编写 HTML 代码，实现其功能，网页 0404.html 中部内容的 HTML 代码如表 4-26 所示。

表 4-26　网页 0404.html 中部内容的 HTML 代码

序号	HTML 代码
01	<section class="main">
02	<div id="channel">
03	<div class="test_box">
04	<div class="list">
05	<dl>
06	<dd><a href="#"><img height="114" src="images/nike.jpg" width="98" /></a></dd>
07	<dt>耐克</dt>
08	</dl>
09	</div>
10	<div class="list">
11	<dl>
12	<dd><a href="#"><img height="114" src="images/adi.jpg" width="98" /></a> </dd>
13	<dt>阿迪达</dt>
14	</dl>
15	</div>
16	<div class="list">
17	<dl>
18	<dd><a href="#"><img height="114" src="images/pinchen.jpg" width="98" /></a> </dd>
19	<dt>品诚家纺</dt>
20	</dl>
21	</div>
22	<div class="list">
23	<dl>
24	<dd> <a href="#"><img height="114" src="images/tangshi.jpg" width="98" /></a> </dd>
25	<dt>唐狮</dt>
26	</dl>
27	</div>
28	<div class="list">
29	<dl>
30	<dd> <a href="#"><img height="114" src="images/lining.jpg" width="98" /></a></dd>
31	<dt>李宁</dt>
32	</dl>
33	</div>
34	<div class="list">
35	<dl>
36	<dd><a href="#"><img height="114" src="images/deerhui.jpg" width="98" /></a></dd>
37	<dt>德尔惠</dt>

序号	HTML 代码
38	`</dl>`
39	`</div>`
40	`<div class="list">`
41	`<dl>`
42	`<dd> <a href="#"><img height="114" src="images/senma.jpg" width="98" /></a></dd>`
43	`<dt>森马</dt>`
44	`</dl>`
45	`</div>`
46	`<div class="list">`
47	`<dl>`
48	`<dd> <a href="#"><img height="114" src="images/renben.jpg" width="98" /></a></dd>`
49	`<dt>人本</dt>`
50	`</dl>`
51	`</div>`
52	`<div class="list">`
53	`<dl>`
54	`<dd><a href="#"><img height="114" src="images/zuodaonu.jpg" width="98" /></a></dd>`
55	`<dt>佐丹奴</dt>`
56	`</dl>`
57	`</div>`
58	`</div>`
59	`</div>`
60	`</section>`

（3）网页 0404.html 的底部内容设计

网页 0404.html 底部内容的 CSS 代码定义见本书提供的电子资源。

在网页 0404.html 底部代码 "<footer>" 和 "</footer>" 之间编写 HTML 代码，实现其功能，网页 0404.html 底部内容的 HTML 代码如表 4-27 所示。

表 4-27　网页 0404.html 底部内容的 HTML 代码

序号	HTML 代码
01	`<footer>`
02	`<div class="user_info" id="loginInfo">`
03	`<a href="javascript:void(0)" onclick="login()">登录</a> |`
04	`<a href="#">注册</a>`
05	`<a href="#top" class="top"></a>`
06	`</div>`
07	`<p><a href="#" class="blue">反馈</a> |`
08	`<a href="#" class="blue">帮助</a> |`
09	`<a href="#" class="blue">下载</a> |`
10	`<a href="#" class="blue">微信</a> |`
11	`<a href="#" class="blue" rel="nofollow">电脑版</a>`
12	`</p>`
13	`</footer>`

【网页浏览】

保存网页 0404.html，在浏览器 Google Chrome 中的浏览效果如图 4-11 所示。

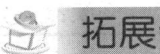
【任务4-5】设计苏宁易购触屏版的家用电器精选商品导航网页

【任务描述】

编写 HTML 代码和 CSS 代码，设计图 4-12 所示苏宁易购触屏版的家用电器精选商品导航网页 0405.html。

苏宁易购触屏版的家用电器精选商品导航网页 0405.html 的主体结构为上、下结构，如图 4-12 所示。上部内容包括返回链接图片、标题文字、用户登录链接图片、购物车链接图片和首页链接图片，下部内容包括多行家用电器精选商品图片列表。

网页 0405.html 上部结构使用<nav>标签实现，下部结构使用<section>标签实现。

【任务实施】

（1）网页 0405.html 的 HTML 代码编写提示

网页 0405.html 主体结构的 HTML 代码如表 4-28 所示。

图 4-12　苏宁易购触屏版的家用电器精选商品导航网页 0405.html 的浏览效果

表 4-28　网页 0405.html 主体结构的 HTML 代码

序号	HTML 代码
01	<!DOCTYPE html>
02	<html>
03	<head>
04	<meta http-equiv="Content-Type" content="text/html; charset=UTF-8" />
05	<meta charset="UTF-8" />
06	<meta name="viewport" content="width=device-width, initial-scale=1.0,
07	maximum-scale=1.0, user-scalable=0" />
08	<meta name="apple-mobile-web-app-capable" content="yes" />
09	<meta name="apple-mobile-web-app-status-bar-style" content="black" />
10	<meta content="telephone=no" name="format-detection" />
11	<link rel="apple-touch-icon-precomposed" href="images/appicon.png" />
12	<link rel="apple-touch-startup-image" href="http://script.suning.cn/images/mobileweb/startup.png" />
13	<title>家用电器精选商品导航——苏宁易购触屏版</title>
14	<link rel="stylesheet" type="text/css" href="css/common.css" />
15	<link rel="stylesheet" type="text/css" href="css/main.css" />
16	<link rel="stylesheet" type="text/css" href="css/foot.css" />
17	</head>
18	<body style="background:#f2eee0;">
19	<!-- 公用头部导航 -->
20	<nav class="nav nav-sub pr"> </nav>
21	<section>

序号	HTML 代码
22	`<div id="adHead" class="adv-banner">         </div>`
23	`<ul class="classify-con">                    </ul>`
24	`<div class="adv-pictures"><ul class="fix">     </ul></div>`
25	`<ul class="classify-con" style="margin-top:0;">     </ul>`
26	`<div class="adv-pictures"><ul class="fix">     </ul></div>`
27	`<ul class="classify-con" style="margin-top:0;">     </ul>`
28	`<div class="adv-pictures"><ul class="fix">     </ul></div>`
29	`</section>`
30	`</body>`
31	`</html>`

网页 0405.html 局部内容的 HTML 代码见本书提供的电子资源。

（2）网页 0405.html 的 CSS 代码定义提示

网页 0405.html 通用 CSS 代码定义见本书提供的电子资源，主体结构的 CSS 代码如表 4-29 所示。

表 4-29　网页 0405.html 主体结构的 CSS 代码定义

序号	CSS 代码	序号	CSS 代码
01	`.nav {`	19	`.classify-con {`
02	`    height: 46px;`	20	`    position: relative;`
03	`    background: -webkit-gradient(linear,`	21	`    width: 300px;`
04	`        0% 0,0% 100%,`	22	`    height: 30px;`
05	`        from(#F9F3E6),to(#F1E8D6));`	23	`    line-height: 30px;`
06	`    border-top: 1px solid #FBF8F0;`	24	`    margin: 10px auto 0px auto;`
07	`    border-bottom: 1px solid #E9E5D7;`	25	`}`
08	`}`	26	
09		27	`.adv-pictures {`
10	`.pr {`	28	`    width: 300px;`
11	`    position: relative;`	29	`    margin: 10px auto 0px auto;`
12	`}`	30	`}`
13		31	`.fix:after {`
14	`.adv-banner {`	32	`    display: block;`
15	`    width: 320px;`	33	`    content: ";`
16	`    margin: 0px auto;`	34	`    clear: both;`
17	`    text-align: left;`	35	`    visibility: hidden;`
18	`}`	36	`}`

网页 0405.html 各个局部内容的 CSS 代码见本书提供的电子资源。

 单元小结

本单元通过对购物网站的商品列表网页和品牌展示网页设计的探析与三步训练，重点熟悉了 HTML5 中的列表标签、CSS 的列表属性、表格属性和定位属性等，学会了在网页中合理地使用列表、表格和 CSS 定位属性展示相关信息，学会了应用列表、表格及 CSS 定位设计商品信息展示网页的方法。

PART 5

单元 5
注册登录与留言网页设计

　　一个网站不仅需要各种供用户浏览的网页，而且还需要与用户进行交互的表单，表单是实现用户注册、登录、留言等功能的重要手段。利用表单处理程序，可以收集、分析用户的反馈意见，做出合理的决策。本单元通过对各类网站的注册、登录与留言网页设计的探析与训练，重点学习 HTML5 中的表单及控件标签、HTML5 新的 form 属性和 input 属性、HTML5 的 input 类型等，学会应用表单及控件设计注册登录与留言网页。

教学导航

教学目标	（1）熟悉 HTML5 中的表单及控件标签 （2）掌握 HTML5 新的 form 属性和 input 属性 （3）掌握 HTML5 的 input 类型及使用 （4）学会应用表单及控件设计注册登录与留言网页
关 键 字	注册登录与留言网页　表单及控件标签　form 属性　input 属性和类型
参考资料	（1）HTML5 的常用标签及其属性、方法与事件参考附录 B （2）CSS 的属性参考附录 C （3）CSS 的各种选择器的含义和用法参考附录 D
教学方法	任务驱动法、分组讨论法、理论实践一体化、探究学习法
课时建议	6 课时

实例探析

【任务 5-1】探析手机麦包包网的用户注册网页

【效果展示】

手机麦包包网的用户注册网页 0501.html 的浏览效果如图 5-1 所示。

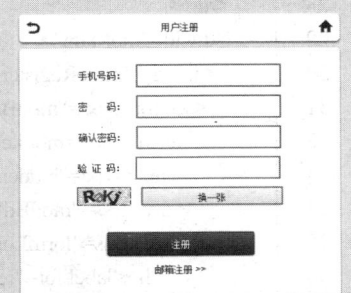

图 5-1　手机麦包包网的用户注册网页 0501.html 的浏览效果

【网页探析】

1．网页 0501.html 的 HTML 代码探析

网页 0501.html 的 HTML 代码如表 5-1 所示。

表 5-1　网页 0501.html 的 HTML 代码

序号	HTML 代码
01	<!DOCTYPE html>
02	<html lang="zh-cn">
03	<head>
04	<meta http-equiv="Content-Type" content="text/html; charset=UTF-8" />
05	<meta charset="UTF-8" />
06	<title> 用户注册——手机麦包包网</title>
07	<meta property="qc:admins" content="104132636421172176375" />
08	<meta property="wb:webmaster" content="6c1306619b13572d" />
09	<meta name="baidu-site-verification" content="Tkk91We3bT" />
10	<meta name="baidu-tc-cerfication" content="d2259ae76fa0f66c4e324e55ab84ddc5" />
11	<meta name="apple-itunes-app" content="app-id=408126283" />
12	<meta name="keywords" content=" 手机麦包包" />
13	<meta name="description" content="中国最大最知名的快时尚箱包网上购物商城" />
14	<meta content="width=device-width, initial-scale=1.0, maximum-scale=1.0,
15	user-scalable=0;" name="viewport" />
16	<link href="images/favicon.ico" rel="shortcut icon" />
17	<link rel="apple-touch-icon-precomposed" href="images/mbbicon.png" />
18	<link rel="stylesheet" media="only screen" href="css/common.css" />
19	<link rel="stylesheet" media="only screen" href="css/main.css" />
20	</head>
21	<body>
22	<div id="mbSubTitle">
23	<section class="subTitleBox">
24	<a href="http://m.mbaobao.com/index.html" class="backBtn"></a>
25	<span>用户注册</span>
26	<a href="http://m.mbaobao.com/index.html" class="homeBtn"></a>
27	</section>
28	</div>
29	<div id="mbMain">
30	<div id="frameRegisterMobile" class="frameLoginBox">
31	<section class="modBaseBox">
32	<form action=mobileCheck.html method="post" style="margin: 0;padding: 0;">
33	<input type="hidden" name="sendURL" id="sendURL" value="/index.html" />
34	<div class="modBd">
35	<ul class="formLogin">
36	<li><label for="regMobile">手机号码：</label>
37	<span><input type="text" name="mobile" id="mobile" value="" /></span>
38	</li>
39	<li><label for="regPwd">密 码：</label>

序号	HTML 代码
40	`<span><input type="password" name="password" id="password" /></span>`
41	`</li>`
42	`<li><label for="regRepPwd">确认密码：</label>`
43	`<span><input type="password" name="confirmPassword"`
44	`id="confirmPassword" /></span>`
45	`</li>`
46	`<li><label for="regRepPwd">验  证  码：</label>`
47	`<span><input type="text" name="verificationCode" id="verificationCode" /></span>`
48	`</li>`
49	`<li>`
50	`<span>`
51	`<img src="images/picCode.jpg" alt="" height="24"`
52	`id="verificationImage" name="verificationImage" />`
53	`<input type="button" class="modBtnWhite" style="margin-left:10px"`
54	`name="changeVerCode" id="changeVerCode" value="换一张" />`
55	`</span>`
56	`</li>`
57	`</ul>`
58	`<div class="btnLoginBox">`
59	`<input type="submit" class="modBtnColor colorBlue"`
60	`style="padding:0 80px" value="注册" />`
61	`<p><a href="emailRegister.html" class="register">邮箱注册 &gt;&gt;</a></p>`
62	`</div>`
63	`</div>`
64	`</form>`
65	`</section>`
66	`</div>`
67	`</div>`
68	`</body>`
69	`</html>`

2．网页 0501.html 的 CSS 代码探析

网页 0501.html 通用 CSS 代码定义如表 5-2 所示。

表 5-2 网页 0501.html 通用的 CSS 代码

序号	CSS 代码	序号	CSS 代码
01	`article,aside,body,header,html,p,section,ul {`	31	`img a {`
02	`margin: 0;`	32	`border: 0;`
03	`padding: 0`	33	`text-decoration: none`
04	`}`	34	`}`
05		35	
06	`body {`	36	`ol,ul {`
07	`background: #e8e8e8;`	37	`list-style: none`
08	`font-family: Helvetica,san-serif;`	38	`}`

序号	CSS 代码	序号	CSS 代码
09	line-height: 1.5;	39	
10	font-size: 12px;	40	div,li,p {
11	margin: 0;	41	-webkit-tap-highlight-color: rgba(0,0,0,.5)
12	padding: 0;	42	}
13	color: #666;	43	
14	-webkit-text-size-adjust: none;	44	a {
15	-webkit-touch-callout: none;	45	margin: 0;
16	-webkit-tap-highlight-color: rgba(0,0,0,.5)	46	padding: 0;
17	}	47	font-size: 100%;
18		48	vertical-align: baseline;
19	article,aside,footer,header,section{	49	background: 0 0;
20	display: block	50	text-decoration: none;
21	}	51	color: #666
22		52	}
23	img {	53	
24	border: 0;	54	input,select {
25	vertical-align: bottom	55	font-size: 100%
26	}	56	}
27		57	
28	em {	58	h2 {
29	font-weight: 700	59	font-size: 1.5em
30	}	60	}

网页 0501.html 主体结构的 CSS 代码定义如表 5-3 所示。

表 5-3　网页 0501.html 主体结构的 CSS 代码

序号	CSS 代码	序号	CSS 代码
01	#mbSubTitle {	27	#mbMain {
02	padding: 8px 8px 0;	28	padding: 8px;
03	max-width: 626px;	29	min-width: 320px;
04	margin: 0 auto	30	max-width: 640px
05	}	31	}
06		32	
07	.subTitleBox {	33	@media only screen and
08	position: relative;	34	(min-device-width:320px) {
09	height: 20px;	35	#mbMain,.mbFoot {
10	color: #666;	36	-webkit-box-sizing: border-box;
11	padding: 8px;	37	-moz-box-sizing: border-box;
12	background: #fff;	38	box-sizing: border-box;
13	-webkit-border-radius: 5px;	39	margin: 0 auto
14	-webkit-box-shadow: 0 2px 3px #999;	40	}
15	text-align: center	41	}
16	}	42	.modBaseBox {
17		43	background: #fff;

序号	CSS 代码	序号	CSS 代码
18	.modBd {	44	-webkit-border-radius: 5px;
19	background: #fff;	45	-webkit-box-shadow: 0 1px 3px #999;
20	color: #666	46	padding: 8px
21	}	47	}
22		48	
23	.frameLoginBox .formLogin {	49	.frameLoginBox .btnLoginBox {
24	padding: 8px 0 15px;	50	padding: 15px 0 10px;
25	text-align: center	51	text-align: center
26	}	52	}

网页 0501.html 其他的 CSS 代码如表 5-4 所示。

表 5-4　网页 0501.html 其他的 CSS 代码

序号	CSS 代码	序号	CSS 代码
01	.subTitleBox .backBtn {	45	.frameLoginBox .formLogin span {
02	display: block;	46	display: inline-block
03	width: 20px;	47	}
04	height: 20px;	48	
05	position: absolute;	49	.frameLoginBox .formLogin input {
06	top: 8px;	50	height: 24px;
07	left: 8px;	51	line-height: 24px;
08	background: url(../images/back.png)	52	border: 2px solid #8badc2;
09	no-repeat;	53	width: 180px
10	background-size: 20px 20px	54	}
11	}	55	
12		56	.modBtnWhite {
13	.subTitleBox .homeBtn {	57	display: inline-block;
14	display: block;	58	background: -webkit-gradient(linear,0 0,0
15	width: 20px;	59	100%,from(#f5f5f5),to(#e6e6e6));
16	height: 20px;	60	height: 22px;
17	position: absolute;	61	line-height: 22px;
18	top: 8px;	62	padding: 0 15px;
19	right: 8px;	63	text-align: center;
20	background: url(../images/home.png)	64	border: 1px solid #bdbdbd;
21	no-repeat;	65	-webkit-box-shadow: 0 1px 2px #ccc
22	background-size: 20px 20px	66	}
23	}	67	
24		68	.modBtnColor {
25		69	display: inline-block;
26	.modBaseBox h3 {	70	height: 30px;
27	height: 30px;	71	line-height: 30px;
28	line-height: 20px;	72	padding: 0 15px;
29	color: #333;	73	text-align: center;
30	padding: 0 5px;	74	color: #fff;

序号	CSS 代码	序号	CSS 代码
31	position: relative	75	-webkit-border-radius: 2px;
32	}	76	-webkit-box-shadow: 0 1px 3px #444
33		77	}
34	.frameLoginBox .formLogin li {	78	.colorBlue {
35	width: 100%;	79	background: -webkit-gradient(linear,0 0,0
36	display: inline-block;	80	100%,from(#489cd3),to(#3980af));
37	padding: 5px;	81	border: 1px solid #2c6287
38	-webkit-box-sizing: border-box	82	}
39	}	83	
40	.frameLoginBox .formLogin label {	84	.frameLoginBox .btnLoginBox .register {
41	width: 70px;	85	display: inline-block;
42	text-align: left;	86	color: #456f8b;
43	display: inline-block	87	padding: 10px 0
44	}	88	}

知识梳理

1．HTML5 的表单及控件标签

（1）<form> 标签

<form> 标签用于为用户输入创建 HTML 表单，表单用于向服务器传输数据。表单能够包含<input>元素，如文本字段、复选框、单选框、提交按钮等。表单还可以包含<menus>、<textarea>、<fieldset>、<legend>和<label>元素。

（2）<input>标签

<input>标签用于搜集用户信息，根据不同的 type 属性值，输入字段拥有很多种形式。输入字段可以是文本字段、复选框、掩码后的文本控件、单选按钮、按钮等。

（3）<label>标签

<label>标签为<input>元素定义标注（标记），<label>元素不会向用户呈现任何特殊效果。不过，它为鼠标用户改进了可用性。如果在<label>元素内单击文本，就会触发此控件。也就是说，当用户选择该标签时，浏览器就会自动将焦点转到和标签相关的表单控件上。<label> 标签的 for 属性应当与相关元素的 id 属性相同。

（4）<menu>标签

<menu>标签定义命令的列表或菜单，用于上下文菜单、工具栏以及用于列出表单控件和命令。

（5）<textarea>标签

<textarea>标签定义多行的文本输入控件，文本区中可容纳无限数量的文本，其中的文本的默认字体是等宽字体（通常是 Courier）。可以通过 cols 和 rows 属性来规定<textarea>的尺寸，不过更好的办法是使用 CSS 的 height 和 width 属性进行设置。

（6）<fieldset>标签和<legend>标签

<fieldset>标签将表单内的相关元素分组，当一组表单元素放到<fieldset>标签内时，浏览器会以特殊方式来显示它们，它们可能有特殊的边界、3D效果，或者甚至可创建一个子表单来处

理这些元素。

<legend>元素为<fieldset>元素定义标题（caption）。

（7）<datalist>标签

<datalist>标签用于定义输入域的选项列表，列表是通过<datalist>内的<option>元素创建的。该标签与<input>元素配合使用该元素，用来定义<input>可能的值。<datalist>元素及其选项不会被显示出来，它仅仅是合法的输入值列表。使用<input>元素的 list 属性来绑定<datalist>。示例代码如下：

```
<input id="myCar" list="cars" />
<datalist id="cars">
    <option value="BMW">
    <option value="Ford">
    <option value="Volvo">
</datalist>
```

（8）<keygen>标签

<keygen>元素的作用是提供一种验证用户的可靠方法。<keygen>元素是表单的密钥对生成器（key-pair generator）。当提交表单时，会生成两个键，一个是私钥，一个公钥。私钥（private key）存储于客户端，公钥（public key）则被发送到服务器。公钥可用于之后验证用户的客户端证书（client certificate）。示例代码如下：

```
<form action="demo_keygen.aspx" method="get">
    Username: <input type="text" name="usr_name" />
    Encryption: <keygen name="security" />
    <input type="submit" />
</form>
```

（9）<output>标签

<output>标签用于定义不同类型的输出，如脚本的输出。示例代码如下：

```
<form action="form_action.aspx" method="get" name="sumform">
    <output id="result" onforminput="resCalc()"></output>
</form>
```

（10）<datagrid>标签

<datagrid>标签用于定义可选数据的列表，<datagrid>作为树列表来显示。如果把列表表单控件的 multiple 属性设置为 true，则可以在列表中选取一个以上的项目。

2．HTML5 新的 form 属性

（1）autocomplete 属性

autocomplete 属性规定<form>或<input>域应该拥有自动完成功能。autocomplete 适用于<form>标签及以下类型的<input>标签：text、search、url、telephone、email、password、datepickers、range 及 color。当用户在自动完成域中开始输入时，浏览器应该在该域中显示填写的选项。示例代码如下：

```
<form action="demo_form.aspx" method="get" autocomplete="on">
    First name: <input type="text" name="fname" /><br />
    Last name: <input type="text" name="lname" /><br />
```

```
            E-mail: <input type="email" name="email" autocomplete="off" /><br />
            <input type="submit" />
    </form>
```

（2）novalidate 属性

novalidate 属性规定在提交表单时不应该验证<form>或<input>域。novalidate 属性适用于<form>及以下类型的<input> 标签：text、search、url、telephone、email、password、date pickers、range 及 color。示例代码如下：

```
    <form action="demo_form.aspx" method="get" novalidate="true">
        E-mail: <input type="email" name="user_email" />
        <input type="submit" />
    </form>
```

3．HTML5 新的 input 属性

（1）autofocus 属性

autofocus 属性规定在页面加载时，域自动地获得焦点，autofocus 属性适用于所有<input>标签的类型。示例代码如下：

```
    User name: <input type="text" name="user_name" autofocus="autofocus" />
```

（2）form 属性

form 属性规定输入域所属的一个或多个表单，form 属性适用于所有<input>标签的类型。form 属性必须引用所属表单的 id。示例代码如下：

```
    <form action="demo_form.aspx" method="get" id="user_form">
        First name:<input type="text" name="fname" />
        <input type="submit" />
    </form>
    Last name: <input type="text" name="lname" form="user_form" />
```

如需引用一个以上的表单，则使用空格分隔的列表。

（3）表单重写属性

表单重写属性（form override attributes）允许重写<form>元素的某些属性设定。表单重写属性有：

formaction：重写表单的 action 属性。

formenctype：重写表单的 enctype 属性。

formmethod：重写表单的 method 属性。

formnovalidate：重写表单的 novalidate 属性。

formtarget：重写表单的 target 属性。

表单重写属性适用于以下类型的<input>标签：submit 和 image。

表单重写属性应用的示例代码如下：

```
    <form action="demo_form.aspx" method="get" id="user_form">
        E-mail: <input type="email" name="userid" /><br />
        <input type="submit" value="Submit" />
        <br />
        <input type="submit" formaction="demo_admin.aspx" value="Submit as admin" />
```

```
        <br />
        <input type="submit" formnovalidate="true" value="Submit without validation" />
        <br />
    </form>
```

这些属性对于创建不同的提交按钮很有帮助。

（4）height 和 width 属性

height 和 width 属性规定用于 image 类型的<input>标签的图像高度和宽度，并且仅适用于 image 类型的<input>标签。

示例代码如下：

```
    <input type="image" src="img_submit.gif" width="99" height="99" />
```

（5）list 属性

list 属性规定输入域的<datalist>，<datalist>是输入域的选项列表。list 属性适用于以下类型的<input>标签：text、search、url、telephone、email、date pickers、number、range 及 color。

示例代码如下：

```
    Webpage: <input type="url" list="url_list" name="link" />
    <datalist id="url_list">
        <option label="baidu" value="http://www.baidu.com.cn" />
        <option label="Google" value="http://www.google.com" />
        <option label="Microsoft" value="http://www.microsoft.com" />
    </datalist>
```

（6）min,max 和 step 属性

min、max 和 step 属性用于为包含数字或日期的<input>类型规定限定（约束）。max 属性规定输入域所允许的最大值。min 属性规定输入域所允许的最小值。step 属性为输入域规定合法的数字间隔（如果 step="3"，则合法的数是-3、0、3、6 等）。min、max 和 step 属性适用于以下类型的<input>标签：date pickers、number 及 range。

以下示例代码显示一个数字域，该域接受介于 0 ~ 10 的值，且步进为 3（即合法的值为 0、3、6 和 9）：

```
    Points: <input type="number" name="points" min="0" max="10" step="3" />
```

（7）multiple 属性

multiple 属性规定输入域中可选择多个值，multiple 属性适用于以下类型的<input>标签：email 和 file。示例代码如下：

```
    Select images: <input type="file" name="img" multiple="multiple" />
```

（8）pattern(regexp)属性

pattern 属性规定用于验证<input>域的模式（pattern）模式（pattern）是正则表达式。pattern 属性适用于以下类型的<input>标签：text、search、url、telephone、email 及 password。

以下示例代码显示了一个只能包含 3 个字母的文本域（不含数字及特殊字符）：

```
    Country code: <input type="text" name="country_code"
    pattern="[A-z]{3}" title="Three letter country code" />
```

（9）placeholder 属性

placeholder 属性提供一种提示信息，描述输入域所期待的值。placeholder 属性适用于以下类型的<input>标签：text、search、url、telephone、email 及 password。提示信息会在输入域为空时显示出现，会在输入域获得焦点时消失。示例代码如下：

<input type="search" name="user_search" placeholder="请输入密码！" />

（10）required 属性

required 属性规定必须在提交之前填写输入域（不能为空）。required 属性适用于以下类型的<input> 标签：text、search、url、telephone、email、password、date pickers、number、checkbox、radio 及 file。示例代码如下：

Name: <input type="text" name="usr_name" required="required" />

4．HTML5 的 input 类型及使用方法

（1）email

email 类型用于应该包含 E-mail 地址的输入域。在提交表单时，会自动验证 email 域的值。示例代码如下：

E-mail: <input type="email" name="user_email" />

iPhone 中的 Safari 浏览器支持 email 输入类型，并通过改变触摸屏键盘来配合它（添加@和.com 选项）。

（2）url

url 类型用于应该包含 URL 地址的输入域。在提交表单时，会自动验证 url 域的值。示例代码如下：

Homepage: <input type="url" name="user_url" />

iPhone 中的 Safari 浏览器支持 url 输入类型，并通过改变触摸屏键盘来配合它（添加.com 选项）。

（3）number

number 类型用于应该包含数值的输入域，还能够设定对所接受的数字的限定。示例代码如下：

Points: <input type="number" name="points" min="1" max="10" />

使用表 5-5 所示的属性来规定对数字类型的限定。

表 5-5 HTML5 的 Input 数字类型的限定属性

属性	值	描述
max	number	规定允许的最大值
min	number	规定允许的最小值
step	number	规定合法的数字间隔（如果 step="3"，则合法的数是-3、0、3、6 等）
value	number	规定默认值

iPhone 中的 Safari 浏览器支持 number 输入类型，并通过改变触摸屏键盘来配合它（显示数字）。

（4）range

range 类型用于应该包含一定范围内数字值的输入域，range 类型显示为滑动条，还能够设定对所接受的数字的限定。示例代码如下：

<input type="range" name="points" min="1" max="10" />

使用表 5-5 所示的属性来规定对数字类型的限定。

（5）Date Pickers（日期选择器）

HTML5 拥有多个可供选取日期和时间的新输入类型，分别为 date 用于选取日、月、年；month 用于选取月、年；week 用于选取周和年；time 用于选取时间（小时和分钟）；datetime 用于选取时间、日、月、年（UTC 时间）；datetime-local 用于选取时间、日、月、年（本地时间）。允许从日历中选取一个日期的示例代码如下：

Date: <input type="date" name="user_date" />

（6）search

search 类型用于搜索域，如站点搜索或百度搜索，search 域显示为常规的文本域。

引导训练

【任务 5-2】设计同程旅游无线网的会员登录网页

【任务描述】

同程旅游无线网的会员登录网页 0502.html 的浏览效果如图 5-2 所示。

【任务实施】

1．网页 0502.html 的主体结构设计

在本地硬盘的文件夹"05 登录注册与留言网页设计\0502"中创建网页 0502.html。

（1）定义网页 0502.html 通用 CSS 代码

网页 0502.html 通用的 CSS 代码定义如表 5-6 所示。

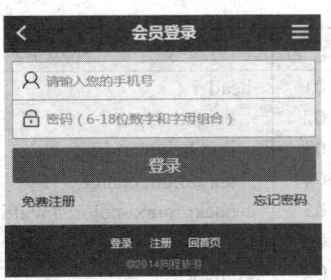

图 5-2 同程旅游无线网的会员登录网页 0502.html 的浏览效果

表 5-6 网页 0502.html 通用的 CSS 代码定义

序号	CSS 代码	序号	CSS 代码
01	html {	25	ol,ul {
02	color: #333;	26	list-style: none
03	background: #fff;	27	}
04	-webkit-text-size-adjust: 100%;	28	
05	-ms-text-size-adjust: 100%;	29	h1,h2,h3,h4,h5,h6 {
06	-webkit-tap-highlight-color: rgba(0,0,0,0)	30	font-size: 100%;
07	}	31	font-weight: 500
08		32	}
09	body,div,form,input,footer,header{	33	
10	margin: 0;	34	a:hover,a:active {
11	padding: 0	35	text-decoration: none
12	}	36	}
13		37	
14	footer,header,menu,nav,section {	38	a {

序号	CSS 代码	序号	CSS 代码
15	display: block	39	color: #2DA1E7;
16	}	40	text-decoration: none;
17		41	-webkit-tap-highlight-color: #c8c8c8;
18	body,button,input,select,textarea {	42	font-family: microsoft yahei;
19	font: 14px/1.5 arial,\5b8b\4f53	43	font-size: 15px;
20	}	44	}
21		45	
22	input,select,textarea {	46	a {
23	font-size: 100%	47	text-decoration: none
24	}	48	}

（2）定义网页 0502.html 主体结构的 CSS 代码

网页 0502.html 主体结构的 CSS 代码如表 5-7 所示。

表 5-7　网页 0502.html 主体结构的 CSS 代码

序号	CSS 代码	序号	CSS 代码
01	.header {	20	#payInfo {
02	height: 44px;	21	border: 1px solid #ccc;
03	line-height: 44px;	22	font-family: microsoft yahei;
04	text-align: center;	23	font-size: 15px;
05	background-color: #3cafdc	24	}
06	}	25	
07	.content {	26	footer .footer_link {
08	background-color: #f0f0f0;	27	text-align: center;
09	min-height: 180px	28	font-size: 14px;
10	}	29	line-height: 2em;
11	.log_ele {	30	padding-bottom: 5px
12	padding: 0px 10px;	31	}
13	font-size: 15px;	32	
14	}	33	footer .c_right {
15		34	color: #A5DDF6;
16	footer {	35	line-height: 11px;
17	background-color: #3cafdc;	36	margin: 0;
18	padding: 7px 0	37	font-size: 12px
19	}	38	}

（3）编写网页 0502.html 主体结构的 HTML 代码

网页 0502.html 主体结构的 HTML 代码如表 5-8 所示。

表 5-8　网页 0502.html 主体结构的 HTML 代码

序号	HTML 代码
01	<!DOCTYPE html>
02	<html>
03	<head>

序号	HTML 代码
04	<meta http-equiv="Content-Type" content="text/html; charset=UTF-8" />
05	<title>会员登录_同程旅游无线网</title>
06	<meta charset="UTF-8" />
07	<meta name="apple-mobile-web-app-capable" content="yes" />
08	<meta name="apple-mobile-web-app-status-bar-style" content="black" />
09	<meta content="telephone=no" name="format-detection" />
10	<meta name="viewport" content="width=device-width,initial-scale=1.0,minimum-scale=1.0,
11	maximum-scale=1.0,user-scalable=no" />
12	<link rel="stylesheet" type="text/css" href="css/common.css" />
13	<link rel="stylesheet" type="text/css" href="css/main.css" />
14	</head>
15	<body>
16	<!-- 公共页头 -->
17	<header class="header"> </header>
18	<!-- 页面内容块 -->
19	<div class="content" page="login" style="padding: 10px;">
20	<form action="login.html" class="listForm" method="post">
21	<article class="circle_b bottom_c" id="payInfo"> </article>
22	<div class="col_div"> </div>
23	<div class="log_ele clear"> </div>
24	</form>
25	</div>
26	<footer>
27	<div class="footer_link"> </div>
28	<div class="footer_link c_right"> </div>
29	</footer>
30	</body>
31	</html>

2．网页 0502.html 的局部内容设计

（1）网页 0502.html 的顶部内容设计

网页 0502.html 顶部内容的 CSS 代码定义如表 5-9 所示。

表 5-9　网页 0502.html 顶部内容的 CSS 代码

序号	CSS 代码	序号	CSS 代码
01	.header h1 {	29	.head-return {
02	width: 190px;	30	width: 11px;
03	display: block;	31	height: 17px;
04	margin: 0 auto;	32	margin: 5px 15px 0;
05	font-family: microsoft yahei;	33	overflow: hidden;
06	font-size: 18px;	34	display: inline-block;
07	color: #fff;	35	background: url(../images/icon_back.png)
08	white-space: nowrap;	36	no-repeat;
09	overflow: hidden;	37	background-size: 11px 17px
10	text-overflow: ellipsis;	38	}

序号	CSS 代码	序号	CSS 代码
11	font-weight: 700	39	
12	}	40	.right-head {
13	.left-head {	41	position: absolute;
14	position: absolute;	42	right: 0;
15	left: 0;	43	top: 0;
16	top: 0;	44	height: 40px;
17	height: 40px	45	padding-right: 5px
18	}	46	}
19	.inset_shadow {	47	
20	display: block;	48	.head-home {
21	overflow: hidden	49	width: 21px;
22	}	50	height: 20px;
23	.head-btn {	51	margin: 4px 10px 0;
24	height: 28px;	52	overflow: hidden;
25	line-height: 28px;	53	display: inline-block;
26	display: block;	54	background: url('../images/header-nav.png')
27	margin-top: 8px	55	no-repeat scroll -4px 2px transparent;
28	}	56	}

在网页 0502.html 顶部代码 "<header class="header">" 与 "</header>" 之间编写 HTML 代码，实现其功能，网页 0502.html 顶部内容的 HTML 代码如表 5-10 所示。

表 5-10　网页 0502.html 顶部内容的 HTML 代码

序号	HTML 代码
01	<header class="header">
02	<h1 class="">会员登录</h1>
03	<div class="left-head">
04	<a id="goBack" href="javascript:history.go(-1);" class="left-btn tc_back head-btn ">
05	<span class="inset_shadow"><span class="head-return"></span></span></a>
06	</div>
07	<div class="right-head">
08	<a href="javascript:void(0)" class="right-btn head-btn">
09	<span class="inset_shadow menuClick"><span class="head-home"></span></span></a>
10	</div>
11	</header>

（2）网页 0502.html 的中部内容设计

网页 0502.html 中部内容的 CSS 代码定义如表 5-11 所示。

表 5-11　网页 0502.html 中部内容的 CSS 代码

序号	CSS 代码	序号	CSS 代码
01	#payInfo {	51	.username {
02	border: 1px solid #ccc;	52	background: url("../images/ico-user.png")
03	font-family: microsoft yahei;	53	no-repeat;

序号	CSS 代码	序号	CSS 代码
04	font-size: 15px;	54	display: inline-block;
05	}	55	width: 25px;
06		56	height: 25px;
07	article.bottom_c section {	57	background-size: cover;
08	padding-left: 10px;	58	margin: 6px -5px 0;
09	padding-right: 10px;	59	}
10	height: auto;	60	
11	background-color: #fff;	61	.password {
12	line-height: 49px;	62	background:
13	}	63	url("../images/ico-password.png")
14		64	no-repeat;
15	article.bottom_c input[type="text"],	65	display: inline-block;
16	article.bottom_c input[type="password"] {	66	width: 25px;
17	width: 100%;	67	height: 26px !important;
18	text-align: left;	68	height: 25px;
19	outline: none;	69	background-size: cover;
20	box-shadow: none;	70	margin: 6px -5px 0;
21	border: none;	71	}
22	color: #333;	72	
23	background-color: #fff;	73	.btn-blue {
24	height: 20px;	74	margin-top: 10px;
25	margin-left: -5px;	75	background: #fe932b;
26	font-family: microsoft yahei;	76	border: none;
27	}	77	border-radius: 3px;
28		78	font-family: microsoft yahei;
29	#selectBank {	79	font-size: 18px;
30	border-bottom: 1px solid #ccc;	80	}
31	}	81	
32		82	.btn {
33	section span {	83	width: 100%;
34	float: left;	84	height: 40px;
35	padding-left: 5px	85	display: block;
36	}	86	line-height: 40px;
37		87	text-align: center;
38	input::-webkit-input-placeholder {	88	font-size: 18px;
39	color: #ccc;	89	color: #fff;
40	}	90	margin-bottom: 10px;
41		91	}
42	section span.fRight {	92	
43	float: none;	93	.log_ele {
44	padding-left: 12px;	94	padding: 0px 10px;
45	position: relative;	95	font-size: 15px;
46	overflow: hidden;	96	}
47	display: block;	97	
48	height: 44px;	98	.log_ele a:last-child {
49	line-height: 44px;	99	float: right
50	}	100	}

在网页 0502.html 中部代码 "<form>" 和 "</form>" 之间编写 HTML 代码，实现其功能，

网页中部内容的 HTML 代码如表 5-12 所示。

表 5-12　网页 0502.html 中部内容的 HTML 代码

序号	HTML 代码
01	`<form action="login.html" class="listForm" method="post">`
02	`<article class="circle_b bottom_c" id="payInfo">`
03	`<section class="secure" id="selectBank" style="position: relative;">`
04	`<span class="username"></span>`
05	`<span class="fRight"> <input class="opa" name="LoginName" id="name"`
06	`placeholder="请输入您的手机号" type="text" value="" /> </span>`
07	`</section>`
08	`<section class="dash_b" style="position: relative;">`
09	`<span class="password"></span>`
10	`<span class="fRight"> <input class="opa" name="Passwd" id="pass"`
11	`placeholder="密码（6-18 位数字和字母组合）" type="password" /> </span>`
12	`</section>`
13	`</article>`
14	`<div class="col_div">`
15	`<button type="submit" class="btn btn-blue" title="会员登录">登录</button>`
16	`</div>`
17	`<div class="log_ele clear">`
18	`<a href="http://m.ly.com/membership/register.html">免费注册</a>`
19	`<a href="http://m.ly.com/membership/forgetpasswd.html">忘记密码</a>`
20	`</div>`
21	`</form>`

（3）网页 0502.html 的底部内容设计

网页 0502.html 底部内容的 CSS 代码定义如表 5-13 所示。

表 5-13　网页 0502.html 底部内容的 CSS 代码

序号	CSS 代码	序号	CSS 代码
01	`footer {`	24	`footer .footer_link .link_2 {`
02	`background-color: #3cafdc;`	25	`margin: 0 9px;`
03	`padding: 7px 0`	26	`color: #fff;`
04	`}`	27	`line-height: 15px`
05		28	`}`
06	`footer .footer_link {`	29	
07	`text-align: center;`	30	`footer .footer_link .link_3 {`
08	`font-size: 14px;`	31	`margin: 0 7px;`
09	`line-height: 2em;`	32	`color: #fff;`
10	`padding-bottom: 5px`	33	`line-height: 15px;`
11	`}`	34	`font-size: 12px`
12		35	`}`
13	`footer .footer_link a {`	36	
14	`font-size: 12px;`	37	`footer .c_right {`
15	`color: #fff`	38	`color: #A5DDF6;`

序号	CSS 代码	序号	CSS 代码
16	}	39	line-height: 11px;
17		40	margin: 0;
18	footer .footer_link .link_1 {	41	font-size: 12px
19	font-size: 12px;	42	}
20	margin: 0 8px;	43	
21	color: #fff;	44	footer .c_right span,footer .c_right span a {
22	line-height: 14px	45	color: #fff
23	}	46	}

在网页 0502.html 底部代码 "<footer>" 和 "</footer>" 之间编写 HTML 代码，实现其功能，网页 0502.html 底部内容的 HTML 代码如表 5-14 所示。

表 5-14　网页 0502.html 底部内容的 HTML 代码

序号	HTML 代码
01	<footer>
02	<div class="footer_link">
03	<a class="link_1" href="#">登录</a>
04	<a class="link_1" href="#">注册</a>
05	<a class="link_3" href="http://m.ly.com/home/index.html" onclick="">回首页</a>
06	</div>
07	<div class="footer_link c_right"> ©2014 同程旅游</div>
08	</footer>

【网页浏览】

保存网页 0502.html，在浏览器 Google Chrome 中的浏览效果如图 5-2 所示。

【任务 5-3】设计去哪儿网的意见反馈网页

【任务描述】

去哪儿网的意见反馈网页 0503.html 的浏览效果如图 5-3 所示。

【任务实施】

1. 定义网页 0503.html 的 CSS 代码

在本地硬盘的文件夹 "05 登录注册与留言网页设计\0503" 中创建网页 0503.html。

（1）定义网页 0503.html 通用 CSS 代码

网页 0503.html 通用的 CSS 代码定义如表 5-15 所示。

图 5-3　去哪儿网的意见反馈
网页 0503.html 的浏览效果

表 5-15　网页 0503.html 通用的 CSS 代码定义

序号	CSS 代码	序号	CSS 代码
01	body,div,form,fieldset,input,textarea,p {	31	a:active {
02	margin: 0;	32	color: #000;
03	padding: 0;	33	}
04	}	34	
05		35	.clearfix:after {
06	html {	36	content: ".";
07	font-family: arial;	37	display: block;
08	}	38	height: 0;
09		39	clear: both;
10	body {	40	visibility: hidden;
11	-webkit-tap-highlight-color: rgba(0,0,0,0);	41	}
12	background: #f3f3f3;	42	
13	}	43	.clear {
14		44	clear: both;
15	table {	45	}
16	border-collapse: collapse;	46	
17	border-spacing: 0;	47	textarea,input {
18	}	48	margin: 5px 0;
19		49	font-size: 14px;
20	fieldset,img {	50	display: block;
21	border: 0;	51	width: 100%
22	}	52	}
23		53	
24	ol,ul,li {	54	textarea {
25	list-style: none;	55	height: 60px
26	}	56	}
27	a {	57	
28	color: #000;	58	input {
29	text-decoration: none;	59	height: 30px
30	}	60	}

（2）定义网页 0503.html 主体结构的 CSS 代码

网页 0503.html 主体结构的 CSS 代码如表 5-16 所示。

表 5-16　网页 0503.html 主体结构的 CSS 代码

序号	CSS 代码	序号	CSS 代码
01	.qn_main {	40	.qn_header .right {
02	width: 320px;	41	position: absolute;
03	margin: 0 auto;	42	right: 0;
04	}	43	top: 0;
05		44	width: 42px;
06	.qn_header {	45	height: 42px;
07	height: 42px;	46	line-height: 42px;
08	background-color: #25a4bb;	47	cursor: pointer;

序号	CSS 代码	序号	CSS 代码
09	border-bottom: 1px solid #1b7a8b;	48	color: #fff;
10	position: relative;	49	}
11	}	50	
12		51	.qn_header .right.hover {
13	.qn_header .back {	52	background: #058298;
14	position: absolute;	53	}
15	top: 0;	54	
16	left: 0;	55	.qn_header .home {
17	width: 42px;	56	background:
18	height: 42px;	57	url(../images/header_sprites_4.png)
19	cursor: pointer;	58	-85px 0 no-repeat;
20	}	59	background-size: 255px 42px;
21		60	}
22	.qn_header .back a {	61	
23	display: block;	62	.qn_footer .copyright {
24	width: 100%;	63	color: #9e9e9e;
25	height: 100%;	64	text-align: center;
26	opacity: 0;	65	font-size: 14px;
27	}	66	padding: 10px;
28		67	}
29	.qn_header .back {	68	
30	background:	69	.qn_header .title {
31	url(../images/header_sprites_4.png)	70	text-align: center;
32	0 0 no-repeat;	71	color: #fff;
33	background-size: 255px 42px;	72	font-size: 18px;
34	}	73	line-height: 42px;
35		74	}
36	.qn_footer .copyright a {	75	
37	color: #9e9e9e;	76	.qn_ml25 {
38	height: 33px;	77	margin-left: 25px;
39	}	78	}

（3）定义网页 0503.html 其他的 CSS 代码

网页 0503.html 其他的 CSS 代码如表 5-17 所示。

表 5-17　网页 0503.html 其他的 CSS 代码

序号	CSS 代码	序号	CSS 代码
01	.qn_pa10 {	38	.qn_ml90 input {
02	padding: 10px;	39	display: inline-block;
03	}	40	}
04	.qn_lh {	41	
05	line-height: 1.5;	42	.qn_captcha {
06	}	43	height: 35px;
07	.qn_item {	44	vertical-align: top;

序号	CSS 代码	序号	CSS 代码
08	font-size: 16px;	45	width: 105px;
09	line-height: 40px;	46	}
10	height: 40px;	47	
11	padding: 0 5px;	48	.qn_captcha {
12	background: #fff;	49	margin: 2px 0 0 0
13	}	50	}
14		51	
15	.qn_item.hover {	52	.qn_plr10 {
16	background: #e0e0e0;	53	padding-left: 10px;
17	color: #fff;	54	padding-right: 10px;
18	}	55	}
19		56	
20	.qn_item input {	57	.qn_btn a {
21	height: 30px;	58	display: block;
22	width: 95%;	59	font-size: 18px;
23	border: none;	60	line-height: 40px;
24	font-size: 16px;	61	text-align: center;
25	}	62	color: #fff;
26		63	background: -webkit-gradient(linear,0% 0,
27	.qn_border {	64	0% 100%,from(#ffa442),to(#ff801a));
28	border: 1px solid #cacaca;	65	}
29	}	66	
30		67	.qn_btn a:hover {
31	.qn_fl {	68	background: -webkit-gradient(linear,0% 0,
32	float: left;	69	0% 100%,from(#e86800),to(#ff8400));
33	}	70	}
34		71	
35	.qn_ml90 {	72	.qn_btn a:visited {
36	margin-left: 60px	73	color: #fff;
37	}	74	}

2．编写网页 0503.html 的 HTML 代码

（1）编写网页 0503.html 主体结构的 HTML 代码

网页 0503.html 主体结构的 HTML 代码如表 5-18 所示。

表 5-18　网页 0503.html 主体结构的 HTML 代码

序号	HTML 代码
01	<!DOCTYPE html>
02	<html>
03	<head>
04	<meta http-equiv="Content-Type" content="text/html; charset=UTF-8" />
05	<meta content="width=device-width,minimum-scale=1.0,maximum-scale=1.0" name="viewport" />
06	<meta name="apple-mobile-web-app-capable" content="yes" />
07	<meta name="apple-mobile-web-app-status-bar-style" content="black" />

序号	HTML 代码
08	<meta content="telephone=no" name="format-detection" />
09	<meta name="baidu-tc-cerfication" content="6c8fb150c9f110b5bcca3d4097218b99" />
10	<link rel="apple-touch-icon-precomposed" href="http://touch.qunar.com/qunar-touch.png" />
11	<title>意见反馈 - 去哪儿网 Qunar.com</title>
12	<link rel="stylesheet" href="css/common.css" type="text/css" />
13	<link rel="stylesheet" href="css/main.css" type="text/css" />
14	</head>
15	<body>
16	<div class="qn_main">
17	<div class="qn_header">
18	<div class="back">
19	<a href="javascript:history.go(-1)">后退</a>
20	</div>
21	<div class="title">意见反</div>
22	<a href="http://touch.qunar.com/h5/index" class="right home"></a>
23	</div>
24	<form action="" method="post" id="fb">　　</form>
25	<div class="qn_footer">
26	<div class="copyright">
27	<span>Qunar 京 ICP 备 05021087</span>
28	<a class="qn_ml25" href="#">意见反馈</a>
29	</div>
30	</div>
31	</div>
32	</body>
33	</html>

（2）编写网页 0503.html 用户注册部分的 HTML 代码

在网页 0503.html 的 HTML 代码"<form>"和"</form>"之间编写 HTML 代码，实现其功能，网页用户注册部分的 HTML 代码如表 5-19 所示。

表 5-19　网页 0503.html 用户注册部分的 HTML 代码

序号	HTML 代码
01	<form action="" method="post" id="fb">
02	<div class="qn_pa10 qn_lh">
03	<span>意见反馈给我们</span>
04	<textarea name="content" placeholder="请输入您的意见，500 字以内"
05	maxlength="500"></textarea>
06	<span>手机号码</span>
07	<input type="tel" name="mobile" placeholder="请输入手机号码" maxlength="11" value="" />
08	</div>
09	<div class=" qn_pa10">
10	<div class="qn_item qn_border">
11	<div class="qn_fl">

序号	HTML 代码
12	`<span>验证码</span>`
13	`</div>`
14	`<div class="qn_ml90">`
15	`<input name="code" placeholder="字母或数字" value="" style="width:118px;" />`
16	`<img class="qn_captcha" src="images/image.jpg" />`
17	`</div>`
18	`</div>`
19	`</div>`
20	`<div class="qn_btn qn_plr10">`
21	`<a id="searchSubmit">提交</a>`
22	`</div>`
23	`<input type="hidden" name="action" value="post" />`
24	`</form>`

【网页浏览】

保存网页 0503.html，在浏览器 Google Chrome 中的浏览效果如图 5-3 所示。

同步训练

【任务 5-4】设计掌上 1 号店的用户登录网页

【任务描述】

掌上 1 号店的用户登录网页 0504.html 的浏览效果如图 5-4 所示。

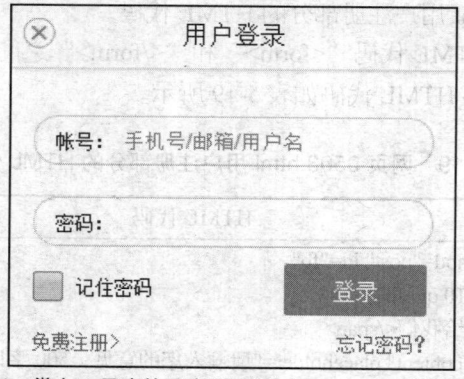

图 5-4 掌上 1 号店的用户登录网页 0504.html 的浏览效果

【任务实施】

1. 定义网页 0504.html 的 CSS 代码

在本地硬盘的文件夹"05 登录注册与留言网页设计\0504"中创建网页 0504.html。

（1）定义网页 0504.html 通用 CSS 代码

网页 0504.html 通用的 CSS 代码定义如表 5-20 所示。

表 5-20   网页 0504.html 通用的 CSS 代码定义

序号	CSS 代码	序号	CSS 代码
01	body,form,input,button,select,textarea {	70	input {
02	margin: 0;	71	_vertical-align: text-bottom;
03	padding: 0;	72	}
04	}	73	
05		74	select {
06	html {	75	background-color: transparent;
07	font-size: 100.01%;	76	}
08	height: 100%;	77	
09	overflow-y: scroll;	78	label {
10	cursor: default;	79	font-weight: normal;
11	overflow-y: scroll;	80	}
12	-webkit-tap-highlight-color: transparent;	81	
13	-ms-text-size-adjust: 100%;	82	textarea {
14	-webkit-text-size-adjust: 100%;	83	overflow: auto;
15	}	84	vertical-align: top;
16		85	}
17	body {	86	
18	background-color: #fff;	87	input:focus,textarea:focus,select:focus {
19	color: #444;	88	outline-width: 0;
20	height: 100%;	89	}
21	}	90	
22		91	button,input[type="button"],
23	body,button input,select,textarea {	92	input[type="reset"],input[type="submit"] {
24	font: 12px/1.5 sans-serif;	93	cursor: pointer;
25	}	94	-webkit-appearance: button;
26		95	width: auto;
27	a {	96	*width: 1;
28	color: #1ca2e1!important;	97	overflow: visible;
29	}	98	}
30		99	
31	a,a:active,a:hover {	100	input[type="checkbox"],input[type="radio"]
32	outline: none;	101	{
33	}	102	box-sizing: border-box;
34		103	}
35	a:focus {	104	
36	outline: thin dotted;	105	input[type="checkbox"] {
37	}	106	vertical-align: bottom;
38		107	*vertical-align: baseline;
39	a,a:link {	108	}
40	color: #00E;	109	
41	text-decoration: none;	110	input[type=checkbox] {
42	}	111	display: block;

序号	CSS 代码	序号	CSS 代码
43		112	margin-right: 7px;
44	a:hover {	113	width: 20px;
45	text-decoration: underline;	114	height: 20px;
46	}	115	background-color: #fff;
47		116	border: 1px solid #e2dbd5;
48	a:visited {	117	color: #fff;
49	text-decoration: none;	118	}
50	color: #551A8B;	119	
51	}	120	input[type="radio"] {
52		121	vertical-align: text-bottom;
53	form {	122	}
54	overflow: visible;	123	
55	}	124	input[type="search"] {
56		125	-webkit-appearance: textfield;
57	fieldset {	126	-moz-box-sizing: content-box;
58	line-height: 1;	127	-webkit-box-sizing: content-box;
59	}	128	box-sizing: content-box;
60		129	}
61	button,input,select,textarea {	130	
62	vertical-align: baseline;	131	button::-moz-focus-inner,input:
63	*vertical-align: middle;	132	:-moz-focus-inner {
64	}	133	border: 0;
65		134	padding: 0;
66	button,input {	135	}
67	line-height: normal;	136	legend {
68	*overflow: visible;	137	*margin-left: -7px;
69	}	138	}

（2）定义网页 0504.html 其他的 CSS 代码

网页 0504.html 其他的 CSS 代码如表 5-21 所示。

表 5-21　网页 0504.html 其他的 CSS 代码

序号	CSS 代码	序号	CSS 代码
01	.signIn {	61	.signIn .signIn_main form>label:nth-child(2)
02	color: #666;	62	{
03	}	63	margin-top: 20px;
04		64	}
05	.signIn>header {	65	
06	position: absolute;	66	.signIn .signIn_main form>label>input {
07	top: 0;	67	width: 180px;
08	left: 0;	68	border: none;
09	width: 100%;	69	background-color: rgba(255,255,255,0);
10	height: 44px;	70	color: #666;
11	line-height: 44px;	71	}
12	background-color: rgba(255,255,255,0.6);	72	

序号	CSS 代码	序号	CSS 代码
13	text-align: center;	73	.cssBorder-box {
14	font-size: 16px;	74	-moz-box-sizing: border-box;
15	box-shadow: 0 0 4px #ccc;	75	-webkit-box-sizing: border-box;
16	}	76	box-sizing: border-box;
17		77	}
18	.signIn>header>button {	78	
19	position: absolute;	79	.cssBox {
20	top: 0;	80	display: moz-box;
21	left: 0;	81	display: -webkit-box;
22	width: 40px;	82	display: box;
23	height: 44px;	83	}
24	border: none;	84	
25	background: none;	85	.signIn .signIn_main form>p {
26	}	86	margin-top: 10px;
27		87	}
28	.signIn>header .icon_close {	88	
29	margin-left: 12px;	89	.signIn .signIn_main form>.signIn_btn {
30	width: 20px;	90	margin-top: 10px;
31	height: 20px;	91	height: 32px;
32	background-position: 0 0;	92	line-height: 32px;
33	}	93	}
34		94	
35	.icon_close {	95	.signIn .signIn_main form>.signIn_btn
36	background:	96	>input[type=checkbox] {
37	url("../images/login_cssImg.png")	97	margin-top: 6px;
38	no-repeat 0 0;	98	}
39	background-size: 240px auto;	99	
40	}	100	.signIn .signIn_main form>.signIn_btn
41		101	>span:nth-child(2) {
42	.signIn .signIn_main {	102	display: block;
43		103	width: 130px;
44	}	104	}
45		105	
46	.signIn .signIn_main form {	106	.signIn .signIn_main form>.signIn_btn>button
47	margin: 0 auto;	107	{
48	width: 250px;	108	width: 89px;
49	padding: 74px 0 0 0;	109	height: 33px;
50	}	110	border: none;
51	.signIn .signIn_main form>label {	111	background-color: #ff827f;
52	display: block;	112	border-radius: 2px;
53	height: 32px;	113	color: #fff;
54	border-radius: 15px;	114	font-size: 14px;
55	border: 1px solid #e2dbd5;	115	}
56	background-color: rgba(255,255,255,0.8);	116	
57	padding: 0 13px;	117	.signIn .signIn_main
58	color: #666;	118	form>.signIn_more>a:nth-child(1) {
59	line-height: 32px;	119	margin-right: 130px;
60	}	120	}

2．编写网页 0504.html 的 HTML 代码

（1）编写网页 0504.html 主体结构的 HTML 代码

网页 0504.html 主体结构的 HTML 代码如表 5-22 所示。

表 5-22　网页 0504.html 主体结构的 HTML 代码

序号	HTML 代码
01	<!DOCTYPE html>
02	<html>
03	<head>
04	<meta http-equiv="Content-Type" content="text/html; charset=UTF-8" />
05	<meta charset="UTF-8" />
06	<title>用户登录——掌上 1 号店</title>
07	<meta name="viewport" content="width=device-width, initial-scale=1.0,
08	maximum-scale=1.0, user-scalable=0" />
09	<meta name="apple-mobile-web-app-capable" content="yes" />
10	<meta name="apple-mobile-web-app-status-bar-style" content="black" />
11	<meta name="format-detection" content="telephone=no" />
12	<link rel="apple-touch-icon-precomposed" href="images/screenLogo.png" />
13	<link href="css/common.css" type="text/css" rel="stylesheet" />
14	<link href="css/main.css" type="text/css" rel="stylesheet" />
15	</head>
16	<body>
17	<div class="signIn">
18	<header>
19	<button onclick="doClose();return fasle;">
20	<div class="icon_close"></div> </button>用户登录
21	</header>
22	<section class="signIn_main signIn_bg">
23	<form method="post">　　　</form>
24	</section>
25	</div>
26	</body>
27	</html>

（2）编写网页 0504.html 用户注册部分的 HTML 代码

在网页 0504.html 的 HTML 代码"<form>"和"</form>"之间编写 HTML 代码，实现其功能，网页用户注册部分的 HTML 代码如表 5-23 所示。

表 5-23　网页 0504.html 用户注册部分的 HTML 代码

序号	HTML 代码
01	<form method="post">
02	<label class="cssBorder-box">帐号：
03	<input id="un" name="credentials.username" type="text"
04	placeholder="手机号/邮箱/用户名" />
05	</label>

序号	HTML 代码
06	<label class="cssBorder-box">密码：
07	<input id="pwd" name="credentials.password" type="password" /> </label>
08	<p class="cssBox signIn_btn">
09	<input id="check_agreement" class="" type="checkbox" onclick="autoLogin()" />
10	<span>记住密码</span>
11	<button id="login_button" type="button" onclick="double_submit();return false;">
12	登录</button>
13	</p>
14	<p class="cssBox signIn_more">
15	<a class="box_flex_0" href=" ">免费注册></a>
16	<a class="box_flex_0" href="javascript:void(0);">忘记密码？</a>
17	</p>
18	</form>

【网页浏览】

保存网页 0504.html，在浏览器 Google Chrome 中的浏览效果如图 5-4 所示。

拓展训练

【任务 5-5】设计手机搜狐网的留言反馈网页

【任务描述】

手机搜狐网的留言反馈网页 0505.html 的浏览效果如图 5-5 所示。

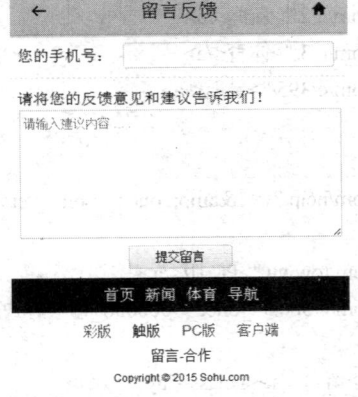

图 5-5　手机搜狐网的留言反馈网页 0505.html 的浏览效果

【任务实施】

（1）网页 0506.html 注册表单的 HTML 代码编写提示

网页 0506.html 注册表单的 HTML 代码如表 5-24 所示。

表 5-24　网页 0506.html 注册表单的 HTML 代码

序号	HTML 代码
01	<!DOCTYPE html>
02	<html>
03	<head>
04	<meta http-equiv="Content-Type" content="text/html; charset=UTF-8" />
05	<meta http-equiv="Cache-Control" content="no-cache" />
06	<meta name="viewport" content="width=device-width,minimum-scale=1.0,maximum-scale=1.0" />
07	<meta name="MobileOptimized" content="320" />
08	<meta name="copyright" content="Copyright © 2013 Sohu.com Inc. All Rights Reserved." />
09	<meta name="description" content="手机搜狐" />
10	<link rel="apple-touch-icon-precomposed" href="http://m.sohu.com/images/logo-icon.png" />
11	<title>留言反馈——手机搜狐</title>
12	<link rel="stylesheet" type="text/css" href="css/common.css" media="all" />
13	<link rel="stylesheet" type="text/css" href="css/main.css" media="all" />
14	</head>
15	<body class="msg">
16	<header class="h">
17	<h2 class="cTtl">留言反馈</h2>
18	<a href="" onclick="javascript:history.go(-1);return false;" class="reBack">
19	<i class="i iF iF8"></i> </a>
20	<a href="http://m.sohu.com/" class="reHome"> <i class="i iF iF4"></i> </a>
21	</header>
22	<section class="ls">　　　　　</section>
23	<footer class="site">
24	<nav class="foo">
25	<a href="http://m.sohu.com/">首页</a>
26	<a href="http://m.sohu.com/c/2/">新闻</a>
27	<a href="http://m.sohu.com/c/3/">体育</a>
28	<a href="http://m.sohu.com/c/395/">导航</a>
29	</nav>
30	<section class="func">
31	<a href="http://m.sohu.com/help/?v=2&_once_=sohu_version_2">彩版</a>
32	<b class="on">触版</b>
33	<a href="http://m.sohu.com/towww">PC 版</a>
34	<a href="http://m.sohu.com/c/3804/?_once_=000058_v3">客户端</a>
35	</section>
36	<p class="inf"><a href="">留言</a><i class="hyp">-</i>
37	<a href="http://m.sohu.com/c/432/">合作</a></p>
38	<p class="cop">Copyright © 2015 Sohu.com</p>
39	</footer>
40	</body>
41	</html>

（2）网页 0506.html 表单部分的 CSS 代码定义提示

网页 0505.html 表单部分的 CSS 代码如表 5-25 所示。

表 5-25　网页 0503.html 表单部分的 CSS 代码

序号	CSS 代码	序号	CSS 代码
01	.ls .it {	54	.tar {
02	border-bottom: 1px dashed #d6d6d6	55	position: relative;
03	}	56	padding: 0 6px
04		57	}
05	.ls .it:last-child {	58	
06	border-bottom: 0	59	.tar textarea {
07	}	60	border: 1px solid #d4d4d4;
08		61	margin: 0 -4px;
09	.msg .it {	62	padding: 5px 4px 2px;
10	padding: 10px;	63	width: 100%;
11	font-size: 18px;	64	resize: vertical;
12	overflow: hidden	65	color: #a9a9a9
13	}	66	}
14		67	
15	.msg label,.msg .txt {	68	.tar textarea.focus,.tar textarea.blur {
16	display: block	69	border-color: #97b7d8;
17	}	70	color: #333
18		71	}
19	.msg label {	72	
20	margin: 0 0 -30px;	73	.msg .tar textarea {
21	line-height: 30px	74	height: 140px
22	}	75	}
23		76	
24	.txt {	77	.msg .btns {
25	padding: 0 4px	78	text-align: center
26	}	79	}
27		80	
28	.txt input {	81	.btn {
29	-webkit-box-sizing: border-box;	82	display: inline-block;
30	box-sizing: border-box;	83	vertical-align: middle
31	border: 1px solid #d6d6d6;	84	}
32	margin: 0 -4px;	85	
33	padding: 5px 4px 2px;	86	.btn1 {
34	border-radius: 3px;	87	border: 1px solid #d6d6d6;
35	color: #666;	88	padding: 2px 12px;
36	box-shadow: 0 2px 5px #eee inset	89	border-radius: 3px;
37	}	90	color: #666;
38		91	box-shadow: 0 1px 1px #fff inset;
39	.txt input.focus {	92	background: -webkit-gradient(linear,0 0,0
40	border-color: #97b7d8	93	100%,from(#f7f7f7),to(#ececec));
41	}	94	-webkit-tap-highlight-color: rgba(0,0,0,0)
42		95	}

序号	CSS 代码	序号	CSS 代码
43	.msg .txt {	96	
44	margin: 0 0 0 120px	97	.btn1.on {
45	}	98	border-color: #97b7d8;
46		99	color: #5d83a9;
47	.msg .txt input {	100	background: -webkit-gradient(linear,0 0,0
48	width: 100%	101	100%,from(#edf6fe),to(#d9e8f6))
49	}	102	}
50		103	
51	.msg .tip {	104	.msg .btn {
52	color: #666	105	padding: 2px 30px
53	}	106	}

【任务 5-6】设计易购网的个性化用户注册网页

【任务描述】

易购网的个性化用户注册网页 0506.html 的浏览效果如图 5-6 所示。

图 5-6　易购网的个性化用户注册网页 0506.html 的浏览效果

【操作提示】

（1）网页 0506.html 注册表单的 HTML 代码编写提示

网页 0506.html 注册表单的 HTML 代码如表 5-26 所示。

表 5-26　网页 0506.html 注册表单的 HTML 代码

序号	HTML 代码
01	\<form action="formdemo.php" method="post"\>
02	\<fieldset id="account"\>
03	\<legend\>用户注册\</legend\>
04	\<label for="name"\>姓名：\</label\>
05	\<input type="text" name="name" required placeholder="姓名" /\>
06	\<label for="email"\>Email：\</label\>
07	\<input type="email" name="email" required placeholder="email@example.com" /\>
08	\<label for="website"\>网址：\</label\>
09	\<input type="url" name="website" required placeholder="http://www.example.com" /\>
10	\<label for="number"\>年龄:\</label\>
11	\<input type="number" name="number" min="1" max="100" step="1" required
12	placeholder="年龄" /\>
13	\<label for="range"\>工资:\</label\>
14	\<input type="range" name="range" min="0" max="10000" step="100" /\>
15	\<label for="message"\>其他:\</label\>
16	\<textarea name="message" required \>\</textarea\>
17	\<input type="submit" value="提交" /\>
18	\</fieldset\>
19	\</form\>

（2）网页 0506.html 的 CSS 代码定义提示

网页 0506.html 的 CSS 代码如表 5-27 所示。

表 5-27　网页 0506.html 的 CSS 代码定义

序号	CSS 代码	序号	CSS 代码
01	body {	53	label, input, textarea, fieldset {
02	font-family: "Helvetica Neue", Helvetica,	54	display: block;
03	Arial, sans-serif;	55	}
04	}	56	
05		57	legend {
06	*:focus {	58	font-size: 20px;
07	outline: none;	59	font-weight: bold;
08	}	60	letter-spacing: 5px;
09		61	color: #999;
10	form {	62	margin-left: -20px;
11	width: 300px;	63	text-align: center;
12	margin: 20px auto;	64	padding: 0 10px;
13	}	65	text-shadow: 1px 1px 0 #ccc;
14		66	}
15	p {	67	
16	line-height: 1.6;	68	textarea {
17	}	69	min-height: 80px;
18		70	}

174

序号	CSS 代码	序号	CSS 代码
19	input, textarea {	71	
20	font-family: "Helvetica Neue",	72	input:focus, textarea:focus {
21	Helvetica, Arial, sans-serif;	73	-webkit-box-shadow: 0 0 25px #ccc;
22	background-color: #fff;	74	-moz-box-shadow: 0 0 25px #ccc;
23	border: 1px solid #ccc;	75	box-shadow: 0 0 25px #ccc;
24	font-size: 20px;	76	-webkit-transform: scale(1.05);
25	width: 300px;	77	-moz-transform: scale(1.05);
26	min-height: 30px;	78	transform: scale(1.05);
27	display: block;	79	}
28	margin-bottom: 5px;	80	
29	margin-top: 5px;	81	input:not(:focus), textarea:not(:focus) {
30	-webkit-border-radius: 5px;	82	opacity: 0.5;
31	-moz-border-radius: 5px;	83	}
32	border-radius: 5px;	84	
33	-webkit-transition: all 0.5s ease-in-out;	85	input:required, textarea:required {
34	-moz-transition: all 0.5s ease-in-out;	86	background:
35	transition: all 0.5s ease-in-out;	87	url("../images/asterisk_orange.png")
36	}	88	no-repeat 280px 7px;
37		89	}
38	fieldset#account {	90	
39	width: 250px;	91	input:valid, textarea:valid {
40	margin: 10px;	92	background: url("../images/tick.png")
41	float: left;	93	no-repeat 280px 5px;
42	background: rgb(244,244,244);	94	}
43	background: rgba(244,244,244,0.7);	95	
44	-webkit-border-radius: 25px;	96	input:focus:invalid, textarea:focus:invalid {
45	-moz-border-radius: 25px;	97	background: url("../images/cancel.png")
46	border-radius: 25px;	98	no-repeat 280px 7px;
47	border: 3px double #999;	99	}
48	padding-top: 0;	100	input[type=submit] {
49	padding-right: 20px;	101	padding: 10px;
50	padding-bottom: 20px;	102	background: none;
51	padding-left: 20px;	103	opacity: 1.0;
52	}	104	}

单元小结

本单元通过对各类网站的注册、登录与留言网页设计的探析与三步训练，重点熟悉了 HTML5 中的表单及控件标签、HTML5 新的 form 属性和 input 属性、HTML5 的 input 类型等，学会了应用表单及控件设计注册登录与留言网页的方法。

PART 6

单元 6

音乐视频网页播放设计

HTML5 可以使用<audio>标签在页面中播放音乐，使用<video>标签在网页中播放视频，相对 HTML4 使用<embed>和<object>标签在页面中播放音乐或视频要简单得多。本单元通过对音乐播放器和视频播放器设计的探析与训练，重点学习 HTML5 中的多媒体元素标签（主要包括<audio>标签和<video>标签）、HTML5 的 Audio/Video 属性、Audio/Video 方法、Audio/Video 事件、CSS 媒介类型等，学会应用<audio>标签、<video>标签以及相关属性、方法和事件设计音乐视频网页。

教学导航

教学目标	（1）了解 CSS 媒介类型 （2）掌握 HTML5 中的多媒体元素标签（主要包括<audio>标签和<video>标签） （3）熟悉 HTML5 的 Audio/Video 属性、Audio/Video 方法和 Audio/Video 事件 （4）学会应用<audio>标签、<video>标签以及相关属性、方法和事件设计音乐视频网页
关键字	音乐播放器　视频播放器　<audio>标签　<video>标签　Audio/Video 方法
参考资料	（1）HTML5 的常用标签及其属性、方法与事件参考附录 B （2）CSS 的属性参考附录 C （3）CSS 的各种选择器的含义和用法参考附录 D
教学方法	任务驱动法、分组讨论法、理论实践一体化、探究学习法
课时建议	6 课时

实例探析

【任务 6-1】探析基于 HTML5 的网页音乐播放器之一

【效果展示】

网页音乐播放器 0601.html 的浏览效果如图 6-1 所示。

网页音乐播放器 0601.html 的主体结构为上、中、下结构，顶部分布了多个播放按钮，中部为音乐列表，底部为播放模式切换按钮。

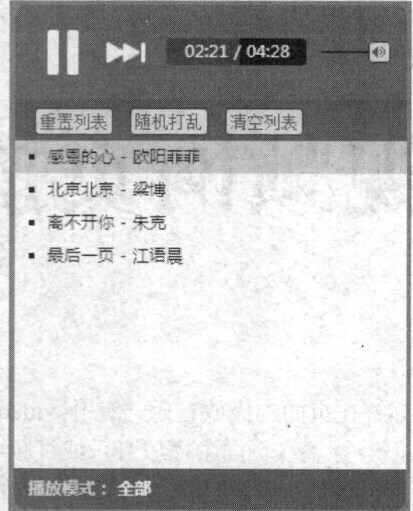

图 6-1　网页音乐播放器 0601.html 的浏览效果

【网页探析】

1. 网页音乐播放器 0601.html 的 HTML 代码探析

网页音乐播放器 0601.html 的 HTML 代码如表 6-1 所示。

表 6-1　网页音乐播放器 0601.html 的 HTML 代码

序号	HTML 代码
01	<!DOCTYPE html>
02	<html dir="ltr" lang="zh-CN">
03	<head>
04	<title>HTML5 音乐播放器 1</title>
05	<link href="css/main.css"　rel="stylesheet" type="text/css"media="" />
06	<script src="js/jquery-1.7.1.min.js" type="text/javascript"></script>
07	<script src="js/player.js" type="text/javascript"></script>
08	</head>
09	<body>
10	<div id="player">
11	<audio id="musicbox"></audio>
12	<div id="controls" class="clearfix controls">
13	<div id="play" class="playing"></div>
14	<div id="next"></div>
15	<div id="progress">
16	<div></div>
17	<p id="time">00:00 / 00:00</p>
18	</div>
19	<div id="volume">
20	<div></div>

序号	HTML 代码
21	`</div>`
22	`</div>`
23	`<div class="bar">`
24	`<button>重置列表</button>`
25	`<button>随机打乱</button>`
26	`<button>清空列表</button>`
27	`</div>`
28	`<ul id="musiclist"></ul>`
29	`<div class="bar bottom">`
30	`<span>播放模式：</span>`
31	`<span id="mode">全部</span>`
32	`</div>`
33	`</div>`
34	`</body>`
35	`</html>`

2．网页音乐播放器 0601.html 的 CSS 代码探析

网页音乐播放器 0601.html 的 CSS 代码如表 6-2 所示。

表 6-2　网页音乐播放器 0601.html 的 CSS 代码

序号	CSS 代码	序号	CSS 代码
01	`::-webkit-scrollbar {`	110	`body {`
02	`    width: 0;`	111	`    font-size: 13px;`
03	`    height: 0;`	112	`    font-family: 微软雅黑;`
04	`}`	113	`    background: #5C83B6;`
05		114	`    -webkit-user-select: none;`
06	`#player {`	115	`}`
07	`    width: 280px;`	116	
08	`    height: 370px;`	117	`#volume {`
09	`    background: #4F6E8D;`	118	`    width: 50px;`
10	`    margin: 20px auto;`	119	`    height: 16px;`
11	`    border-radius: 8px;`	120	`    margin: 27px 10px;`
12	`    /*box-shadow:1px 1px 7px`	121	`    position: relative;`
13	`            rgba(0, 0, 0, 0.4);*/`	122	`    background: url("../images/vol.png")`
14	`}`	123	`            repeat-x;`
15		124	`    cursor: pointer;`
16	`audio {`	125	`}`
17	`    display: none;`	126	
18	`}`	127	`#volume div {`
19		128	`    width: 14px;`
20	`.clearfix:after {`	129	`    height: 14px;`
21	`    content: ".";`	130	`    border: 1px solid #2A3B4C;`
22	`    display: block;`	131	`    border-radius: 3px;`
23	`    height: 0;`	132	`    margin: 0;`

序号	CSS 代码	序号	CSS 代码
24	clear: both;	133	background: #D5DEE8
25	visibility: hidden	134	url("../images/vol2.png") no-repeat;
26	}	135	position: absolute;
27		136	left: 34px;
28	* html .clearfix {	137	top: 0;
29	height: 1%	138	cursor: pointer;
30	}	139	}
31		140	
32	.clearfix {	141	#volume div:hover {
33	display: block	142	background-color: #FEF2C4;
34	}	143	}
35		144	
36	#controls {	145	.bar {
37	height: 70px;	146	height: 30px;
38	}	147	line-height: 30px;
39		148	background: #47637E;
40	.controls div {	149	padding: 0 10px;
41	float: left;	150	}
42	width: 49px;	151	
43	height: 57px;	152	.bar button {
44	margin: 7px 0 6px 0;	153	margin: 5px 4px;
45	}	154	}
46		155	
47	#play {	156	button {
48	background: url("../images/ctrl.png");	157	font-size: 11px;
49	margin-left: 10px;	158	background: #D5DEE8;
50	cursor: pointer;	159	height: 20px;
51	}	160	line-height: 16px;
52		161	border: 1px solid #2A3B4C;
53	#play:hover {	162	border-radius: 3px;
54	background: url("../images/ctrl.png")	163	color: #43617B;
55	no-repeat 0 -57px;	164	font-weight: 600;
56	}	165	padding: 1px 3px;
57		166	cursor: pointer;
58	#play.playing {	167	}
59	background: url("../images/ctrl.png")	168	
60	no-repeat -49px 0;	169	button:hover {
61	}	170	background: #FEF2C4;
62		171	}
63	#play.playing:hover {	172	
64	background: url("../images/ctrl.png")	173	#musiclist {
65	no-repeat -49px -57px;	174	height: 240px;
66	}	175	background: #FFF;
67		176	margin: 0;
68	#next {	177	list-style: square;

序号	CSS 代码	序号	CSS 代码
69	background: url("../images/ctrl.png")	178	padding-left: 0;
70	no-repeat -98px 0;	179	overflow: scroll;
71	cursor: pointer;	180	}
72	}	181	
73		182	#musiclist li {
74	#next:hover {	183	height: 24px;
75	background: url("../images/ctrl.png")	184	line-height: 24px;
76	no-repeat -98px -57px;	185	font-size: 12px;
77	}	186	color: #121834;
78		187	padding-left: 10px;
79	#progress {	188	list-style-position: inside;
80	width: 100px;	189	cursor: default;
81	height: 20px;	190	}
82	margin: 25px 0;	191	
83	border-radius: 3px;	192	#musiclist li.isplay {
84	background: #1B2631;	193	background: #FFD133;
85	overflow: hidden;	194	}
86	position: relative;	195	
87	cursor: pointer;	196	#musiclist li:hover {
88	}	197	background: #FEDB65;
89		198	}
90	#progress div {	199	
91	width: 0;	200	#musiclist li.disable {
92	height: 20px;	201	color: #CCD0DB;
93	background: #374D62;	202	}
94	margin: 0;	203	
95	border-radius: 3px 0 0 3px;	204	#musiclist li.disable:hover {
96	}	205	background: #FFF;
97	#progress p {	206	}
98	width: 100px;	207	
99	height: 20px;	208	.bottom {
100	line-height: 20px;	209	border-radius: 0 0 8px 8px;
101	margin: 0;	210	color: #D5DEE8;
102	position: absolute;	211	font-size: 12px;
103	left: 0;	212	font-weight: 700;
104	top: 0;	213	}
105	font-size: 10px;	214	
106	text-align: center;	215	#mode {
107	color: #FFF;	216	color: #FFF;
108	font-weight: 600;	217	cursor: pointer;
109	}	218	}

3．网页音乐播放器 0601.html 的 JavaScript 代码探析

网页音乐播放器 0601.html 的 JavaScript 代码如表 6-3 所示。

表 6-3　网页音乐播放器 0601.html 的 JavaScript 代码

序号	JavaScript 代码
01	var musicFiles = [{
02	name: "感恩的心 ",
03	author: "欧阳菲菲",
04	url: "music/感恩的心.mp3"
05	},
06	{
07	name: "北京北京",
08	author: "梁博",
09	url: "music/北京北京.mp3"
10	},
11	{
12	name: "离不开你",
13	author: "朱克",
14	url: "music/离不开你.mp3"
15	},
16	{
17	name: "最后一页",
18	author: "江语晨",
19	url: "music/最后一页.mp3"
20	},];
21	
22	$(function() {
23	var $media = $("#musicbox");
24	var musicIndex = -1;　　　　//当前正在播放的歌曲的索引
25	var playingFile = null;　　　//当前正在播放的歌曲
26	var playMode = 1; //播放模式
27	init = function() {
28	for (var a in musicFiles) {
29	$("#musiclist").append("<li>" + musicFiles[a].name + " - "
30	+ musicFiles[a].author + "</li>");
31	}
32	nextMusic();
33	} ();
34	$("#next").bind("click", nextMusic);
35	// $("audio").bind("error", nextMusic);
36	function nextMusic() {
37	if (playMode == 1) {
38	musicIndex += 1;
39	}
40	if (musicIndex == musicFiles.length) {
41	musicIndex = 0;
42	}
43	playMusic(musicIndex);
44	}
45	// 播放

序号	JavaScript 代码
46	`function playMusic(index) {`
47	`    playingFile = musicFiles[index];`
48	`    $media.attr("src", playingFile.url);`
49	`    $media[0].play();`
50	`    $("#musiclist>li").removeClass("isplay").eq(index).addClass("isplay");`
51	`    auto();`
52	`}`
53	`// 控制播放时间和播放进度`
54	`function auto() {`
55	`    var allTime = $media[0].duration;`
56	`    var currentTime = $media[0].currentTime;`
57	`    var percent = Math.floor(currentTime * 100 / allTime);`
58	`    if (isNaN(allTime)) {`
59	`        $("#progress div").css({`
60	`            background: "url(images/load.png repeat-x)",`
61	`            width: "100px"`
62	`        });`
63	`    } else {`
64	`        $("#progress div").css("background", "#374D62");`
65	`        $("#progress div").css("width", percent + "px");`
66	`        $("#time").html(timeformat(currentTime) + " / " + timeformat(allTime));`
67	`    }`
68	`    setTimeout(auto, 1000);`
69	`    if ($media[0].ended == true) {`
70	`        nextMusic();`
71	`    }`
72	`};`
73	`// 设置时间格式`
74	`function timeformat(time) {`
75	`    var t = Math.round(time);`
76	`    var h = Math.floor(t / 3600);`
77	`    var m = Math.floor(t / 60);`
78	`    var s = t - h * 3600 - m * 60;`
79	`    if (h == 0) {`
80	`        str = m > 9 ? m: ("0" + m) + ":" + (s > 9 ? s: ("0" + s));`
81	`    } else {`
82	`        str = h > 9 ? h: ("0" + h) + ":" + (m > 9 ? m: ("0" + m)) + ":" + (s > 9 ? s: ("0" + s));`
83	`    }`
84	`    return str;`
85	`}`
86	
87	`// 双击音乐列表播放`
88	`$("#musiclist>li").dblclick(function() {`
89	`    musicIndex = $("#musiclist>li").index(this);`
90	`    $("#play").addClass("playing");`

序号	JavaScript 代码

```
91              playMusic(musicIndex);
92              if (playMode == 0) {
93                  $("#musiclist>li").removeClass("disable").not(".isplay").addClass("disable");
94              }
95          });
96
97      //播放按钮切换
98      $("#play").click(function() {
99          if ($("#play").is(".playing")) {
100             $("#play").removeClass("playing");
101             $media[0].pause();
102         } else {
103             $("#play").addClass("playing");
104             $media[0].play();
105         }
106     });
107
108     //调整进度
109     $("#progress").click(function(e) {
110         var offset = $("#progress div").offset();
111         var width = e.pageX - offset.left;
112         var allTime = $media[0].duration;
113         $media[0].currentTime = allTime * width / 100;
114         $("#progress div").css("width", width + "px");
115     });
116
117     //音量调整
118     var isdown = false;
119     $("#volume div").mousedown(function(e) {
120         var offset = $("#volume").offset();
121         var left = e.pageX - offset.left - 8;
122         left = left > 34 ? 34 : left;
123         left = left < 0 ? 0 : left;
124         $("#volume div").css("left", left + "px");
125         isdown = true;
126     });
127     $(document).mousemove(function(e) {
128         if (isdown) {
129             var offset = $("#volume").offset();
130             var left = e.pageX - offset.left - 8;
131             left = left > 34 ? 34 : left;
132             left = left < 0 ? 0 : left;
133             $("#volume div").css("left", left + "px");
134             $media[0].volume = Math.round(left / 34 * 10) / 10;
135         }
```

序号	JavaScript 代码
136	`});`
137	`$(document).mouseup(function() {`
138	`    isdown = false;`
139	`    //alert(isdown);`
140	`});`
141	
142	`$("#volume").click(function(e) {`
143	`    var offset = $("#volume").offset();`
144	`    var left = e.pageX - offset.left - 8;`
145	`    left = left > 34 ? 34 : left;`
146	`    left = left < 0 ? 0 : left;`
147	`    $("#volume div").css("left", left + "px");`
148	`    $media[0].volume = Math.round(left / 34 * 10) / 10;`
149	`});`
150	
151	`//模式切换`
152	`$("#mode").click(function() {`
153	`    if (playMode == 1) {`
154	`        $("#mode").html("单首");`
155	`        $("#musiclist>li").not(".isplay").addClass("disable");`
156	`        playMode = 0;`
157	`    } else {`
158	`        $("#mode").html("全部");`
159	`        $("#musiclist>li").removeClass("disable");`
160	`        playMode = 1;`
161	`    }`
162	`});`
163	`});`

【任务 6-2】探析基于 HTML5 的网页视频播放器之一

【效果展示】

网页视频播放器 0602.html 的浏览效果如图 6-2 所示。

图 6-2　网页视频播放器 0602.html 的浏览效果

【网页探析】

1．网页视频播放器 0602.html 的 HTML 代码探析

网页视频播放器 0602.html 的 HTML 代码如表 6-4 所示。

表 6-4　网页视频播放器 0602.html 的 HTML 代码

序号	HTML 代码
01	<!DOCTYPE html>
02	<html>
03	<head>
04	<meta http-equiv="Content-Type" content="text/html; charset=utf-8" />
05	<title>基于 HTML5 的网页视频播放器</title>
06	<link href="css/common.css" rel="stylesheet" type="text/css" />
07	<link href="css/main.css" rel="stylesheet" type="text/css" />
08	</head>
09	<body>
10	<div class="weiduduan clearfix">
11	<video id="example_video_1" class="video-js" controls preload="none"
12	width="640" height="264" poster="images/oceans-clip.png" data-setup="{}">
13	<source src="video/oceans-clip.mp4" type="video/mp4"></source>
14	<source src="video/oceans-clip.webm" type="video/webm"></source>
15	<source src="video/oceans-clip.ogv" type="video/ogg"></source>
16	<track kind="captions" src="video/captions.vtt" srclang="en" label="English"></track>
17	</video>
18	</div>
19	</body>
20	</html>

2．网页视频播放器 0602.html 的 CSS 代码探析

网页视频播放器 0602.html 的 CSS 代码如表 6-5 所示。

表 6-5　网页视频播放器 0602.html 的 CSS 代码

序号	CSS 代码	序号	CSS 代码
01	body {	14	.clearfix:after {
02	font: 12px/18px arial,sans-serif;	15	display: table;
03	color: #585858;	16	line-height: 0;
04	}	17	content: "";
05		18	clear: both;
06	.weiduduan {	19	}
07	width: 640px;	20	.video-js {
08	margin: 15px auto 0 auto;	21	background-color: #000;
09	}	22	position: relative;
10		23	padding: 0;
11	.clearfix {	24	font-size: 10px;
12	*zoom: 1;	25	vertical-align: middle;
13	}	26	}

1．HTML5 的多媒体元素标签

（1）<audio>标签

<audio>标签用于定义音频内容，如音乐或其他音频流。<audio>与</audio>之间插入的内容是供不支持<audio>元素的浏览器显示出不支持该标签的提示信息。示例代码如下：

```
<audio controls>
    <source src="horse.ogg" type="audio/ogg">
    <source src="horse.mp3" type="audio/mpeg">
    您的浏览器不支持 audio 标签
</audio>
```

当前，<audio>元素主要支持 3 种音频格式，分别为 Ogg Vorbis、MP3 和 wav。<audio>元素允许多个<source>元素，<source>元素可以链接不同的音频文件，浏览器将使用第一个可识别的格式进行播放。

（2）<video>标签

<video>标签用于定义视频，如电影片段或其他视频流。示例代码如下：

```
<video src="movie.ogg" controls="controls">您的浏览器不支持 video 标签</video>
```

<video>与</video>之间插入的内容是供不支持<video>元素的浏览器显示出不支持该标签的提示信息。

当前，<video>元素支持以下 3 种视频格式：

Ogg：带有 Theora 视频编码和 Vorbis 音频编码的 Ogg 文件。

MPEG4：带有 H.264 视频编码和 AAC 音频编码的 MPEG 4 文件。

WebM：带有 VP8 视频编码和 Vorbis 音频编码的 WebM 文件。

<video>元素允许多个<source>元素，<source>元素可以链接不同的视频文件。浏览器将使用第一个可识别的格式进行播放。

（3）<source>标签

<source>标签用于为多媒体元素（如<video>和<audio>）定义媒介资源。<source>标签允许指定可替换的视频/音频文件，供浏览器根据它对媒体类型或者编解码器的支持进行选择。

（4）<embed>标签

<embed>标签用于定义嵌入的内容（包括各种媒体），格式可以是 midi、wav、AIFF、AU、MP3、flash 等。例如，<embed src="flash.swf" />。示例代码如下：

```
<embed src="01.swf" />
```

（5）<track>标签

<track>标签为诸如<video>和<audio>元素之类的媒介规定外部文本轨道。

2．CSS 媒介类型

媒介类型（Media Types）允许定义以何种媒介来提交文档。文档可以被显示在显示器、纸媒介或者听觉浏览器等。某些 CSS 属性仅仅被设计为针对某些媒介，如"voice-family"属性被设计为针对听觉用户终端。其他的属性可被用于不同的媒介，如"font-size"属性可被用于显示器及印刷媒介，但是也许会带有不同的值。显示器上面的显示的文档通常会需要比纸媒介文档更大的字号，同时，在显示器上，sans-serif 字体更易阅读，而在纸媒介上，serif 字体更易

阅读。

3．@media 规则

@media 规则用于实现在相同的样式表中，使用不同的样式规则来针对不同的媒介。

下面这个示例代码中的样式告知浏览器在显示器上显示 14px 的 Verdana 字体。但是假如页面需要被打印，将使用 10px 的 Times 字体。注意：font-weight 被设置为粗体，不论显示器还是纸媒介：

```
<html>
  <head>
  <style>
    @media screen
    {
      p.test {font-family:verdana,sans-serif; font-size:14px}
    }
    @media print
    {
      p.test {font-family:times,serif; font-size:10px}
    }
    @media screen,print
    {
      p.test {font-weight:bold}
    }
  </style>
  </head>
  <body>....</body>
</html>
```

注意，媒介类型名称对大小写不敏感。

引导训练

【任务 6-3】设计基于 HTML5 的网页音乐播放器之二

【任务描述】

网页音乐播放器 0603.html 的界面效果如图 6-3 所示。

图 6-3　网页音乐播放器 0603.html 的界面效果

在图 6-3 所示的网页音乐播放器中单击【播放】按钮，即可开始播放音乐，如图 6-4 所示。通过调整音量条还可以调节音量大小。

图 6-4　网页音乐播放器 0603.html 的播放效果

【任务实施】

在本地硬盘的文件夹 "06 音乐视频网页播放设计\0603" 中创建网页 0603.html。

（1）编写网页音乐播放器 0603.html 的 HTML 代码

网页音乐播放器 0603.html 的 HTML 代码如表 6-6 所示。

表 6-6　网页音乐播放器 0603.html 的 HTML 代码

序号	HTML 代码
01	<!DOCTYPE html>
02	<html>
03	<head>
04	<meta http-equiv="Content-Type" content="text/html; charset=UTF-8" />
05	<meta charset="utf-8" />
06	<meta name="apple-touch-fullscreen" content="YES" />
07	<meta name="viewport" content="width=device-width, initial-scale=1.0,
08	minimum-scale=1.0, maximum-scale=1.0, user-scalable=no" />
09	<meta name="apple-mobile-web-app-capable" content="yes" />
10	<meta name="format-detection" content="telephone=no" />
11	<title>基于 HTML5 的网页音乐播放器</title>
12	</head>
13	<body >
14	<audio src="music/song.mp3" controls>
15	您的浏览器不支持 audio 标签！
16	</audio>
17	</body>
18	</html>

保存网页 0603.html，在浏览器 Google Chrome 中的浏览效果如图 6-3 所示。

（2）设置网页音乐播放器的自动播放功能

设置<audio>标签的 autoplay 属性，使之具有自动播放功能，对应的代码如下：

```
<audio src="music/song.mp3" controls autoplay="autoplay">
    您的浏览器不支持 audio 标签！
</audio>
```

保存网页，打开浏览器 Google Chrome，即可开始自动播放音乐，效果如图 6-4 所示。

【任务 6-4】设计基于 HTML5 的网页视频播放器之二

【任务描述】

网页视频播放器 0604.html 的基本界面效果如图 6-5 所示。

在图 6-5 所示的网页视频播放器中单击【播放】按钮，即可开始播放音乐，通过调整音量条还可以调节音量大小。

【任务实施】

在本地硬盘的文件夹 "06 音乐视频网页播放设计\0604" 中创建网页 0604.html。

（1）编写网页视频播放器 0604.html 的初始 HTML 代码

网页视频播放器 0604.html 的初始 HTML 代码如表 6-7 所示。

图 6-5　网页视频播放器 0604.html 的界面效果

表 6-7　网页视频播放器 0604.html 的初始 HTML 代码

序号	HTML 代码
01	<!doctype html>
02	<html>
03	<head>
04	<meta charset="UTF-8">
05	<title>基于 HTML5 的网页视频播放器</title>
06	</head>
07	<body>
08	<video src="video/muirbeach.mp4" />
09	<div>（单击右键控制播放操作）</div>
10	</body>
11	</html>

保存网页 0604.html，在浏览器 Google Chrome 中的浏览该网页，然后单击鼠标右键，在弹出快捷菜单中单击【播放】按钮，如图 6-6 所示。在该快捷菜单中单击【显示控件】命令还可以显示图 6-3 所示的视频播放控件按钮。

（2）设置网页视频播放器的视频尺寸和播放控件功能

设置网页视频播放器的视频尺寸和播放控件功能的 HTML 代码如表 6-8 所示，这里提供了多种格式的视频文件，以便浏览器从中播放自身支持的视频文件。

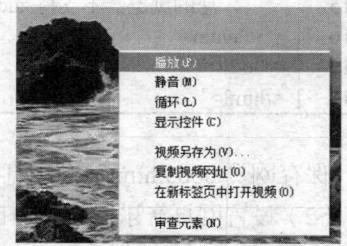

图 6-6　利用快捷菜单命令播放视频

表 6-8　设置网页视频播放器的视频尺寸和播放控件功能的 HTML 代码

序号	HTML 代码
01	<section id="player">
02	<video id="thevideo" width="320" height="240" controls >
03	<source src="video/muirbeach.mp4"　type="video/mp4" >
04	<source src="video/muirbeach.webm"　type="video/webm" >
05	<source src="video/muirbeach.ogg"　type="video/ogg">
06	<p>您的浏览器不支持 video 标签。</p>/
07	</video>
08	</section>

（3）设置网页视频播放器的自动播放和循环播放等多项功能

在本地硬盘的文件夹"06 音乐视频网页播放设计\0604"中创建网页 06042.html。

设置网页视频播放器的自动播放和循环播放等多项功能的 HTML 代码如表 6-9 所示。

表 6-9　设置网页视频播放器的自动播放和循环播放等多项功能的 HTML 代码

序号	HTML 代码
01	<!-- 具备自动播放、显示用户控件、播放完毕后循环播放功能的 video 标签 -->
02	<section id="player">
03	<video id="thevideo" width="320" height="240" controls autoplay loop>
04	<source src="video/muirbeach.mp4"　type="video/mp4">
05	<source src="video/muirbeach.webm"　type="video/webm" >
06	<source src="video/muirbeach.ogg"　　type="video/ogg">
07	<p>您的浏览器不支持 video 标签。</p>/
08	</video>
09	</section>

（4）设置网页视频播放器的视频尺寸动态调整功能

在本地硬盘的文件夹"06 音乐视频网页播放设计\0604"中创建网页 06043.html。

设置网页视频播放器的视频尺寸动态调整功能的 HTML 代码及相关的 JavaScript 代码如表 6-10 所示。

表 6-10　设置网页视频播放器的视频尺寸动态调整功能的 HTML 代码及相关的 JavaScript 代码

序号	HTML 代码及相关的 JavaScript 代码
01	<!DOCTYPE html>
02	<html>
03	<head>
04	<meta charset="UTF-8" />
05	<title>HTML5 视频播放器</title>
06	<script type="text/javascript">
07	window.addEventListener('load', eventWindowLoaded, false);
08	function eventWindowLoaded() {
09	var sizeElement = document.getElementById("videoSize");
10	sizeElement.addEventListener('change', videoSizeChanged, false);
11	var videoElement = document.getElementById("theVideo");
12	var widthtoHeightRatio = videoElement.width/videoElement.height;
13	
14	function videoSizeChanged(e) {
15	var target =　e.target;
16	var videoElement = document.getElementById("theVideo");
17	videoElement.width = target.value;
18	videoElement.height = target.value/widthtoHeightRatio;
19	}
20	}
21	</script>

序号	HTML 代码及相关的 JavaScript 代码
22	`</head>`
23	`<body>`
24	`<div>`
25	`<form>Video Size :`
26	`<input type="range" id="videoSize" min="80" max="1280" step="1" value="320" />`
27	`</form>`
28	` `
29	`</div>`
30	`<div>`
31	`<video id="theVideo" width="320" height="240" autoplay loop controls>`
32	`<source src="video/muirbeach.mp4"  type='video/mp4;   codecs="avc1.42E01E, mp4a.40.2"' >`
33	`<source src="video/muirbeach.webm" type='video/webm;   codecs="vp8, vorbis"' >`
34	`<source src="video/muirbeach.ogg"  type='video/ogg;   codecs="theora, vorbis"'>`
35	`</video>`
36	`</div>`
37	`</body>`
38	`</html>`

保存网页 060403.html，在浏览器 Google Chrome 中的浏览效果如图 6-7 所示，拖动上方进度条中的滑动块可以动态调整视频的尺寸。

（5）编写 JavaScript 代码实现视频播放器的自动播放功能

在本地硬盘的文件夹"06 音乐视频网页播放设计\0604"中创建网页 060404.html。

实现视频播放器的自动播放功能的 HTML 代码及相关的 JavaScript 代码如表 6-11 所示。

图 6-7　可以动态调整视频尺寸的视频播放器

表 6-11　实现视频播放器的自动播放功能的 HTML 代码及相关的 JavaScript 代码

序号	HTML 代码及相关的 JavaScript 代码
01	`<!DOCTYPE html>`
02	`<html>`
03	`<head>`
04	`<meta charset="UTF-8" />`
05	`<title>HTML5 视频播放器</title>`
06	`<script type="text/javascript">`
07	`window.addEventListener('load', eventWindowLoaded, false);`
08	`function eventWindowLoaded() {`
09	`var videoElement = document.getElementById("thevideo");`
10	`videoElement.play();`
11	`}`
12	`</script>`

序号	HTML 代码及相关的 JavaScript 代码
13	</head>
14	<body>
15	<div>
16	<video id="thevideo" width="320" height="240" loop controls >
17	<source src="video/muirbeach.mp4"　type="video/mp4;
18	codecs="avc1.42E01E, mp4a.40.2""></source>
19	<source src="video/muirbeach.webm" type="video/webm;
20	codecs="vp8, vorbis""></source>
21	<source src="video/muirbeach.ogg"　type="video/ogg;
22	codecs="theora, vorbis""></source>
23	</video>
24	</div>
25	</body>
26	</html>

保存网页 060404.html，在浏览器 Google Chrome 中浏览该网页，可以看到视频可以自动进行播放。

同步训练

【任务 6-5】设计基于 HTML5 的网页音乐播放器之三

【任务描述】

网页音乐播放器 0605.html 的界面效果如图 6-8 所示。

图 6-8　网页音乐播放器 0605.html 的界面效果

该网页浏览时，音乐播放器能自动进行播放。

【任务实施】

在本地硬盘的文件夹"06 音乐视频网页播放设计\0605"中创建网页 0605.html。

（1）通过设置网页音乐播放器的自动播放功能实现所需效果

设置<audio>标签的 autoplay 属性，使之具有自动播放功能，对应的代码如下：

<audio id="theaudio" src="media/北京北京.mp3" controls autoplay loop></audio>

保存网页 0605.html，打开浏览器 Google Chrome，即可开始自动播放音乐，效果如图 6-8 所示。

（2）编写 JavaScript 代码实现网页音乐播放器自动播放效果

网页音乐播放器 0605.html 中实现所需功能的 JavaScript 代码如表 6-12 所示。

表 6-12　实现网页音乐播放器自动播放效果的 HTML 代码及相关的 JavaScript 代码

序号	HTML 代码及相关的 JavaScript 代码
01	<!DOCTYPE html>
02	<html>
03	<head>
04	<meta http-equiv="Content-Type" content="text/html; charset=UTF-8" />
05	<meta charset="utf-8" />
06	<meta name="format-detection" content="telephone=no" />
07	<title>基于 HTML5 的网页音乐播放器</title>
08	<script type="text/javascript">
09	window.addEventListener('load', eventWindowLoaded, false);
10	function eventWindowLoaded() {
11	var audioElement = document.getElementById("theaudio");
12	audioElement.play();
13	}
14	</script>
15	</head>
16	<body>
17	<audio id="theaudio" src="media/北京北京.mp3" controls></audio>
18	</body>
19	</html>

保存该网页，打开浏览器 Google Chrome，即可开始自动播放音乐。

【任务 6–6】设计基于 HTML5 的网页音乐播放器之四

【任务描述】

网页音乐播放器 0606.html 的界面效果如图 6-9 所示。

图 6-9　网页音乐播放器 0606.html 的界面效果

在图 6-9 所示的网页音乐播放器中单击【Play】按钮，即可开始播放音乐，同时【Play】按钮的名称也变为 "Pause"，如图 6-10 所示。

图 6-10　网页音乐播放器 0606.html 的播放效果

【任务实施】

在本地硬盘的文件夹 "06 音乐视频网页播放设计\0606" 中创建网页 0606.html。

1．编写网页音乐播放器 0606.html 的 HTML 代码

网页音乐播放器 0606.html 的 HTML 代码如表 6-13 所示。

表 6-13 网页音乐播放器 0606.html 的 HTML 代码

序号	HTML 代码
01	<!DOCTYPE html>
02	<html>
03	<head>
04	<title>HTML5 音乐播放器</title>
05	<script src="js/player.js" type="text/javascript"></script>
06	</head>
07	<body>
08	<p> <input type="text" id="audiofile" size="50" value="music/北京北京.mp3" /> </p>
09	<audio id="myaudio">
10	HTML5 audio not supported
11	</audio>
12	<button id="play" onclick="playAudio();"> Play </button>
13	<button onclick="rewindAudio();"> ReWind </button>
14	<button onclick="forwardAudio();"> FastForward </button>
15	<button onclick="restartAudio();"> ReStart </button>
16	</body>
17	</html>

2．编写 JavaScript 代码实现网页音乐播放器 0604.html 所需的功能

网页音乐播放器 0606.html 中实现所需功能的 JavaScript 代码如表 6-14 所示。

表 6-14 网页音乐播放器 0606.html 中实现所需功能的 JavaScript 代码

序号	JavaScript 代码
01	var currentFile = "";
02	function playAudio() {
03	// Check for audio element support.
04	if (window.HTMLAudioElement) {
05	try {
06	var oAudio = document.getElementById('myaudio');
07	var btn = document.getElementById('play');
08	var audioURL = document.getElementById('audiofile');
09	//Skip loading if current file hasn't changed.
10	if (audioURL.value !== currentFile) {
11	oAudio.src = audioURL.value;
12	currentFile = audioURL.value;
13	}
14	// Tests the paused attribute and set state.
15	if (oAudio.paused) {
16	oAudio.play();
17	btn.textContent = "Pause";
18	} else {
19	oAudio.pause();
20	btn.textContent = "Play";
21	}
22	} catch(e) {

序号	JavaScript 代码
23	// Fail silently but show in F12 developer tools console
24	if (window.console && console.error("Error:" + e));
25	}
26	}
27	}
28	
29	// Rewinds the audio file by 30 seconds.
30	function rewindAudio() {
31	// Check for audio element support.
32	if (window.HTMLAudioElement) {
33	try {
34	var oAudio = document.getElementById('myaudio');
35	oAudio.currentTime -= 30.0;
36	} catch(e) {
37	// Fail silently but show in F12 developer tools console
38	if (window.console && console.error("Error:" + e));
39	}
40	}
41	}
42	
43	// Fast forwards the audio file by 30 seconds.
44	function forwardAudio() {
45	// Check for audio element support.
46	if (window.HTMLAudioElement) {
47	try {
48	var oAudio = document.getElementById('myaudio');
49	oAudio.currentTime += 30.0;
50	} catch(e) {
51	// Fail silently but show in F12 developer tools console
52	if (window.console && console.error("Error:" + e));
53	}
54	}
55	}
56	
57	// Restart the audio file to the beginning.
58	function restartAudio() {
59	// Check for audio element support.
60	if (window.HTMLAudioElement) {
61	try {
62	var oAudio = document.getElementById('myaudio');
63	oAudio.currentTime = 0;
64	} catch(e) {
65	// Fail silently but show in F12 developer tools console
66	if (window.console && console.error("Error:" + e));
67	}
68	}
69	}

【任务 6-7】设计基于 HTML5 的网页视频播放器之三

【任务描述】

网页视频播放器 0607.html 的界面效果如图 6-11 所示。

在图 6-11 所示的网页视频播放器中单击【Play】按钮，即可开始播放视频，同时【Play】按钮的名称也变为"stop"，如图 6-12 所示。

图 6-11　网页视频播放器 0607.html 的界面效果　　　　图 6-12　网页视频播放器 0607.html 的播放效果

【任务实施】

在本地硬盘的文件夹"06 音乐视频网页播放设计\0607"中创建网页 0607.html。

1. 编写网页视频播放器 0607.html 的 HTML 代码

网页视频播放器 0607.html 的 HTML 代码如表 6-15 所示。

表 6-15　网页视频播放器 0607.html 的 HTML 代码

序号	HTML 代码
01	<!DOCTYPE html>
02	<html>
03	<head><meta http-equiv="Content-Type" content="text/html; charset=UTF-8">
04	<meta charset="utf-8">
05	<meta name="apple-touch-fullscreen" content="YES">
06	<meta name="viewport" content="width=device-width, initial-scale=1.0, minimum-scale=1.0,
07	maximum-scale=1.0, user-scalable=no">
08	<meta name="apple-mobile-web-app-capable" content="yes">
09	<meta name="format-detection" content="telephone=no">
10	<title>HTML5 视频播放</title>
11	<script src="js/player.js" type="text/javascript"></script>
12	</head>
13	<body>
14	<video id="video1" >
15	<source src="video/muirbeach.mp4" type="video/mp4" />
16	<source src="video/muirbeach.ogv" type="video/ogg" />
17	<a href="video/muirbeach.mp4">Download the video</a> file.
18	</video>
19	<div id="buttonbar">
20	<button id="restart" onclick="restart();">restart</button>

序号	HTML 代码
21	`<button id="rew" onclick="skip(-10)">&lt;&lt;</button>`
22	`<button id="play" onclick="vidplay()">play</button>`
23	`<button id="fastFwd" onclick="skip(10)">&gt;&gt;</button>`
24	`</div>`
25	`</body>`
26	`</html>`

2．编写 JavaScript 代码实现网页视频播放器 0607.html 所需的功能

网页视频播放器 0607.html 中实现所需功能的 JavaScript 代码如表 6-16 所示。

表 6-16　网页视频播放器 0607.html 中实现所需功能的 JavaScript 代码

序号	JavaScript 代码
01	`function vidplay() {`
02	`  var video = document.getElementById("video1");`
03	`  var button = document.getElementById("play");`
04	`  if (video.paused) {`
05	`    video.play();`
06	`    button.textContent = "stop";`
07	`  } else {`
08	`    video.pause();`
09	`    button.textContent = "play";`
10	`  }`
11	`}`
12	
13	`function restart() {`
14	`  var video = document.getElementById("video1");`
15	`  video.currentTime = 0;`
16	`}`
17	
18	`function skip(value) {`
19	`  var video = document.getElementById("video1");`
20	`  video.currentTime += value;`
21	`}`

拓展训练

【任务 6-8】设计基于 HTML5 的网页音乐播放器之五

【任务描述】

网页音乐播放器 0608.html 的初始界面效果如图 6-13 所示。

图 6-13　网页音乐播放器 0608.html 的初始界面效果

在图 6-13 所示的网页音乐播放器中单击【展示】按钮，即可展示歌曲列表，单击歌曲名称即可开始播放音乐，如图 6-14 所示。

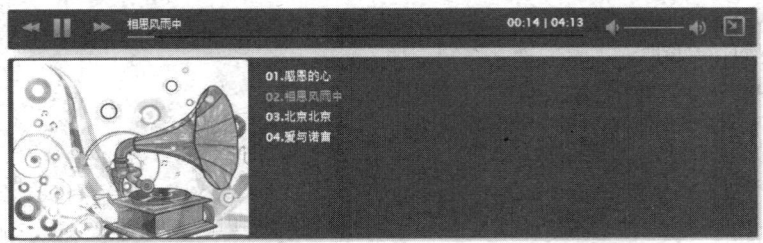

图 6-14　网页音乐播放器 0608.html 的播放效果

【任务实施】

（1）网页音乐播放器 0608.html 的 HTML 代码编写提示

网页音乐播放器 0608.html 的 HTML 代码如表 6-17 所示。

表 6-17　网页音乐播放器 0608.html 的 HTML 代码

序号	HTML 代码
01	<!DOCTYPE html>
02	<html lang="en">
03	<head>
04	<title>基于 HTML5 的网页音乐播放器</title>
05	<link type="text/css" href="css/main.css" rel="Stylesheet" />
06	<script src="js/jquery-1.4.1.min.js" type="text/javascript"></script>
07	<script src="js/audio.js" type="text/javascript"></script>
08	</head>
09	<body>
10	<audio id="myMusic">　　　</audio>
11	<input id="PauseTime" type="hidden" />
12	<div class="musicBox">
13	<div class="leftControl"></div>
14	<div id="mainControl" class="mainControl"></div>
15	<div class="rightControl"></div>
16	<div class="processControl">
17	<div class="songName">MY's Music!</div>
18	<div class="songTime">00:00 | 00:00</div>
19	<div class="process"></div>
20	<div class="processYet"></div>
21	</div>
22	<div class="voiceEmp"></div>
23	<div class="voidProcess"></div>
24	<div class="voidProcessYet"></div>

序号	HTML 代码
25	`<div class="voiceFull"></div>`
26	`<div class="showMusicList"></div>`
27	`</div>`
28	`<div class="musicList">`
29	`<div class="author"></div>`
30	`<div class="list">`
31	`<div class="single">`
32	`<span class="songName" kv="感恩的心">01.感恩的心</span>`
33	`</div>`
34	`<div class="single">`
35	`<span class="songName" kv="相思风雨中">02.相思风雨中</span>`
36	`</div>`
37	`<div class="single">`
38	`<span class="songName" kv="北京北京">03.北京北京</span>`
39	`</div>`
40	`<div class="single">`
41	`<span class="songName" kv="爱与诺言">04.爱与诺言</span>`
42	`</div>`
43	`</div>`
44	`</div>`
45	`</body>`
46	`</html>`

（2）网页音乐播放器 0608.html 主体结构的 CSS 代码定义提示

网页音乐播放器 0608.html 主体结构的 CSS 代码如表 6-18 所示。

表 6-18　网页音乐播放器 0608.html 主体结构的 CSS 代码

序号	CSS 代码
1	`.musicBox {`
2	`font: 9px 'Lucida Sans Unicode', 'Trebuchet MS', Arial, Helvetica;`
3	`background-color: #212121;`
4	`background-image: -webkit-gradient(linear, left top, left bottom, from(#1B1B1B), to(#212121));`
5	`background-image: -webkit-linear-gradient(top, #1B1B1B, #212121);`
6	`background-image: -moz-linear-gradient(top, #1B1B1B, #212121);`
7	`background-image: -ms-linear-gradient(top, #1B1B1B, #212121);`
8	`background-image: -o-linear-gradient(top, #1B1B1B, #212121);`
9	`background-image: linear-gradient(top, #1B1B1B, #212121);`
10	`/*设置边框的弧度值，为 3px*/`
11	`-moz-border-radius: 3px;`
12	`-webkit-border-radius: 3px;`
13	`border-radius: 3px;`
14	`/*阴影*/`
15	`text-shadow: 0 1px 0 rgba(255,255,255,0.5);`
16	`-webkit-box-shadow: 10px 10px 25px #ccc;`

序号	CSS 代码
17	-moz-box-shadow: 10px 10px 25px #ccc;
18	box-shadow: 10px 10px 25px #ccc;
19	/*透明度*/
20	opacity: 0.9;
21	/*基本性质*/
22	padding: 2px 5px;
23	position: absolute;
24	z-index: 9;
25	border-width: 1px;
26	border-style: solid;
27	border-color: #488BF0 #488BF0 #488BF0 #488BF0;
28	width: 810px;
29	height: 40px;
30	}
31	
32	.leftControl {
33	width: 0px;
34	padding: 10px 10px 10px 10px;
35	float: left;
36	height: 20px;
37	background: url(../images/sk-dark.png) left 2px no-repeat;
38	margin-right: 8px;
39	margin-left: 10px;
40	}
41	
42	.leftControl:hover {
43	background: url(../images/sk-dark.png) left -30px no-repeat;
44	}
45	
46	.mainControl {
47	width: 25px;
48	padding: 10px 15px 5px 10px;
49	float: left;
50	height: 20px;
51	background: url(../images/sk-dark.png) -80px -130px no-repeat;
52	}
53	
54	.mainControl:hover {
55	background: url(../images/sk-dark.png) -80px -166px no-repeat;
56	}
57	
58	.rightControl {
59	width: 0px;
60	padding: 10px 10px 10px 10px;
61	float: left;
62	height: 20px;
63	background: url(../images/sk-dark.png) left -62px no-repeat;
64	margin-right: 8px;
65	}

序号	CSS 代码
66	
67	.rightControl:hover {
68	background: url(../images/sk-dark.png) left -93px no-repeat;
69	}
70	
71	.processControl {
72	width: 500px;
73	padding: 5px 10px 10px 10px;
74	float: left;
75	height: 20px;
76	margin-right: 12px;
77	color: #ffffff;
78	}
79	
80	.processControl .songName {
81	float: left;
82	}
83	
84	.processControl .songTime {
85	float: right;
86	}
87	
88	.processControl .process {
89	width: 500px;
90	float: left;
91	height: 2px;
92	cursor: pointer;
93	background-color: #000000;
94	margin-top: 7px;
95	}
96	
97	.processControl .processYet {
98	width: 0px;
99	position: absolute;
100	height: 2px;
101	left: 131px;
102	top: 30px;
103	cursor: pointer;
104	background-color: #7A8093;
105	}
106	
107	.voiceEmp {
108	width: 0px;
109	padding: 10px 10px 10px 10px;
110	float: left;
111	height: 17px;
112	background: url(../images/sk-dark.png) -28px -180px no-repeat;
113	margin-right: 2px;
114	}

序号	CSS 代码
115	
116	.voiceEmp:hover {
117	background: url(../images/sk-dark.png) -28px -212px no-repeat;
118	}
119	
120	.voidProcess {
121	width: 66px;
122	height: 2px;
123	cursor: pointer;
124	background-color: #000;
125	float: left;
126	margin-top: 19px;
127	margin-right: 6px;
128	}
129	
130	.voidProcessYet {
131	width: 66px;
132	position: absolute;
133	height: 2px;
134	left: 675px;
135	top: 21px;
136	cursor: pointer;
137	background-color: #7A8093;
138	}
139	
140	.voiceFull {
141	width: 0px;
142	padding: 10px 10px 10px 10px;
143	float: left;
144	height: 17px;
145	background: url(../images/sk-dark.png) -28px -116px no-repeat;
146	}
147	
148	.voiceFull:hover {
149	background: url(../images/sk-dark.png) -28px -148px no-repeat;
150	}
151	
152	.showMusicList {
153	width: 10px;
154	padding: 10px 10px 5px 10px;
155	float: left;
156	height: 10px;
157	background: url(../images/sk-dark.png) -20px 0 no-repeat;
158	margin: 5px 0 0 12px;
159	cursor: pointer;
160	}
161	
162	.showMusicList:hover {
163	background: url(../images/sk-dark.png) -20px -29px no-repeat;
164	}

网页音乐播放器 0608.html 歌曲列表部分的 CSS 代码详见本书提供的电子资源。实现网页音乐播放器 0608.html 各项功能的 JavaScript 代码详见本书提供的电子资源。

【任务 6-9】设计基于 HTML5 的网页视频播放器之四

【任务描述】

网页视频播放器 0609.html 的界面效果如图 6-15 所示。

图 6-15　网页视频播放器 0609.html 的界面效果

【操作提示】

网页视频播放器 0609.html 的 HTML 代码如表 6-19 所示。

表 6-19　网页视频播放器 0609.html 的 HTML 代码

序号	HTML 代码
01	<!DOCTYPE html>
02	<html>
03	<head>
04	<title>基于 HTML5 的网页视频播放器</title>
05	</head>
06	<body>
07	<section id="player">
08	<video id="media" width="720" height="400" controls>
09	<source src="video/trailer.mp4"></source>
10	<source src="video/trailer.ogg"></source>
11	</video>
12	</section>
13	</body>
14	</html>

保存网页 0609.html，在浏览器 Google Chrome 中浏览该网页，其效果如图 6-15 所示。

【任务 6-10】设计基于 HTML5 的网页视频播放器之五

【任务描述】

网页视频播放器 0610.html 的界面效果如图 6-16 所示。

图 6-16 网页视频播放器 0610.html 的界面效果

【操作提示】

网页视频播放器 0610.html 的 HTML 代码如表 6-20 所示。

表 6-20 网页视频播放器 0610.html 的 HTML 代码

序号	HTML 代码
01	<!DOCTYPE html>
02	<html>
03	<head>
04	<meta http-equiv="Content-Type" content="text/html; charset=UTF-8" />
05	<title>HTML5 视频播放</title>
06	<style type="text/css">
07	#theVideo
08	{
09	display:block;
10	position:absolute;
11	left:20px;
12	top:80px;
13	border: 2px solid red;
14	border-radius: 20px;
15	}
16	</style>
17	</head>
18	<body>

序号	HTML 代码
19	`<div id="video">`
20	`  <video class="video" poster="images/poster.jpg" width="618" height="347"`
21	`      id="theVideo" controls preload="">`
22	`  <source src="video/video.mp4" media="only screen and (min-device-width: 960px)"></source>`
23	`  <source src="video/video.iphone.mp4" media="only screen and (max-device-width: 960px)">`
24	`  </source>`
25	`  <source src="video/video.ogv"></source>`
26	`  </video>`
27	`  </div>`
28	`</body>`
29	`</html>`

保存网页 0610.html，在浏览器 Google Chrome 中浏览该网页，其效果如图 6-16 所示。

 单元小结

本单元通过对音乐播放器和视频播放器设计的探析与三步训练，重点熟悉了 HTML5 中的多媒体元素标签（主要包括<audio>标签和<video>标签）、HTML5 的 Audio/Video 属性、Audio/Video 方法、Audio/Video 事件、CSS 媒介类型等，学会了应用<audio>标签、<video>标签以及相关属性、方法和事件设计音乐视频网页的方法。

PART 7

单元 7
网页图形绘制与游戏设计

HTML5 增加了对图像及动画的支持，在 HTML5 中实现绘图操作，主要依赖于<canvas>元素及<canvas>元素相关的 API，基于 Canvas、SVG、WebGL 及 CSS3 的 3D 功能，用户会惊叹于在浏览器中所呈现的惊人视觉效果。同时 HTML5 的<canvas>元素提供了一个非常强大的、移动友好的方式去开发有趣互动的游戏。本单元通过网页图形绘制与游戏设计的探析与训练，重点学习 HTML5 中的<canvas>标签、画布与画笔、坐标与路径、各种网页图形的绘制、图片的绘制、阴影效果和颜色渐变效果的设置等，学会应用<canvas>标签及相关属性和方法进行网页图形绘制与游戏设计。

教学导航

教学目标	（1）了解阴影效果和颜色渐变效果的设置方法 （2）掌握 HTML5 中的<canvas>标签 （3）熟悉 HTML5 中的画布与画笔、坐标与路径 （4）熟悉各种网页图形的绘制和图片的绘制 （5）学会应用<canvas>标签及相关属性和方法进行网页图形绘制与游戏设计
关 键 字	网页图形绘制　游戏设计　<canvas>标签　画布与画笔　图片的绘制
参考资料	（1）HTML5 的常用标签及其属性、方法与事件参考附录 B （2）CSS 的属性参考附录 C （3）CSS 的各种选择器的含义和用法参考附录 D
教学方法	任务驱动法、分组讨论法、理论实践一体化、探究学习法
课时建议	8 课时

实例探析

图 7-1　网页 0701.html 中
绘制菊花图形的浏览效果

【任务 7-1】探析网页中菊花图形的绘制

【效果展示】

网页 0701.html 中绘制菊花图形的浏览效果如图 7-1 所示。

【网页探析】

1. 网页 0701.html 中菊花图形绘制的 HTML 代码探析

网页 0701.html 中菊花图形绘制的 HTML 代码如表 7-1 所示。

表 7-1　网页 0701.html 中菊花图形绘制的 HTML 代码

序号	HTML 代码
01	<!doctype html>
02	<html>
03	<head>
04	<meta http-equiv="Content-type" content="text/html; charset = utf-8" />
05	<title>HTML5 绘制图形</title>
06	<script src="js/draw.js" type="text/javascript"></script>
07	</head>
08	<body onload="drawMum('tCanvas');">
09	<canvas width="300" height="300" id="tCanvas" style="border:black 1px solid;">
10	<!--如果浏览器不支持则显示如下字体--> 提示：你的浏览器不支持<!--<canvas>-->标签
11	</canvas>
12	</body>
13	</html>

2. 网页 0701.html 中菊花图形绘制的 JavaScript 代码探析

网页 0701.html 中菊花图形绘制的 JavaScript 代码如表 7-2 所示。

表 7-2　网页 0701.html 中菊花图形绘制的 JavaScript 代码

序号	JavaScript 代码
01	function drawMum(id) {
02	var canvas = document.getElementById(id);
03	if (canvas == null) return false;
04	var context = canvas.getContext("2d");
05	var n = 0;
06	var dx = 150;
07	var dy = 150;
08	var s = 100;
09	context.beginPath();
10	context.fillStyle = 'rgb(100,255,100)';
11	context.strokeStyle = 'rgb(0,0,100)';
12	var x = Math.sin(0);
13	var y = Math.cos(0);
14	var dig = Math.PI / 15 * 11;
15	for (var i = 0; i < 30; i++) {
16	var x = Math.sin(i * dig);
17	var y = Math.cos(i * dig);
18	context.lineTo(dx + x * s, dy + y * s);
19	}
20	context.closePath();
21	context.fill();
22	context.stroke();
23	}

【任务 7-2】探析网页中精美挂钟的绘制

【效果展示】

网页 0702.html 中精美挂钟的浏览效果如图 7-2 所示。

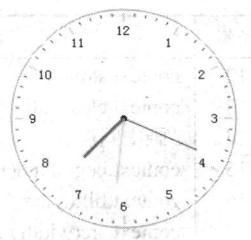

图 7-2　网页 0702.htm
中精美挂钟的浏览效果

【网页探析】

1．网页 0702.html 中精美挂钟绘制的 HTML 代码探析

网页 0702.html 中精美挂钟绘制的 HTML 代码如表 7-3 所示。

表 7-3　网页 0702.html 中精美挂钟绘制的 HTML 代码

序号	HTML 代码
01	`<!DOCTYPE html>`
02	`<html>`
03	`<head>`
04	`<meta charset="UTF-8" />`
05	`<title>canvas 挂钟</title>`
06	`<style type="text/css">`
07	`canvas{position:absolute;top:10px;left:10px;}`
08	`</style>`
09	`</head>`
10	`<body>`
11	`<canvas id="canvas" width="200" height="200"></canvas>`
12	`<canvas id="p_canvas" width="200" height="200"></canvas>`
13	`<script src="js/draw.js" type="text/javascript"></script>`
14	`</body>`
15	`</html>`

2．网页 0702.html 中精美挂钟绘制的 JavaScript 代码探析

网页 0702.html 中精美挂钟绘制的 JavaScript 代码如表 7-4 所示。

表 7-4　网页 0702.html 中精美挂钟绘制的 JavaScript 代码

序号	JavaScript 代码
1	`//获取绘图对象`
2	`var canvas = document.getElementById('canvas');`
3	`var context = canvas.getContext('2d');`
4	`var p_canvas = document.getElementById('p_canvas');`
5	`var p_context = p_canvas.getContext('2d');`
6	`var height = 200,`
7	`width = 200;`
8	`//画大圆`
9	`context.beginPath();`
10	`context.strokeStyle = "#009999";`
11	`context.arc(width / 2, height / 2, width / 2 - 1, 0, Math.PI * 2, true);`

序号	JavaScript 代码
12	context.stroke();
13	context.closePath();
14	//画中间点
15	context.beginPath();
16	context.fillStyle = "#000";
17	context.arc(width / 2, height / 2, 3, 0, Math.PI * 2, true);
18	context.fill();
19	context.closePath();
20	
21	//画小刻度
22	var angle = 0,
23	radius = width / 2 - 4;
24	for (var i = 0; i < 60; i++) {
25	context.beginPath();
26	context.strokeStyle = "#000";
27	//确认刻度的起始点
28	var x = width / 2 + radius * Math.cos(angle),
29	y = height / 2 + radius * Math.sin(angle);
30	context.moveTo(x, y);
31	//这里是用来将刻度的另一点指向中心点，并给予正确的角度
32	//PI 是 180 度，正确的角度就是 angle+180 度，正好相反方向
33	var temp_angle = Math.PI + angle;
34	context.lineTo(x + 3 * Math.cos(temp_angle), y + 3 * Math.sin(temp_angle));
35	context.stroke();
36	context.closePath();
37	angle += 6 / 180 * Math.PI;
38	}
39	//大刻度
40	angle = 0,
41	radius = width / 2 - 4;
42	context.textBaseline = 'middle';
43	context.textAlign = 'center';
44	context.lineWidth = 2;
45	for (var i = 0; i < 12; i++) {
46	var num = i + 3 > 12 ? i + 3 - 12 : i + 3;
47	context.beginPath();
48	context.strokeStyle = "#FFD700";
49	var x = width / 2 + radius * Math.cos(angle),
50	y = height / 2 + radius * Math.sin(angle);
51	context.moveTo(x, y);
52	var temp_angle = Math.PI + angle;
53	context.lineTo(x + 8 * Math.cos(temp_angle), y + 8 * Math.sin(temp_angle));
54	context.stroke();
55	context.closePath();
56	//大刻度文字
57	context.fillText(num, x + 16 * Math.cos(temp_angle), y + 16 * Math.sin(temp_angle));
58	angle += 30 / 180 * Math.PI;
59	}
60	

序号	JavaScript 代码
61	function Pointer() {
62	var p_type = [['#000', 70, 1], ['#ccc', 60, 2], ['red', 50, 3]];
63	function drwePointer(type, angle) {
64	type = p_type[type];
65	angle = angle * Math.PI * 2 - 90 / 180 * Math.PI;
66	var length = type[1];
67	p_context.beginPath();
68	p_context.lineWidth = type[2];
69	p_context.strokeStyle = type[0];
70	p_context.moveTo(width / 2, height / 2);
71	p_context.lineTo(width / 2 + length * Math.cos(angle), height / 2 + length * Math.sin(angle));
72	p_context.stroke();
73	p_context.closePath();
74	}
75	setInterval(function() {
76	p_context.clearRect(0, 0, height, width);
77	var time = new Date();
78	var h = time.getHours();
79	var m = time.getMinutes();
80	var s = time.getSeconds();
81	h = h > 12 ? h - 12 : h;
82	h = h + m / 60;
83	h = h / 12;
84	m = m / 60;
85	s = s / 60;
86	drwePointer(0, s);
87	drwePointer(1, m);
88	drwePointer(2, h);
89	}, 500);
90	}
91	var p = new Pointer();

知识梳理

1．HTML5 的<canvas>标签

<canvas>标签用于在网页上绘制图形。<canvas>标签只是定义图形容器（画布），必须使用
JavaScript 在网页上绘制图像。画布是一个矩形区域，可以控制其每一像素。<canvas>拥有多种
绘制路径、矩形、圆形、字符以及添加图像的方法。

通过<canvas>元素来显示一个红色的矩形的代码如下：

```
<canvas id="cvs" width="400" height="300"></canvas>
<script type="text/javascript">
    var myCanvas =document.getElementById("cvs");
    var context=myCanvas.getContext("2d");
    context.fillStyle="#FF0000";
```

```
        context.fillRect(0,0,80,100);
```
`</script>`

2．HTML5 的画布与画笔

（1）画布

Canvas 意为画布，而 HTML5 中的 Canvas 也真的跟现实生活中的画布非常相似，所以，把它看成一块实实在在的画布可以方便理解。

用 Canvas 作画，首先，需要有一块"画布"，即创建一个<canvas>即可。

创建<canvas>元素的方法很简单，只需要在 HTML5 页面中添加<canvas>元素，示例代码如下：

`<canvas id="cvs" width="400" height="300">您的浏览器不支持 canvas</canvas>`

为了能在 JavaScript 代码中引用元素，最好给元素设置 id，也需要给<canvas>设定高度和宽度。其中标签里面的文字是给不支持<canvas>的浏览器看的，支持的永远看不到。

注意：这个画布的特性有必要说一下，它和<img>一样，有两个原生的属性，即 width 和 height，单位为像素。同时，因为它也是一个<html>元素，所以它也可以使用 CSS 来定义 width 和 height，但是，千万要注意：它自身的宽、高和通过 CSS 定义的宽、高是不一样的。

Canvas 自身的宽、高就是画布本身的属性，而 CSS 给它的宽、高则可以看作是缩放，如果缩放的太过随意，那么画布上的图形可能变得自己都认不出来。除非特殊情况，一定不要用 CSS 来定义 Canvas 的宽高。

由于<canvas>元素本身是没有绘图能力的，其本身只是为 JavaScript 提供了一个绘制图像的区域，要在画布中绘制图形需要使用 JavaScript 代码。JavaScript 使用 id 来寻找<canvas>元素，首先通过 getElementById 函数找到<canvas>元素，然后初始化上下文。之后可以使用上下文 API 绘制各种图形。

画布有了，现在我们把它拿出来，获取网页中画布对象的代码如下：

`var myCanvas= document.getElementById("cvs'");`

跟获取其他元素的办法一模一样。

canvas 有一个和现实的画布不一样的特点就是，它默认是透明的，没有背景色。

（2）画笔

创建好了画布后，让我们来准备画笔，创建 context 对象，使用 getContext()方法从画布中得到二维绘制对象的代码如下：

`var context = myCanvas.getContext("2d");`

getContext("2d")对象是 HTML5 的内建对象，拥有多种绘制路径、矩形、圆形、字符及添加图像的方法，在 JavaScript 中通过操作它即可以在 Canvas 画布中绘制所需的图形。

其中 getContext 方法就是用来拿笔的，但这里还有一个参数——2d，这个可以看作画笔的种类。既然有 2d，那么就会有 3d 了？以后估计会有，但现在没有。所以我们先用这支 2d 的笔吧。那么我们可以多放几只笔来备用吗？答案是不能。因为 HTML5 的<canvas>标签也只支持同时用一支笔。

大多数 Canvas 绘图 API 都没有定义在<canvas>元素本身上，而是定义在通过画布的 getContext()方法获得的一个"绘图环境"对象上。<canvas>元素本身并没有绘制能力（它仅仅是图形的容器），必须使用脚本来完成实际的绘图任务。getContext()方法可以返回一个对象，该对象提供了用于在画布上绘图的方法和属性。

下面的两行代码绘制一个红色的矩形：

context.fillStyle="#FF0000";

context.fillRect(0,0,80,100);

fillStyle 方法将其染成红色，fillRect 方法规定了形状、位置和尺寸。

3．HTML5 的坐标与路径

（1）坐标

2d 世界就是平面，在一个平面上确定一个点，需要两个值：x 坐标和 y 坐标。<canvas>的原点是左上角，跟<flash>一样。上面的 fillRect 方法拥有参数 (0,0,80,100)，意思是在画布上绘制 80×100 的矩形，从左上角开始(0,0)。

如图 7-3 所示，画布的 x 和 y 坐标用于在画布上对绘画进行定位。

（2）路径

在 Canvas 中，所有基本图形都是以路径为基础的，通常使用 Context 对象的 moveTo()、lineTo()、rect()、arc()

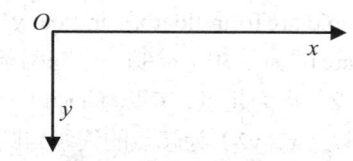

图 7-3　HTML5 图形绘制的坐标与原点

等方法先在画布中描出图形的路径点，然后使用 fill()或者 stroke()方法依照路径点来填充图形或者绘制线条。也就是说，我们在调用 Context 的 lineTo、strokeRect 等方法时，其实就是往已经构建的 Context 路径集合中再添加一些路径点，在最后使用 fill 或 stroke 方法进行绘制时，都是依据这些路径点来进行填充或画线。

在每次开始绘制路径前，都应该使用 context.beginPath()方法来告诉 Context 对象开始绘制一个新的路径，其作用是清除之前的路径并提醒 Context 开始绘制一条新的路径，否则当调用 stroke()方法的时候会绘制之前所有的路径，影响绘制效果，同时也因为重复多次操作而影响网页性能。在绘制完成后，调用 Context 对象的 closePath()方法显式地关闭当前路径，不过不会清除路径。另外，如果在填充时路径没有关闭，那么 Context 会自动调用 closePath 方法将路径关闭。

① 开始与关闭：beginPath、closePath

beginPath()：开始绘制一个新路径。

closePath()：通过绘制一条当前点到路径起点的线段来闭合形状。

这两个方法分别用来通知 Context 开始一个新的路径和关闭当前的路径。在 Canvas 中使用路径时，应该要保持一个良好的习惯，每次开始绘制路径前都要调用一次 beginPath 方法，否则画出来的效果难看不说，还会严重影响性能。在 Context 中路径数较少时，如果不考虑显示效果，性能上还可以接受，但是如果 Context 中的路径数很多时，在开始绘制新路径前不使用beginPath 的话，因为每次绘制都要将之前的路径重新绘制一遍，这时性能会以指数下降。因此，除非有特殊需要，每次开始绘制路径前都要调用 beginPath 来开始新路径。

② 移动与直线：moveTo、lineTo、rect

void moveTo(in float x, in float y);

moveTo 方法用于显式地指定路径的起点。默认状态下，第一条路径的起点是画布的(0，0)点，之后的起点是上一条路径的终点。两个参数分为表示起点的 x、y 坐标值。

在 Canvas 中绘制路径，一般是不需要指定起点的，就需要使用 moveTo 方法来指定要移动到的位置。

void lineTo(in float x, in float y);

lineTo 方法用于描绘一条从起点从指定位置的直线路径，描绘完成后绘制的起点会移动到直线的终点。参数表示指定位置的 x、y 坐标值。

void rect(in float x, in float y, in float w, in float h);

rect 方法用于描绘一个已知左上角顶点位置以及宽和高的矩形路径，描绘完成后 Context 的绘制起点会移动到该矩形的左上角顶点。参数表示矩形左上角顶点的 x、y 坐标以及矩形的宽和高。

rect 方法与后面要介绍的 arc 方法与其他路径方法有一点不同，它们是使用参数指定起点的，而不是使用 Context 内部维护的起点。

③ 曲线：arcTo、arc、quadraticCurveTo、bezierCurveTo

void arcTo(in float x1, in float y1, in float x2, in float y2, in float radius);

arcTo 方法用于绘制一个与两条线段相切的圆弧，两条线段分别以当前 Context 绘制起点和（$x2, y2$）点为起点，都以（$x1, y1$）点为终点，圆弧的半径为 radius。绘制完成后绘制起点会移动到以（$x2, y2$）为起点的线段与圆弧的切点。

void arc(in float x, in float y, in float radius, in float startAngle, in float endAngle, in boolean anticlockwise);

arc 方法用于绘制一个以(x, y)点为圆心，radius 为半径，startAngle 为起始弧度，endAngle 为终止弧度的圆弧。参数中的两个弧度以 0 表示 0°，位置在 3 点钟方向；Math.PI 值表示 180°，位置在 9 点钟方向。

arc 方法各个参数及其含义如表 7-5 所示。arc 方法用来绘制一段圆弧路径，通过圆心位置、起始弧度、终止弧度来指定圆弧的位置和大小，这个方法也不依赖于 Context 维护的绘制起点。

表 7-5 arc 方法各个参数及其含义

参数名称	参数描述
x	圆中心的 x 坐标值
y	圆中心的 y 坐标值
radius	圆的半径
startAngle	超始角，以弧度计
endAngle	结束角，以弧度计
anticlockwise	可选项，false 表示顺时针方向，true 表示逆时针方向

arc()方法的开始角、结束角以及角度大小表示如图 7-4 所示。

void quadraticCurveTo(in float cpx, in float cpy, in float x, in float y);

quadraticCurveTo 方法用来绘制二次样条曲线路径，参数中 cpx 与 cpy 指定控制点的位置，x 和 y 指定终点的位置，起点则是由 Context 维护的绘制起点。

void bezierCurveTo(in float cp1x, in float cp1y, in float cp2x, in float cp2y, in float x, in float y);

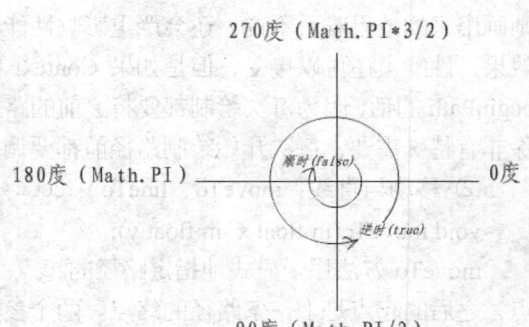

图 7-4 arc()方法的开始角、结束角以及角度大小表示示意图

bezierCurveTo 方法用来绘制贝塞尔曲线路径，它与 quadraticCurveTo 相似，不过贝塞尔曲线有两个控制点，因此参数中的 cp1x、cp1y、cp2x、cp2y 用来指定两个控制点的位置，而 x 和 y 指定终点的位置。

④ fill、stroke、clip

路径绘制完成后，需要调用 Context 对象的 fill() 和 stroke() 方法来填充路径和绘制路径线条，或者调用 clip() 方法来剪辑 Canvas 区域。

fill 方法用于使用当前的填充风格来填充路径的区域，stroke 方法用于按照已有的路径绘制线条。clip 方法用于按照已有的路线在画布 Canvas 中设置剪辑区域。调用 clip() 方法之后，图形绘制代码只对剪辑区域有效而不再影响区域外的画布。这个方法在要进行局部更新时很有用。默认情况下，剪辑区域是一个左上角在(0, 0)，宽和高分别等于 Canvas 元素的宽和高的矩形，即得到的剪辑区域为整个 Canvas 区域。

⑤ clearRect、fillRect、strokeRect

这 3 个方法并不是路径方法，而是用来直接处理 Canvas 上的内容，相当于 Canvas 的背景，调用这 3 个方法也不会影响 Context 绘图的起点。

要清除 Canvas 上的所有内容时，可以直接调用 context.clearRect(0, 0, width, height) 来清除，而不需要使用路径方法绘制一个与 Canvas 同等大小的矩形路径再使用 fill 方法去清除。

4．图形绘制的风格设置属性

Context 对象还提供了相应的属性来调整线条及填充风格，如表 7-6 所示。

表 7-6　图形绘制的风格设置属性及含义

属性名称	使用说明
strokeStyle	用于设置线条的颜色，默认为 "#000000"，其值可以设置为 CSS 颜色值、渐变对象或者模式对象
fillStyle	用于设置填充的颜色，默认为 "#000000"，与 strokeStyle 一样，值也可以设置为 CSS 颜色值、渐变对象或者模式对象
lineWidt	用于设置线条的宽度，单位是像素（px），默认为 1.0
lineCap	用于设置线条的端点样式，有 butt（无）、round（圆头）、square（方头）3 种类型可供选择，默认为 butt
lineJoin	用于设置线条的转折处样式，有 round（圆角）、bevel（平角）、miter（尖角）3 种；类型可供选择，默认为 miter
miterLimit	用于设置线条尖角折角的锐利程序，默认为 10

5．绘制矩形

Context 对象拥有 3 个方法可以直接在画布上绘制图形而不需要路径，可以将其视为直接在画布背景中绘制，这 3 个方法的原型如下。

（1）void fillRect(left, top,width, height)。

用于使用当前的 fillStyle（默认为 "#000000"，黑色）样式填充一个左上角顶点在（left, top）点、宽为 width、高为 height 的矩形。

（2）void strokeRect(left, top,width, height)。

用于使用当前的线条风格绘制一个左上角顶点在(left, top)点、宽为 width、高为 height 的矩形边框。

（3）void clearRect(left, top,width, height)。

用于清除左上角顶点在(left,top)点、宽为 width、高为 height 的矩形区域内的所有内容。

通过 fillStyle 和 strokeStyle 属性可以轻松的设置矩形的填充和线条，通过 fillRect 可以绘制带填充的矩形，使用 strokeRect 可以绘制只有边框没有填充的矩形。如果想清除部分 Canvas 可以使用 clearRect。上述 3 个方法的参数相同：x, y, width, height。前两个参数设定 (x, y) 坐标，后两个参数设置矩形的高度和宽度。可以使用 lineWidth 属性改变线条粗细。

绘制矩形的示例代码如下：

```
context.fillStyle = '#00f';        // blue
context.strokeStyle = '#f00';   // red
context.lineWidth = 4;
context.fillRect(0, 0, 150, 50);
context.strokeRect(0, 60, 150, 50);
context.clearRect(30, 25, 90, 60);
context.strokeRect(30, 25, 90, 60);
```

6．绘制任意形状

在简单的矩形不能满足需求的情况下，绘图环境提供了通过 Canvas 路径（path）绘制复杂的形状或路径的方法。可以先绘制轮廓，然后绘制边框和填充。使用 beginPath()方法开始绘制路径，然后使用 moveTo()、lineTo()、arc()方法创建线段。绘制完毕使用 stroke()或 fill()即可添加填充或者设置边框。使用 fill()会自动闭合所有未闭合路径。使用 closePath()结束绘制并闭合形状（可选）。

绘制三角形的示例代码如下：

```
context.fillStyle     = '#00f';
context.strokeStyle = '#f00';
context.lineWidth     = 4;
context.beginPath();
context.moveTo(10, 10);
context.lineTo(100, 10);
context.lineTo(10, 100);
context.lineTo(10, 10);
context.fill();
context.stroke();
context.closePath();
```

7．绘制文字

在绘图环境中提供了两种方法在 Canvas 中绘制文字。

（1）strokeText(text,x,y,[maxWidth])

在(x, y)处绘制只有 strokeStyle 边框的空心文本。

（2）fillText(text,x,y,[maxWidth])

在(x, y)处绘制带 fillStyle 填充的实心文本。

两者的参数相同：要绘制的文字和文字的位置(x, y)坐标。还有一个可选选项——最大宽度。如果需要的话，浏览器会缩减文字以让它适应指定宽度。文字对齐属性影响文字与设置的(x, y)坐标的相对位置。

可以通过改变 Context 对象的 font 属性来调整文字的字体及大小，默认为"10px sans-serif"。

Context 对象可以设置以下 text 属性：

① font：文字字体

② textAlign：文字水平对齐方式，可取属性值为 start、end、left、right 和 center。默认值为 start。

③ textBaseline：文字竖直对齐方式。可取属性值为 top、hanging、middle、alphabetic、ideographic、bottom。默认值为 alphabetic。

在 Canvas 中绘制 "hello world" 文字的示例代码如下：

```
context.fillStyle= '#00f';
context.font = 'italic 30px sans-serif';
context.textBaseline = 'top';
context.fillText('Hello world!', 0, 0);
context.font= 'bold 30px sans-serif';
context.strokeText('Hello world!', 0, 50);
```

8．设置阴影效果

Shadows API 的属性为

① shadowColor：用于设置阴影颜色，其值和 CSS 颜色值一致。

② shadowBlur：用于设置阴影模糊程度，此值越大，阴影越模糊。其效果和 Photoshop 的高斯模糊滤镜相同。

③ shadowOffsetX 和 shadowOffsetY：用于设置阴影的 x 和 y 偏移量，单位是像素。

设置 Canvas 阴影效果的示例代码如下所示：

```
context.shadowOffsetX = 5;
context.shadowOffsetY = 5;
context.shadowBlur = 4;
context.shadowColor= 'rgba(255, 0, 0, 0.5)';
context.fillStyle = '#00f';
context.fillRect(20, 20, 150, 100);
```

9．设置颜色渐变

除了 CSS 颜色，fillStyle 和 strokeStyle 属性可以设置为 CanvasGradient 对象，通过 CanvasGradient 可以为线条和填充使用颜色渐变。若创建 CanvasGradient 对象，可以使用 createLinearGradient 和 createRadialGradient 两个方法。前者创建线性颜色渐变，后者创建圆形颜色渐变。创建颜色渐变对象后，可以使用对象的 addColorStop 方法添加颜色中间值。

使用指定的颜色来绘制渐变背景的示例代码如下：

```
<script type="text/javascript">
    var c=document.getElementById("myCanvas");
    var context=c.getContext("2d");
    var grd=context.createLinearGradient(0,0,175,50);
    grd.addColorStop(0,"#FF0000");
    grd.addColorStop(1,"#00FF00");
    context.fillStyle=grd;
```

```
context.fillRect(0,0,175,50);
</script>
```

10．绘制图片

Context 对象中拥有 drawImage() 方法可以将外部图片绘制到 Canvas 中。drawImage() 方法的 3 种原型如下：

① drawImage(image, dx, dy);

② drawImage(image, dx, dy,dw, dh);

③ drawImage(image, sx, sy,sw, sh, dx, dy, dw, dh);

其中，image 参数可以是 HTMLImageElement、HTMLCanvasElement 或者 HTMLVideo Element。第三个方法原型中的 sx、sy 在前两个中均为 0，sw、sh 均为 image 本身的宽和高；第二和第三个原型中的 dw、dh 在第一个中也均为 image 本身的宽和高。

11．SVG

HTML5 支持内联 SVG，SVG 指可伸缩矢量图形（Scalable Vector Graphics），SVG 是万维网联盟的标准，SVG 用于定义用于网络的基于矢量的图形，SVG 使用 XML 格式定义图形，SVG 图像在放大或改变尺寸的情况下其图形质量不会有损失。

（1）使用 SVG 图像的优势

与其他图像格式相比（如 JPEG 和 GIF），使用 SVG 的优势在于：

① SVG 图像可通过文本编辑器来创建和修改。

② SVG 图像可被搜索、索引、脚本化或压缩。

③ SVG 图像是可伸缩的。

④ SVG 图像可在任何的分辨率下被高质量地打印。

⑤ SVG 可在图像质量不下降的情况下被放大。

在 HTML5 中，可以将 SVG 元素直接嵌入 HTML 页面中，示例代码如下：

```
<!DOCTYPE html>
<html>
 <body>
   <svg xmlns="http://www.w3.org/2000/svg" version="1.1" height="190">
       <polygon points="100,10 40,180 190,60 10,60 160,180"
       style="fill:lime;stroke:purple;stroke-width:5;fill-rule:evenodd;" />
   </svg>
 </body>
</html>
```

（2）<canvas>标签和 SVG 以及 VML 之间的差异

Canvas 和 SVG 都允许在浏览器中创建图形，但是它们在根本上是不同的。SVG 是一种使用 XML 描述 2D 图形的语言，SVG 基于 XML，这意味着 SVG DOM 中的每个元素都是可用的，可以为某个元素附加 JavaScript 事件处理器。在 SVG 中，每个被绘制的图形均被视为对象。如果 SVG 对象的属性发生变化，那么浏览器能够自动重现图形。

Canvas 通过 JavaScript 来绘制 2D 图形，Canvas 是逐像素进行渲染的。在 Canvas 中，一旦图形被绘制完成，它就不会继续得到浏览器的关注。如果其位置发生变化，那么整个场景也需要重新绘制，包括任何或许已被图形覆盖的对象。

VML（Vector Markup Language）是一个最初由 Microsoft 开发的 XML 词表，现在也只有 IE5.0 以上版本对 VML 提供支持。使用 VML 可以在 IE 中绘制矢量图形，所以有人认为 VML 就是在 IE 中实现了画笔的功能。

<canvas>标签和 SVG 及 VML 之间的一个重要的不同是，<canvas>有一个基于 JavaScript 的绘图 API，而 SVG 和 VML 使用一个 XML 文档来描述绘图。这两种方式在功能上是等同的，任何一种都可以用另一种来模拟。从表面上看，它们很不相同，可是，每一种都有强项和弱点。例如，SVG 绘图很容易编辑，只要从其描述中移除元素就行。要从同一个图形的一个<canvas>标记中移除元素，往往需要擦掉绘图重新绘制它。

引导训练

【任务 7-3】在网页中绘制各种图形和文字

【任务描述】

（1）在网页中绘制图 7-5 至图 7-7 所示的各种图形。

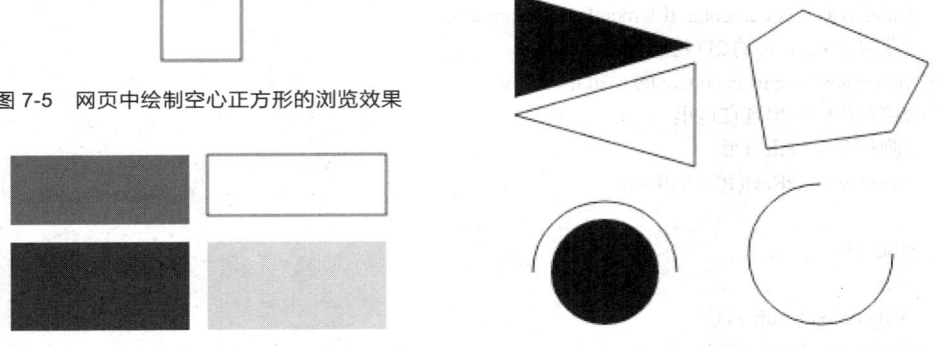

图 7-5　网页中绘制空心正方形的浏览效果

图 7-6　网页中绘制多个长方形的浏览效果　　图 7-7　网页中绘制多个不同形状图形的浏览效果

（2）在网页中绘制图 7-8 所示的各种文字。

图 7-8　网页中绘制各种文字的浏览效果

（3）在网页中绘制图 7-9 所示的各种图片。

图 7-9　网页中绘制各种图片的浏览效果

【任务实施】

（1）绘制一个空心正方形

在本地硬盘的文件夹"07 网页图形绘制与游戏设计\0703"中创建网页 070301.html。

在网页 070301.html 中编写 HTML 代码及相关的 JavaScript 绘制一个空心正方形，代码如表 7-7 所示。

表 7-7　网页 070301.html 中绘制一个空心正方形的代码

序号	代码
01	`<!DOCTYPE html>`
02	`<html>`
03	`<head>`
04	`<meta http-equiv="Content-type" content="text/html; charset = utf-8" />`
05	`<title>HTML5 绘制图形</title>`
06	`<script type="text/javascript" charset="utf-8">`
07	//这个函数将在页面完全加载后调用
08	function draw()
09	{
10	//获取 Canvas 对象的引用,注意 tCanvas 名字必须和下面 body 里面的 id 相同
11	var canvas = document.getElementById('tCanvas');
12	//获取该 Canvas 的 2D 绘图环境
13	var context = canvas.getContext('2d');
14	//绘制代码将出现在这里
15	//画一个空心正方形
16	context.strokeRect(10,10,40,40);
17	}
18	`</script>`
19	`</head>`
20	`<body onload="draw();">`
21	`<canvas width="200" height="80" id="tCanvas" style="border:black 1px solid;">`
22	`<!--如果浏览器不支持则显示如下字体-->` 提示：你的浏览器不支持`<!--<canvas>-->`标签
23	`</canvas>`
24	`</body>`
25	`</html>`

保存网页 070301.html，在浏览器 Google Chrome 中的浏览效果如图 7-5 所示。

（2）绘制多个长方形

在本地硬盘的文件夹"07 网页图形绘制与游戏设计\0703"中创建网页 070302.html。

在网页 070302.html 中编写 HTML 代码及相关的 JavaScript 绘制多个长方形，代码如表 7-8 所示。

表 7-8　网页 070302.html 中绘制多个长方形的代码

序号	代码
01	<!DOCTYPE html>
02	<html>
03	<head>
04	<meta http-equiv="Content-type" content="text/html; charset = utf-8">
05	<title>HTML5 绘制图形</title>
06	<script type="text/javascript" charset = "utf-8">
07	//这个函数将在页面完全加载后调用
08	function pageLoaded()
09	{
10	//获取 Canvas 对象的引用,注意 tCanvas 名字必须和下面 body 里面的 id 相同
11	var canvas = document.getElementById('tCanvas');
12	//获取该 Canvas 的 2D 绘图环境
13	var context = canvas.getContext('2d');
14	//设置填充颜色为红色
15	context.fillStyle = "red";
16	//画一个红色的实心矩形
17	context.fillRect(10,10,100,40);
18	//设置边线颜色为绿色
19	context.fillStyle = "green";
20	//画一个绿色空心矩形
21	context.strokeRect(120,10,100,35);
22	//使用 rgb()设置填充颜色为蓝色
23	context.fillStyle = "rgb(0,0,255)";
24	//画一个蓝色的实心矩形
25	context.fillRect(10,60,100,50);
26	//设置填充色为黑色且 alpha 值（透明度）为 0.2
27	context.fillStyle = "rgba(0,0,0,0.2)";
28	//画一个透明的黑色实心矩形
29	context.fillRect(120,60,100,50);
30	}
31	</script>
32	</head>
33	<body onload="pageLoaded();">
34	<canvas width = "230" height = "120" id = "tCanvas" style = "border:black 1px solid;">
35	<!--如果浏览器不支持则显示如下字体-->
36	提示：你的浏览器不支持<!--<canvas>-->标签
37	</canvas>
38	</body>
39	</html>

保存网页 070302.html，在浏览器 Google Chrome 中的浏览效果如图 7-6 所示。

（3）绘制多个不同形状的图形

在本地硬盘的文件夹 "07 网页图形绘制与游戏设计\0703" 中创建网页 070303.html。

在网页 070303.html 中编写 HTML 代码及相关的 JavaScript 绘制多个不同形状的图形，代码如表 7-9 所示。

表 7-9　网页 070303.html 中绘制多个不同形状图形的代码

序号	代码
01	html>
02	\<html>
03	\<head>
04	\<meta http-equiv="Content-type" content="text/html; charset = utf-8" />
05	\<title>HTML5 绘制图形\</title>
06	\<script type="text/javascript" charset="utf-8">
07	//这个函数将在页面完全加载后调用
08	function pageLoaded()
09	{
10	//获取 Canvas 对象的引用,注意 tCanvas 名字必须和下面 body 里面的 id 相同
11	var canvas = document.getElementById('tCanvas');
12	//获取该 Canvas 的 2D 绘图环境
13	var context = canvas.getContext('2d');
14	//绘制三角形
15	context.beginPath();
16	context.moveTo(10,10);//从(10,10 开始)
17	context.lineTo(10,70);//表示从(10,10)开始，画到(10,70)结束
18	context.lineTo(110,40);//表示从(10,70)开始，画到(110,40)结束
19	context.fill();//闭合形状并且以填充方式绘制出来
20	//三角形的外边框
21	context.beginPath();
22	context.moveTo(110,50);//从点(110,50)开始
23	context.lineTo(110,110);
24	context.lineTo(10,80);
25	context.closePath(); //关闭路径
26	context.stroke(); //以空心填充
27	//绘制一个复杂的多边形
28	context.beginPath();
29	context.moveTo(140,40);//从点(140,40)开始
30	context.lineTo(150,100);
31	context.lineTo(220,90);
32	context.lineTo(240,50);
33	context.lineTo(170,20);
34	context.closePath();
35	context.stroke();
36	//绘制半圆弧
37	context.beginPath();
38	//在(60,170)处逆时针画一个半径为 40，角度从 0～180° 的弧线
39	context.arc(60,170,40,0*Math.PI,1*Math.PI,true); //PI 的弧度是 180°

序号	代码
40	context.stroke();
41	//画一个实心圆
42	context.beginPath();
43	//在(60,170)处逆时针画一个半径为 30，角度为 0 ~ 360° 的弧
44	context.arc(60,170,30,0*Math.PI,2*Math.PI,true);//2*Math.PI 是 360°
45	context.fill();
46	//画一个 3/4 弧
47	context.beginPath();
48	//在(180,160)处顺时针画一个半径为 40，角度为 0 ~ 270° 的弧
49	context.arc(180,160,40,0*Math.PI,3/2*Math.PI,false);
50	context.stroke();
51	}
52	</script>
53	</head>
54	<body onload="pageLoaded();">
55	<canvas width="250" height="210" id="tCanvas" style="border:black 1px solid;">
56	<!--如果浏览器不支持则显示如下字体--> 提示：你的浏览器不支持
57	<!--<canvas>-->标签
58	</canvas>
59	</body>
60	</html>

保存网页 070303.html，在浏览器 Google Chrome 中的浏览效果如图 7-7 所示。

（4）绘制多个不同大小和字体的文字

在本地硬盘的文件夹"07 网页图形绘制与游戏设计\0703"中创建网页 070304.html。

在网页 070304.html 中编写 HTML 代码及相关的 JavaScript 绘制多个不同大小和字体的文字，代码如表 7-10 所示。

表 7-10　网页 070304.html 中绘制多个不同大小和字体文字的代码

序号	代码
01	<!DOCTYPE html>
02	<html>
03	<head>
04	<meta http-equiv="Content-type" content="text/html; charset = utf-8" />
05	<title>HTML5 绘制文字</title>
06	<script type="text/javascript" charset="utf-8">
07	//这个函数将在页面完全加载后调用
08	function pageLoaded()
09	{
10	//获取 Canvas 对象的引用,注意 tCanvas 名字必须和下面 body 里面的 id 相同
11	var canvas = document.getElementById('tCanvas');
12	//获取该 Canvas 的 2D 绘图环境
13	var context = canvas.getContext('2d');
14	//绘制文本

序号	代码
15	context.fillText('Welcome to My Blog',20,30);
16	//修改字体
17	context.font = '20px Arial';
18	context.fillText('Welcome to My Blog',20,60);
19	//绘制空心的文本
20	context.font = '36px 隶书';
21	context.strokeText('欢迎来到我的博客',20,100);
22	}
23	</script>
24	</head>
25	<body onload="pageLoaded();">
26	<canvas width="320" height="120" id="tCanvas" style="border:black 1px solid;">
27	<!--如果浏览器不支持则显示如下字体--> 提示：你的浏览器不支持
28	<!--<canvas>-->标签
29	</canvas>
30	</body>
31	</html>

保存网页 070304.html，在浏览器 Google Chrome 中的浏览效果如图 7-8 所示。

（5）绘制图片

在本地硬盘的文件夹"07 网页图形绘制与游戏设计\0703"中创建网页 070305.html。

在网页 070305.html 中编写 HTML 代码及相关的 JavaScript 绘制图片，代码如表 7-11 所示。

表 7-11 网页 070305.html 中绘制图片的代码

序号	代码
01	<!DOCTYPE html>
02	<html>
03	<head>
04	<meta http-equiv="Content-type" content="text/html; charset = utf-8" />
05	<title>HTML5 绘制图片</title>
06	<script type="text/javascript" charset="utf-8">
07	function pageLoaded()
08	{
09	//获取 Canvas 对象的引用,注意 tCanvas 名字必须和下面 body 里面的 id 相同
10	var canvas = document.getElementById('tCanvas');
11	//获取该 Canvas 的 2D 绘图环境
12	var context = canvas.getContext('2d');
13	//获取图片对象的引用
14	var image = document.getElementById('img1');
15	//在(10,30)处绘制图片
16	context.drawImage(image,10,30);
17	//缩小图片至原来的一半大小
18	context.drawImage(image,180,30,165/2,86/2);
19	//绘制图片的局部（从左上角开始切割 0.7 的图片）
20	context.drawImage(image,0,0,0.7*165,0.7*86,300,50,0.7*165,0.7*86);

序号	代码
21	}
22	</script>
23	</head>
24	<body onload="pageLoaded();">
25	<canvas width="450" height="150" id="tCanvas" style="border:black 1px solid;">
26	<!--如果浏览器不支持则显示如下字体--> 提示：你的浏览器不支持
27	<!--<canvas>-->标签
28	</canvas>
29	<img src="images/01.gif" id="img1" />
30	</body>
31	</html>

保存网页 070305.html，在浏览器 Google Chrome 中的浏览效果如图 7-9 所示。

【任务 7-4】设计网页俄罗斯方块游戏

【任务描述】

网页俄罗斯方块游戏的一次试玩效果如图 7-10 所示。

【网页探析】

1. 编写网页 0704.html 的 HTML 代码

在本地硬盘的文件夹 "07 网页图形绘制与游戏设计\0704" 中创建网页 0704.html。

网页 0704.html 的 HTML 代码如表 7-12 所示。

图 7-10 网页俄罗斯方块
游戏的一次试玩效果

表 7-12 网页 0704.html 的 HTML 代码

序号	HTML 代码
01	<!DOCTYPE html>
02	<html>
03	<head>
04	<title></title>
05	<meta http-equiv="Content-Type" content="text/html; charset=UTF-8" />
06	<script type="text/javascript" language="javascript" src="js/jsgame.js"></script>
07	</head>
08	<body>
09	<audio src="qixiu.mp3" id="snd">
10	您的浏览器不支持 audio 标签。

序号	HTML 代码
11	</audio>
12	<canvas id="gamecanvas" width="260" height="400" style=" background-color: black ">
13	你的浏览器不支持 Canvas 标签，请使用 Chrome 浏览器 或者 FireFox 浏览器
14	</canvas>
15	<input type="button" value="开始" onclick="start()" />
16	<input type="button" id="btnPause" value="暂停" onclick="pause()" />
17	<script type="text/javascript" src="js/game.js"></script>
18	</body>
19	</html>

2. 在网页 0704.html 中编写实现俄罗斯方块游戏功能的 JavaScript 代码

网页 0704.html 中实现俄罗斯方块游戏功能的 JavaScript 代码如表 7-13 所示。

表 7-13　网页 0704.html 中实现俄罗斯方块游戏功能的 JavaScript 代码

序号	JavaScript 代码
01	<script type="text/javascript">
02	window.onload=function(){
03	document.body.onkeydown=function(event){
04	onKeyPress(event);
05	};
06	}
07	//每一格的间距，也即一个小方块的尺寸
08	Spacing=20;
09	
10	//各种形状的编号，0 代表没有形状
11	NoShape=0;
12	ZShape=1;
13	SShape=2;
14	LineShape=3;
15	TShape=4;
16	SquareShape=5;
17	LShape=6;
18	MirroredLShape=7
19	
20	//各种形状的颜色
21	Colors=["black","fuchsia","#cff","red","orange","aqua","green","yellow"];
22	
23	//各种形状的数据描述
24	Shapes=[
25	[[0, 0],　　[0, 0],　　[0, 0],　　[0, 0]],
26	[[0, -1],　[0, 0],　　[-1, 0],　[-1, 1]],
27	[[0, -1],　[0, 0],　　[1, 0],　　[1, 1]],
28	[[0, -1],　[0, 0],　　[0, 1],　　[0, 2]],
29	[[-1, 0],　[0, 0],　　[1, 0],　　[0, 1]],

序号	JavaScript 代码
30	[[0, 0], [1, 0], [0, 1], [1, 1]],
31	[[-1, -1], [0, -1], [0, 0], [0, 1]],
32	[[1, -1], [0, -1], [0, 0], [0, 1]]
33	];
34	
35	//将形状自身的坐标系转换为 Map 的坐标系，row col 为当前形状原点在 Map 中的位置
36	function translate(data,row,col){
37	var copy=[];
38	for(var i=0;i<4;i++){
39	var temp={};
40	temp.row=data[i][1]+row;
41	temp.col=data[i][0]+col;
42	copy.push(temp);
43	}
44	return copy;
45	}
46	
47	//向右旋转一个形状：x'=y, y'=-x
48	function rotate(data){
49	var copy=[[],[],[],[]];
50	for(var i=0;i<4;i++){
51	copy[i][0]=data[i][1];
52	copy[i][1]=-data[i][0];
53	}
54	return copy;
55	}
56	
57	// 说明：由 m 行 Line 组成的格子阵
58	function Map(w,h){
59	//游戏区域的长度和宽度
60	this.width=w;
61	this.height=h;
62	//生成 height 个 line 对象，每个 line 宽度为 width
63	this.lines=[];
64	for(var row=0;row<h;row++)
65	this.lines[row]=this.newLine();
66	}
67	
68	//说明：间由 n 个格子组成的一行
69	Map.prototype.newLine=function(){
70	var shapes=[];
71	for(var col=0;col<this.width;col++)
72	shapes[col]=NoShape;
73	return shapes;
74	}

序号	JavaScript 代码
75	
76	//判断一行是否全部被占用
77	//如果有一个格子为 NoShape，则返回 false
78	Map.prototype.isFullLine=function(row){
79	var line=this.lines[row];
80	for(var col=0;col<this.width;col++)
81	if(line[col]==NoShape)
82	return false
83	return true;
84	}
85	/*
86	* 预先移动或者旋转形状，然后分析形状中的 4 个点是否有碰撞情况：
87	* 1：col<0 || col>this.width 超出左右边界
88	* 2：row==this.height ，说明形状已经到最底部
89	* 3：任意一点的 shape_id 不为 NoShape ，则发生碰撞
90	* 如果发生碰撞则放弃移动或者旋转
91	*/
92	Map.prototype.isCollide=function(data){
93	for(var i=0;i<4;i++){
94	var row=data[i].row;
95	var col=data[i].col;
96	if(col<0 || col= =this.width) return true;
97	if(row= =this.height) return true;
98	if(row<0) continue;
99	else
100	if(this.lines[row][col]!=NoShape)
101	return true;
102	}
103	return false;
104	}
105	
106	//形状在向下移动过程中发生碰撞，则将形状加入到 Map 中
107	Map.prototype.appendShape=function(shape_id,data){
108	//对于形状的 4 个点：
109	for(var i=0;i<4;i++){
110	var row=data[i].row;
111	var col=data[i].col;
112	//找到所在的格子，将格子的颜色改为形状的颜色
113	this.lines[row][col]=shape_id;
114	}
115	//==
116	//形状被加入到 Map 中后，要进行逐行检测，发现满行则消除
117	for(var row=0;row<this.height;row++){
118	if(this.isFullLine(row)){
119	//绘制消除效果

序号	JavaScript 代码
120	onClearRow(row);
121	//将满行删除
122	this.lines.splice(row,1);
123	//第一行添加新的一行
124	this.lines.unshift(this.newLine());;
125	}
126	}
127	}
128	
129	// 说明：GameModel 类
130	function GameModel(w,h){
131	this.map=new Map(w,h);
132	this.born();
133	//通知数据发生了更新
134	onUpdate();
135	}
136	
137	//创建一个新的形状
138	GameModel.prototype.born=function(){
139	//随机选择一个形状
140	this.shape_id=Math.floor(Math.random()*7)+1;
141	this.data=Shapes[this.shape_id];
142	//重置形状的位置为创建地点
143	this.row=1;
144	this.col=Math.floor(this.map.width/2);
145	}
146	
147	//向左移动
148	GameModel.prototype.left=function(){
149	this.col--;
150	var temp=translate(this.data,this.row,this.col);
151	if(this.map.isCollide(temp))
152	//发生碰撞则放弃移动
153	this.col++;
154	else
155	//通知数据发生了更新
156	onUpdate();
157	}
158	
159	//向右移动
160	GameModel.prototype.right=function(){
161	this.col++;
162	var temp=translate(this.data,this.row,this.col);
163	if(this.map.isCollide(temp))
164	this.col--;

序号	JavaScript 代码
165	else
166	onUpdate();
167	}
168	
169	//旋转
170	GameModel.prototype.rotate=function(){
171	//正方形不旋转
172	if(this.shape_id= =SquareShape) return;
173	//获得旋转后的数据
174	var copy=rotate(this.data);
175	//转换坐标系
176	var temp=translate(copy,this.row,this.col);
177	//发生碰撞则放弃旋转
178	if(this.map.isCollide(temp))
179	return;
180	//将旋转后的数据设为当前数据
181	this.data=copy;
182	//通知数据发生了更新
183	onUpdate();
184	}
185	
186	//下落
187	GameModel.prototype.down=function(){
188	var old=translate(this.data,this.row,this.col);
189	this.row++;
190	var temp=translate(this.data,this.row,this.col);
191	if(this.map.isCollide(temp)){
192	//发生碰撞则放弃下落
193	this.row--;
194	//如果在 1 也无法下落，说明游戏结束
195	if(this.row= =1) {
196	//通知游戏结束
197	onGameOver();
198	return;
199	}
200	//无法下落则将当前形状加入到 Map 中
201	this.map.appendShape(this.shape_id,old);
202	//创建一个新的形状
203	this.born();
204	}
205	//通知数据发生了更新
206	onUpdate();
207	}
208	
209	//消息队列

序号	JavaScript 代码
210	MessagesQueue=[];
211	
212	//消息编号
213	UpdateMessage=0;
214	ClearRowMessage=1;
215	GameOverMessage=2;
216	TickMessage=3;
217	KeyPressMessage=4;
218	
219	//更新事件
220	function onUpdate(){
221	var msg={};
222	msg.id=UpdateMessage;
223	MessagesQueue.push(msg);
224	}
225	//清除行事件
226	function onClearRow(row){
227	var msg={};
228	msg.id=ClearRowMessage;
229	msg.row=row;
230	MessagesQueue.push(msg);
231	}
232	//游戏结束事件
233	function onGameOver(){
234	var msg={};
235	msg.id=GameOverMessage;
236	MessagesQueue.push(msg);
237	}
238	//时钟事件
239	function onTick(){
240	var msg={};
241	msg.id=TickMessage;
242	MessagesQueue.push(msg);
243	}
244	//按键事件
245	function onKeyPress(evt){
246	evt.preventDefault();
247	var msg={};
248	msg.id=KeyPressMessage;
249	msg.which=evt.which;
250	MessagesQueue.push(msg);
251	}
252	
253	var display= Display.attach(document.getElementById("gamecanvas"));
254	var model = null;

序号	JavaScript 代码
255	`var loop_interval=null;`
256	`var tick_interval=null;`
257	`var waiting=false;`
258	`var speed=500;`
259	
260	`function start(){`
261	`  model = new GameModel(display.width/Spacing,display.height/Spacing);`
262	`  loop();`
263	`}`
264	
265	`function pause(){`
266	`  waiting=!waiting;`
267	`  if(waiting)`
268	`    document.getElementById("btnPause").value="继续";`
269	`  else`
270	`    document.getElementById("btnPause").value="暂停";`
271	`}`
272	
273	`//消息循环`
274	`function loop(){`
275	`  tick_interval=setInterval(function(){`
276	`    if(waiting)return;`
277	`    onTick();`
278	`  },speed);`
279	
280	`  loop_interval=setInterval(function(){`
281	`    if(waiting)return;`
282	`    if(MessagesQueue.length>0){`
283	`      var msg=MessagesQueue.shift();`
284	`      switch(msg.id){`
285	`        case TickMessage:`
286	`          model.down();`
287	`          break;`
288	`        case UpdateMessage:`
289	`          paint();`
290	`          break;`
291	`        case ClearRowMessage:`
292	`          clearline(msg.row);break;`
293	`        case KeyPressMessage:`
294	`          move(msg.which);`
295	`          break;`
296	`        case GameOverMessage:`
297	`          alert("Game Over");`
298	`          clearInterval(tick_interval);`
299	`          clearInterval(loop_interval);`

序号	JavaScript 代码
300	break;
301	}
302	}
303	},0);
304	}
305	
306	function move(which){
307	switch(which){
308	case 37:model.left();break;
309	case 39:model.right();break;
310	case 38:model.rotate();break;
311	case 40:model.down();break;
312	}
313	}
314	
315	//以下才是真正的绘制代码=======
316	//绘制清除行的暂停效果
317	function clearline(row){
318	//增加速度
319	clearInterval(tick_interval);
320	clearInterval(loop_interval);
321	speed=speed-10;
322	loop();
323	//音效
324	document.getElementById("snd").play();
325	//停顿效果
326	waiting=true;
327	display.fillRect(0,row * Spacing, display.width, Spacing, "black");
328	setTimeout("waiting=false;",50);
329	}
330	
331	//在内存中绘制一个小方块
332	function drawRect(color){
333	var temp=new Surface(Spacing,Spacing,"rgba(255,255,255,0.2)");//背景色
334	temp.fillRect(1, 1, Spacing-2, Spacing-2, color);//前景色
335	return temp;
336	}
337	//小方块的缓存
338	Rects=[drawRect(Colors[0]),drawRect(Colors[1]),drawRect(Colors[2]),drawRect(Colors[3])
339	,drawRect(Colors[4]),drawRect(Colors[5]),drawRect(Colors[6]),drawRect(Colors[7])];
340	
341	function paint(){
342	var map=model.map;
343	var data=translate(model.data,model.row,model.col);

续表

序号	JavaScript 代码
344	//清屏
345	display.clear();
346	var lines=map.lines;
347	//依次绘制每一个非空的格子
348	for(var row=0;row<map.height;row++)
349	for(var col=0;col<map.width;col++){
350	var shape_id=lines[row][col];
351	if(shape_id!=NoShape){
352	var y=row * Spacing;
353	var x=col * Spacing;
354	display.draw(Rects[shape_id], x, y);
355	}
356	}
357	//绘制当前的形状
358	for(var i=0;i<4;i++){
359	var y=data[i].row * Spacing;
360	var x=data[i].col * Spacing;
361	display.draw(Rects[model.shape_id], x, y);
362	}
363	}
364	</script>

保存网页 0704.html，在浏览器 Google Chrome 中的浏览该网页，单击【开始】即可开始试玩俄罗斯方块游戏，单击【暂停】按钮即可暂停俄罗斯方块游戏，单击【继续】按钮即可继续玩游戏，网页俄罗斯方块游戏的一次试玩效果如图 7-10 所示。

同步训练

【任务 7-5】网页中绘制多种图形和图片

【任务描述】

（1）在网页中绘制图 7-11 至图 7-12 所示的各种图形。

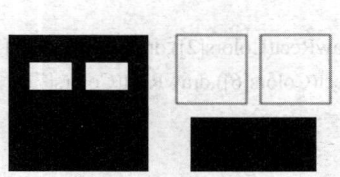

图 7-11　网页中绘制多个实心和空心方形的浏览效果

图 7-12　网页中绘制圆和弧的浏览效果

（2）在网页中绘制图 7-13 所示的各种图片。

图 7-13　网页中绘制图片的浏览效果

【任务实施】

（1）绘制多个实心和空心方形

在本地硬盘的文件夹 "07 网页图形绘制与游戏设计\0705" 中创建网页 070501.html。

在网页 070501.html 中编写 HTML 代码及相关的 JavaScript 绘制多个实心和空心方形，代码如表 7-14 所示。

表 7-14　网页 070501.html 中绘制多个实心和空心方形的代码

序号	代码
01	<!DOCTYPE html>
02	<html>
03	<head>
04	<meta http-equiv="Content-type" content="text/html; charset = utf-8">
05	<title>HTML5 绘制图形</title>
06	<script type="text/javascript" charset = "utf-8">
07	//这个函数将在页面完全加载后调用
08	function pageLoaded()
09	{
10	//获取 Canvas 对象的引用,注意 tCanvas 名字必须和下面 body 里面的 id 相同
11	var canvas = document.getElementById('tCanvas');
12	//获取该 Canvas 的 2D 绘图环境
13	var context = canvas.getContext('2d');
14	//实心矩形
15	//在点(20,10)处绘制一个宽和高均为 100px 的实心正方形
16	context.fillRect(20,10,100,100);
17	//在点(150,70)处绘制一个宽 90px、高 40px 的实心矩形
18	context.fillRect(150,70,90,40);
19	//空心矩形（矩形边框）
20	//在点(200,10)处绘制一个宽和高均为 50px 的正方形边框
21	context.strokeRect(200,10,50,50);
22	//在点(140,10)处绘制一个宽和高均为 50px 的正方形边框
23	context.strokeRect(140,10,50,50);
24	//清除矩形区域
25	//清除点(35,30)处宽 30px、高 20px 的矩形区域

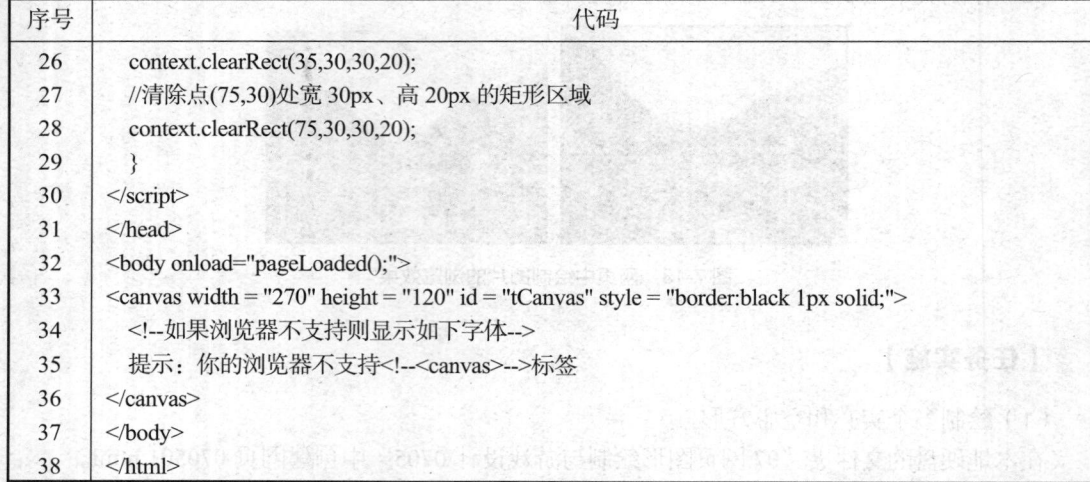

序号	代码
26	context.clearRect(35,30,30,20);
27	//清除点(75,30)处宽 30px、高 20px 的矩形区域
28	context.clearRect(75,30,30,20);
29	}
30	</script>
31	</head>
32	<body onload="pageLoaded();">
33	<canvas width = "270" height = "120" id = "tCanvas" style = "border:black 1px solid;">
34	<!--如果浏览器不支持则显示如下字体-->
35	提示：你的浏览器不支持<!--<canvas>-->标签
36	</canvas>
37	</body>
38	</html>

保存网页 070501.html，在浏览器 Google Chrome 中的浏览效果如图 7-11 所示。

（2）绘制圆和弧

在本地硬盘的文件夹 "07 网页图形绘制与游戏设计\0705" 中创建网页 070502.html。

在网页 070502.html 中编写 HTML 代码及相关的 JavaScript 绘制圆和弧，代码如表 7-15 所示。

表 7-15　网页 070502.html 中绘制圆和弧的代码

序号	代码
01	<!DOCTYPE html>
02	<html>
03	<head>
04	<meta charset="utf-8" />
05	<title>绘制圆和弧</title>
06	</head>
07	<body>
08	<canvas id="canvas" width="500" height="400"　　style="border:black 1px solid;">
09	<p>Your browserdoes not support the canvas element!</p>
10	</canvas>
11	<script type="text/javascript">
12	window.onload = function()
13	{
14	var canvas =document.getElementById("canvas");
15	var context2D =canvas.getContext("2d");
16	//绘制相交的线段
17	context2D.beginPath();
18	context2D.moveTo(50,50);
19	context2D.lineTo(100,100);
20	context2D.moveTo(200,50);
21	context2D.lineTo(100,100);

序号	代码
22	context2D.stroke();
23	//绘制与这两条线段相切的红色圆弧
24	context2D.beginPath();
25	context2D.strokeStyle= "#ff0000";
26	context2D.moveTo(50,50);
27	context2D.arcTo(100,100, 200, 50, 100);
28	context2D.stroke();
29	//绘制一个蓝色的圆
30	context2D.beginPath();
31	context2D.strokeStyle= "#0000ff";
32	context2D.arc(300,120, 100, 0, Math.PI * 2, false);
33	context2D.stroke();
34	//将上面的圆填充为灰色
35	context2D.fillStyle ="#a3a3a3";
36	context2D.fill();
37	//在上面的圆中剪辑一个圆形方形区域
38	context2D.beginPath();
39	context2D.rect(250,70, 100, 100);
40	context2D.clip();
41	//在剪辑区域中填充一个大于该区域尺寸的矩形
42	context2D.fillStyle ="yellow";
43	context2D.fillRect(0,0, 400, 400);
44	}
45	</script>
46	</body>
47	</html>

保存网页 070502.html，在浏览器 Google Chrome 中的浏览效果如图 7-12 所示。

（3）绘制图片

在本地硬盘的文件夹 "07 网页图形绘制与游戏设计\0705" 中创建网页 070503.html。

在网页 070503.html 中编写 HTML 代码及相关的 JavaScript 绘制图片，代码如表 7-16 所示。

表 7-16 网页 070503.html 中绘制图片的代码

序号	代码
01	<!DOCTYPE html>
02	<html>
03	<head>
04	<meta charset="utf-8" />
05	<title>HTML5 绘制图片</title>
06	</head>
07	<body>
08	<canvas id="canvas" width="184" height="144" style="border:blue 2px solid;">
09	<p>Your browserdoes not support the canvas element!</p>
10	</canvas>
11	<img src="images/01.jpg" id="img1" />
12	<script type="text/javascript">

序号	代码
13	window.onload = function() {
14	var canvas =document.getElementById("canvas");
15	var context2D =canvas.getContext("2d");
16	var img = new Image();
17	img.src = "images/01.jpg";
18	context2D.drawImage(img,0, 0);
19	}
20	</script>
21	</body>
22	</html>

保存网页 070503.html，在浏览器 Google Chrome 中的浏览效果如图 7-13 所示。

拓展训练

【任务 7-6】网页中绘制多个五角星

【任务描述】

网页 0706.html 中绘制多个五角星的浏览效果如图 7-14 所示。

【操作提示】

（1）网页 0706.html 中多个五角星绘制的 HTML 代码编写提示

网页 0706.html 中多个五角星绘制的 HTML 代码如表 7-17 所示。

图 7-14　网页 0706.html 中绘制多个五角星的浏览效果

表 7-17　网页 0706.html 中多个五角星绘制的 HTML 代码

序号	HTML 代码
01	<!doctype html>
02	<html>
03	<head>
04	<meta http-equiv="Content-type" content="text/html; charset = utf-8" />
05	<title>HTML5 绘制多个五角星图形</title>
06	<script src="js/draw.js" type="text/javascript"></script>
07	</head>
08	<body onload="draw5star('tCanvas');">
09	<canvas width="400" height="300" id="tCanvas" style="border:black 1px solid;">
10	<!--如果浏览器不支持则显示如下字体--> 提示：你的浏览器不支持<!--<canvas>-->标签
11	</canvas>
12	</body>
13	</html>

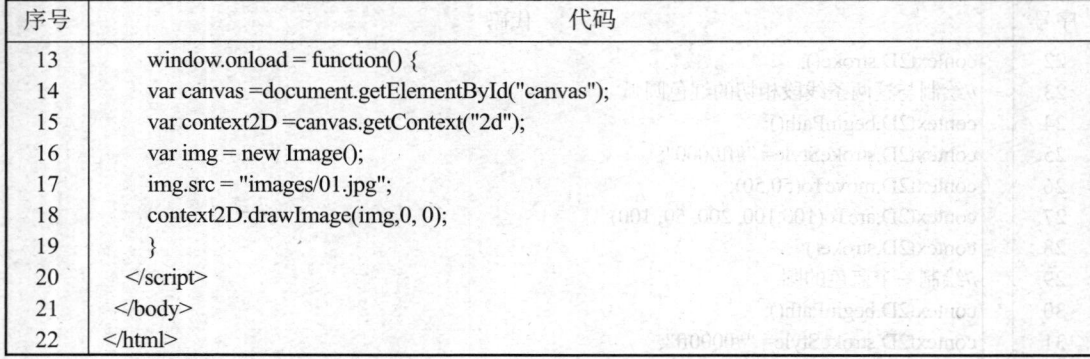

（2）网页 0706.html 中多个五角星绘制的 JavaScript 代码编写提示

网页 0706.html 中多个五角星绘制的 JavaScript 代码如表 7-18 所示。

表 7-18　网页 0706.html 中多个五角星绘制的 JavaScript 代码

序号	JavaScript 代码
01	function create5Star(context) {
02	var n = 0;
03	var dx = 100;
04	var dy = 0;
05	var s = 50;
06	//创建路径
07	context.beginPath();
08	context.fillStyle = 'rgba(255,0,0,0.5)';
09	var x = Math.sin(0);
10	var y = Math.cos(0);
11	var dig = Math.PI / 5 * 4;
12	for (var i = 0; i < 5; i++) {
13	var x = Math.sin(i * dig);
14	var y = Math.cos(i * dig);
15	context.lineTo(dx + x * s, dy + y * s);
16	}
17	context.closePath();
18	}
19	
20	function draw5star(id) {
21	var canvas = document.getElementById(id);
22	if (canvas == null) return false;
23	var context = canvas.getContext("2d");
24	context.fillStyle = "#EEEEFF";
25	context.fillRect(0, 0, 400, 300);
26	context.shadowOffsetX = 10;
27	context.shadowOffsetY = 10;
28	context.shadowColor = 'rgba(100,100,100,0.5)';
29	context.shadowBlur = 5;
30	//图形绘制
31	context.translate(0, 50);
32	for (var i = 0; i < 3; i++) {
33	context.translate(50, 50);
34	create5Star(context);
35	context.fill();
36	}
37	}

保存网页 0706.html，在浏览器 Google Chrome 中的浏览效果如图 7-14 所示。

【任务 7-7】设计 HTML5 版连连看网页游戏

【任务描述】

连连看网页游戏的一次试玩效果如图 7-15 所示。

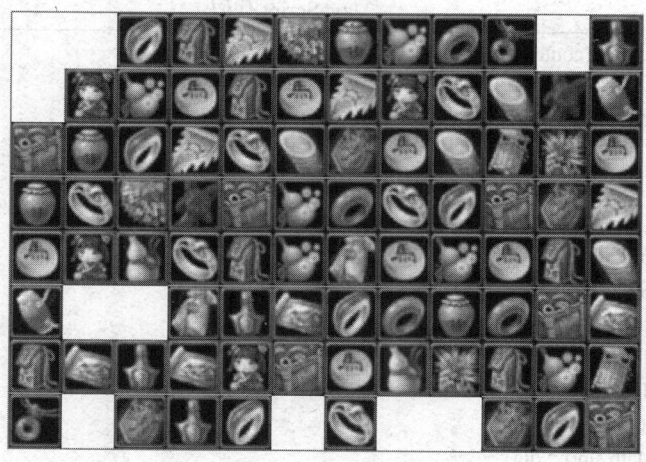

图 7-15　连连看网页游戏的一次试玩效果

【操作提示】

（1）网页 0707.html 中实现连连看网页游戏的 HTML 代码编写提示

网页 0707.html 中实现连连看网页游戏的 HTML 代码如表 7-19 所示。

表 7-19　网页 0707.html 中实现连连看网页游戏的 HTML 代码

序号	HTML 代码
01	<!DOCTYPE html>
02	<html>
03	<head>
04	<meta http-equiv="Content-type" content="text/html; charset = utf-8" />
05	<title>html5 版连连看网页游戏</title>
06	<script src="js/config.js" type="text/javascript"></script>
07	</head>
08	<body>
09	<div id="llgame">
10	<script src="js/engine.js" type="text/javascript"></script>
11	</div>
12	<input id="btnRefresh" style=" " type="button" value="重排
13	onclick="javascript:llhengine.RefreshGrid();" />
14	</body>
15	</html>

（2）网页 0707.html 中实现连连看网页游戏的 JavaScript 代码编写提示

网页 0707.html 中实现连连看网页游戏的 JavaScript 代码如表 7-20 所示。

表 7-20　网页 0707.html 中实现连连看网页游戏的 JavaScript 代码

序号	JavaScript 代码
01	//坐标
02	var Point = function(x, y) {
03	this.X = x;
04	this.Y = y;
05	this.Equal = function(p) {
06	return (this.X == p.X && this.Y == p.Y);
07	}
08	}
09	
10	//连连看配置项
11	var LLHConfig = function() {
12	//背景图片集合
13	this.ImageUris = ["images/01.jpg", "images/02.jpg"];
14	//背景音乐地址集合
15	this.MusicUris = ["music/qingshenyizhong.mp3", "music/chunyang.mp3",
16	"music/tianyuan.mp3", "music/shaolin.mp3", "music/linjian.mp3",
17	"music/qixiu.mp3", "music/wanhua.mp3"];
18	}
19	
20	//排列方向枚举
21	var ItemDer = {
22	LineX: 0,
23	//水平 X 方向
24	LineY: 1,
25	//垂直 Y 方向
26	LTRB: 2,
27	//左上右下
28	LBRT: 3 //左下右上
29	};
30	
31	//连连看方块项
32	var ImgItem = function(id, ct, p, imgurl, w, h) {
33	//此项的父容器
34	this.Parent = ct;
35	//此项对应的位移点
36	this.Position = p;
37	//相对于左上角的坐标
38	this.Location = new Point((p.X * w), p.Y * h);
39	//图片路径。
40	this.Src = imgurl;
41	//当作唯一标识
42	this.ID = id;
43	this.Width = w;

序号	JavaScript 代码
44	`this.Height = h;`
45	`//项图片`
46	`this.ImgElement = document.createElement('img');`
47	`this.ImgElement.src = imgurl;`
48	`this.ImgElement.setAttribute('id', id);`
49	`this.ImgElement.setAttribute('width', w);`
50	`this.ImgElement.setAttribute('height', h);`
51	
52	`this.Selected = false;`
53	`this.Visibled = true;`
54	
55	`//选择当前项`
56	`//如果传入 true 则达示选项当前项，否则为消选`
57	`//返回当前项是否被选择`
58	`this.Select = function(v) {`
59	`    if (v == true || v == false) this.Selected = v;`
60	`    return this.Selected;`
61	`}`
62	
63	`//当前显示状态`
64	`this.Visible = function(v) {`
65	`    if (v == true || v == false) this.Visibled = v;`
66	`    return this.Visibled;`
67	`}`
68	
69	`this.Select(false);`
70	
71	`//显示`
72	`this.Show = function() {`
73	`    if (!this.Visible()) {`
74	`        this.Visible(true);`
75	`    }`
76	`}`
77	`//隐藏`
78	`this.Hide = function() {`
79	`    if (this.Visible()) {`
80	`        this.Visible(false);`
81	`    }`
82	`}`
83	`//二点是否相同图片`
84	`this.Equal = function(item) {`
85	`    return item.ID != this.ID && item.Src.toLowerCase() == this.Src.toLowerCase();`
86	`}`
87	`}`
88	

序号	JavaScript 代码
89	//游戏级别
90	var GameLevel = function(level) {
91	this.Level = level;
92	//小图片对象
93	this.ItemImages = new Array();
94	//当前级别图像总个数
95	this.BaseImgCount = Math.floor(Math.sqrt(this.Level) * 30);
96	for (var i = 1; i <= this.BaseImgCount; i++) {
97	//对图进行预加载
98	this.ItemImages[i - 1] = document.createElement('img');
99	this.ItemImages[i - 1].src = 'images/' + level + '/' + i + '.jpg';
100	}
101	//当前得分
102	this.Score = 0;
103	}
104	
105	//清空子元素
106	function clearChildren(pObj) {
107	if (pObj && pObj.children) {
108	for (var i = pObj.children.length - 1; i >= 0; i--) {
109	pObj.removeChild(pObj.children[i]);
110	}
111	}
112	}

网页 0707.html 中连连看游戏引擎的 JavaScript 文件 engine.js 的代码详见本书提供的电子资源。

单元小结

本单元通过网页图形绘制与游戏设计的探析与训练，重点熟悉了 HTML5 中的<canvas>标签、画布与画笔、坐标与路径、各种网页图形的绘制、图片的绘制、阴影效果和颜色渐变效果的设置等，学会了应用<canvas>标签及相关属性和方法进行网页图形绘制与游戏设计的方法。

单元 8
复杂样式与网页特效设计

在不牺牲性能和语义结构的前提下，CSS3 中提供了更多的风格和更强的效果。此外，相较以前的 Web 排版，Web 的开放字体格式也提供了更高的灵活性和控制性。本单元通过对复杂样式与网页特效设计的探析与训练，重点学习 CSS 各种类型的选择器、CSS 框模型、边框属性、外边距属性、内边距属性、多列属性、动画属性和 HTML5 拖放的实现方法等，学会网页中复杂样式与网页特效的设计。

 教学导航

教学目标	（1）熟悉 CSS 选择器规则及各种类型选择器的使用 （2）熟悉 CSS 框模型、边框属性、外边距属性和内边距属性 （3）熟悉多列属性和动画属性 （4）掌握 HTML5 拖放的实现方法 （5）学会网页中复杂样式与网页特效的设计
关 键 字	复杂样式　网页特效　CSS 选择器　边框属性　外边距属性　内边距属性　HTML5 拖放
参考资料	（1）HTML5 的常用标签及其属性、方法与事件参考附录 B （2）CSS 的属性参考附录 C （3）CSS 的各种选择器的含义和用法参考附录 D
教学方法	任务驱动法、分组讨论法、理论实践一体化、探究学习法
课时建议	12 课时

 实例探析

【任务 8-1】探析迷你音乐播放器面板制作

【效果展示】

迷你音乐播放器 0801.html 的浏览效果如图 8-1 所示。

图 8-1 迷你音乐播放器 0801.html 的浏览效果

【网页探析】

1. 网页 0801.html 的 HTML 代码探析

网页 0801.html 主体结构的 HTML 代码如表 8-1 所示。

表 8-1 网页 0801.html 主体结构的 HTML 代码

序号	HTML 代码
01	<body>
02	<div class="page">
03	<section class="demo">
04	<div class="box">
05	<div class="boxt">
06	<span class="fr minitxt">Mini Player</span>
07	<span class="circle">
08	<em class="close"></em>
09	<em class="max"></em>
10	<em class="min"></em>
11	</span>
12	</div>
13	<div class="boxm">
14	<div class="boxml">
15	<a class="btn pause" id="controlBtn">on</a>
16	<a class="btn stop" id="stopBtn">stop</a>
17	</div>
18	<div class="boxmr">
19	<div class="taketime" id="takeTime">00:00:00</div>
20	<span>HOUR</span>
21	<span>MIN</span>
22	<span>SEC</span>
23	</div>
24	</div>
25	<div class="boxb">
26	<span class="fr" id="totalTime">01:22:30</span>
27	<span>Totel time</span>
28	</div>
29	</div>
30	</section>
31	</div>
32	</body>

2．网页 0801.html 的 CSS 代码探析

网页 0801.html 主体结构的 CSS 代码如表 8-2 所示。

表 8-2　网页 0801.html 主体结构的 CSS 代码

序号	CSS 代码	序号	CSS 代码
01	/*播放器面板容器*/	89	/*font face 制作 icon*/
02	.box {	90	@font-face {
03	width: 320px;	91	font-family:"playericon";
04	margin: 100px auto;	92	src:url(font/fontello.eot);
05	background: #fff;	93	src:url(font/fontello.eot#iefix)
06	border: solid 1px #979797;	94	format("embedded-opentype"),
07	border-radius: 6px;　　/*制作圆角*/	95	url(font/fontello.woff) format("woff"),
08	box-shadow: 0 0 5px 6px rgba(0,0,0,0.05);	96	url(font/fontello.ttf) format("truetype"),
09	}	97	url(font/fontello.svg) format("svg");
10		98	font-weight:normal;
11	/*播放器面板头部*/	99	font-style:normal;
12	.boxt {	100	}
13	height: 40px;	101	
14	line-height: 40px;	102	.btn:after {
15	padding: 0 16px;	103	font-family: "playericon";
16	}	104	display: inline-block;
17		105	width: 35px;
18	.fr {	106	height: 35px;
19	float: right;	107	border: none;
20	}	108	border-radius: 20px;
21		109	font-size: 18px;
22	.boxt .minitxt {	110	line-height: 35px;
23	font-size: bold 14px Arial;	111	text-align: center;
24	color: #7e97ab;	112	box-shadow: inset 0 -1px 0 rgba(0,0,0,.4);
25	}	113	background:
26		114	-*-linear-gradient(top,#fff,#e9e9e9);
27	/*播放器面板左边按钮*/	115	}
28	.boxt .circle em {	116	
29	display: inline-block;	117	/*播放 icon*/
30	background: #e4e4e4;	118	.on:after {
31	border: solid 1px #c7c9cb;	119	content: "\25B6";
32	border-radius: 8px;	120	color: #475057;
33	width: 12px;	121	}
34	height: 12px;	122	
35	margin-right: 8px;	123	/*停止 icon*/
36	border: none;	124	.stop:after {
37	border-radius: 6px;	125	content: "\25A0";
38	cursor: pointer;	126	color: #cf6767;
39	}	127	}
40		128	
41	/*关闭面板按钮*/	129	/*中止 icon*/
42	.boxt .circle .close {	130	.pause:after {

序号	CSS 代码	序号	CSS 代码
43	box-shadow: inset 0px 1px 1px	131	content: "\2389";
44	rgba(83,11,8,.5);	132	color: #475057;
45	background: -*-radial-gradient(top center,	133	}
46	circle, #fff, #af2b24, #ec8e89);	134	
47	}	135	.btn:hover:after {
48		136	color: #19a6e4;
49	/*面板最大化按钮*/	137	box-shadow: 0 -1px 0px 1px #ccc;
50	.boxt .circle .max {	138	}
51	box-shadow: inset 0px 1px 1px	139	
52	rgba(117,38,27,.5);	140	/*面板时间部分*/
53	background: -*-radial-gradient(top center,	141	.boxm .boxmr {
54	circle, #fff, #ce712d, #fcdf7d);	142	font-family: Arial;
55	}	143	color: #666;
56		144	text-align: right;
57	/*面板最小化按钮*/	145	overflow: hidden;
58	.boxt .circle .min {	146	}
59	box-shadow: inset 0px 1px 1px	147	
60	rgba(34,75,15,.5);	148	.boxm .taketime {
61	background: -*-radial-gradient(top center,	149	font-size: 30px;
62	circle, #fff, #74a94e, #bbdd83);	150	}
63	}	151	
64		152	.boxm span {
65	/*面板中间内容*/	153	display: inline-block;
66	.boxm {	154	padding: 0 6px;
67	border: solid 1px #dedede;	155	font-size: 9px;
68	border-width: 1px 0;	156	-webkit-text-size-adjust: none;
69	padding: 20px 16px;	157	}
70	overflow: hidden;	158	
71	}	159	/*面板底部样式*/
72		160	.boxb {
73	/*面板控制按钮基本样式*/	161	height: 40px;
74	.boxm .boxml .btn {	162	line-height: 40px;
75	display: inline-block;	163	padding: 0 16px;
76	width: 45px;	164	border-top: solid 1px #fff;
77	height: 40px;	165	background: #eee;
78	padding-top: 5px;	166	font-size: 14px;
79	border: none;	167	font-family: Arial;
80	border-radius: 25px;	168	color: #999;
81	text-align: center;	169	border-radius: 6px;
82	font-size: 0;	170	}
83	cursor: pointer;	171	
84	box-shadow: inset 0 1px 1px	172	/*面板播放按钮*/
85	rgba(100,100,100,.3);	173	.boxm .boxml {
86	background: -*-linear-gradient(top,	174	float: left;
87	#e6e6e6,#f2f1f1);	175	padding-top: 5px;
88	}	176	}

【任务 8-2】探析纯 CSS3 实现的焦点图切换效果

【效果展示】

网页 0802.html 中焦点图切换效果如图 8-2 所示。

【网页探析】

1．网页 0802.html 的 HTML 代码探析

网页 0802.html 的 HTML 代码如表 8-3 所示。

图 8-2　网页 0802.html 中焦点图切换效果

表 8-3　网页 0802.html 的 HTML 代码

序号	HTML 代码
01	<!DOCTYPE html>
02	<html>
03	<head>
04	<meta http-equiv="Content-Type" content="text/html; charset=GBK" />
05	<meta charset="gb2312" />
06	<title>纯 CSS3 实现绚丽焦点图切换效果</title>
07	<link href="css/common.css" type="text/css" rel="stylesheet" />
08	<link href="css/main.css" type="text/css" rel="stylesheet" />
09	</head>
10	<body>
11	<div id="gal">
12	<nav class="galnav">
13	<ul>
14	<li><input type="radio" name="btn" value="one" checked="checked" />
15	<label for="btn"></label>
16	<figure><img src="images/01.jpg" /></figure>
17	</li>
18	<li><input type="radio" name="btn" value="two" /> <label for="btn"> </label>
19	<figure class="entypo-forward"> <img src="images/02.jpg" /></figure>
20	</li>
21	<li><input type="radio" name="btn" value="three" /> <label for="btn"> </label>
22	<figure class="entypo-forward"><img src="images/03.jpg" /></figure>
23	</li>
24	<li><input type="radio" name="btn" value="four" /> <label for="btn"> </label>
25	<figure class="entypo-forward"><img src="images/04.jpg" /></figure>
26	</li>
27	<li><input type="radio" name="btn" value="five" /> <label for="btn"> </label>
28	<figure class="entypo-forward"><img src="images/05.jpg" /></figure>
29	</li>
30	<li><input type="radio" name="btn" value="six" /> <label for="btn"> </label>
31	<figure class="entypo-forward"><img src="images/06.jpg" /></figure>
32	</li>
33	</ul>
34	</nav>
35	</div>
36	</body>
37	</html>

2. 网页 0802.html 的 CSS 代码探析

网页 0802.html 的 CSS 代码如表 8-4 所示。

表 8-4　网页 0802.html 的 CSS 代码

序号	CSS 代码	序号	CSS 代码
01	*,*:before, *:after {	107	figure[class*="entypo-"]:before {
02	margin: 0;	108	left: 10px;
03	padding: 0;	109	top: 5px;
04	-webkit-box-sizing: border-box;	110	font-size: 2rem;
05	-moz-box-sizing: border-box;	111	color: rgba(255,255,255,0);
06	box-sizing: border-box;	112	z-index: 1;
07	}	113	-webkit-transition: color .1s;
08		114	-moz-transition: color .1s;
09	#gal {	115	-o-transition: color .1s;
10	position: relative;	116	transition: color .1s;
11	width: 600px;	117	}
12	height: 300px;	118	
13	margin: 0 auto;	119	a[class*="entypo-"]:before {
14	top: 100px;	120	top: 8px;
15	background: white;	121	left: 9px;
16	-webkit-box-shadow: 0px 0px 0px 10px	122	font-size: 1.5rem;
17	white, 5px 5px 0px 10px rgba(0,0,0,0.1);	123	color: white;
18	-moz-box-shadow: 0px 0px 0px 10px	124	}
19	white,5px 5px 0px 10px rgba(0,0,0,0.1);	125	
20	box-shadow: 0px 0px 0px 10px	126	a:hover[class*="entypo-"]:before {
21	white, 5px 5px 0px 10px rgba(0,0,0,0.1);	127	color: white;
22	-webkit-transform: translate3d(0, 0, 0);	128	}
23	-moz-transform: translate3d(0, 0, 0);	129	
24	-ms-transform: translate3d(0, 0, 0);	130	input[type="radio"]:hover + label {
25	-o-transform: translate3d(0, 0, 0);	131	background: rgba(255,255,255,0.6);
26	transform: translate3d(0, 0, 0);	132	}
27	}	133	
28		134	input[type="radio"]:checked + label {
29	#gal:after {	135	background: rgba(255,255,255,1);
30	content: ";	136	-webkit-box-shadow: 0px 0px 0px 5px
31	position: absolute;	137	rgba(255,255,255,0.3);
32	bottom: 24px;	138	-moz-box-shadow: 0px 0px 0px 5px
33	right: 0;	139	rgba(255,255,255,0.3);
34	left: 0;	140	box-shadow: 0px 0px 0px 5px
35	width: 100%;	141	rgba(255,255,255,0.3);
36	height: 1px;	142	}
37	background: rgba(255,255,255,0.35);	143	
38	z-index: 3;	144	input[type="radio"]:checked ~ figure img {
39	}	145	z-index: 2;
40		146	-webkit-transform: translatex(0px);
41	#gal ul {	147	-moz-transform: translatex(0px);

序号	CSS 代码	序号	CSS 代码
42	list-style-type: none;	148	-ms-transform: translatex(0px);
43	}	149	-o-transform: translatex(0px);
44		150	transform: translatex(0px);
45	input[type="radio"], input[type="radio"]	151	-webkit-transition: all .15s, z-index 0s;
46	+ label {	152	-moz-transition: all .15s, z-index 0s;
47	position: absolute;	153	-o-transition: all .15s, z-index 0s;
48	bottom: 15px;	154	transition: all .15s, z-index 0s;
49	display: block;	155	}
50	width: 20px;	156	
51	height: 20px;	157	input[type="radio"]:checked ~
52	-webkit-border-radius: 50%;	158	figure[class*="entypo-"]:before {
53	-moz-border-radius: 50%;	159	z-index: 3;
54	border-radius: 50%;	160	color: rgba(255,255,255,0.5);
55	cursor: pointer;	161	-webkit-transition: color .5s;
56	}	162	-moz-transition: color .5s;
57		163	-o-transition: color .5s;
58	input[type="radio"] {	164	transition: color .5s;
59	opacity: 0;	165	}
60	z-index: 9;	166	
61	}	167	input[type="radio"]:checked ~
62		168	figure figcaption {
63	input[value="one"], input[value="one"]	169	z-index: 8;
64	+ label {	170	-webkit-transform: translateX(0px);
65	left: 20px;	171	-moz-transform: translateX(0px);
66	}	172	-ms-transform: translateX(0px);
67	input[value="two"], input[value="two"]	173	-o-transform: translateX(0px);
68	+ label {	174	transform: translateX(0px);
69	left: 128px;	175	-webkit-transition: all .35s, .7s;
70	}	176	-moz-transition: all .35s, .7s;
71	input[value="three"], input[value="three"]	177	-o-transition: all .35s, .7s;
72	+ label {	178	transition: all .35s, .7s;
73	left: 236px;	179	}
74	}	180	
75	input[value="four"], input[value="four"]	181	figure, figure img, figcaption {
76	+ label {	182	position: absolute;
77	left: 344px;	183	top: 0;
78	}	184	right: 0;
79	input[value="five"], input[value="five"]	185	}
80	+ label {	186	
81	left: 452px;	187	figure {
82	}	188	bottom: 0;
83	input[value="six"], input[value="six"]	189	left: 0;
84	+ label {	190	width: 600px;
85	right: 20px;	191	height: 300px;
86	}	192	display: block;

序号	CSS 代码	序号	CSS 代码
87		193	overflow: hidden;
88	input[type="radio"] + label {	194	}
89	background: rgba(255,255,255,0.35);	195	
90	z-index: 7;	196	figure img {
91	-webkit-box-shadow: 0px 0px 0px 0px	197	bottom: 0;
92	rgba(255,255,255,0.15);	198	left: 0;
93	-moz-box-shadow: 0px 0px 0px 0px	199	display: block;
94	rgba(255,255,255,0.15);	200	width: 600px;
95	box-shadow: 0px 0px 0px 0px	201	height: 300px;
96	rgba(255,255,255,0.15);	202	z-index: 1;
97	-webkit-transition: all .3s;	203	-webkit-transform: translateX(600px);
98	-moz-transition: all .3s;	204	-moz-transform: translateX(600px);
99	-o-transition: all .3s;	205	-ms-transform: translateX(600px);
100	transition: all .3s;	206	-o-transform: translateX(600px);
101	}	207	transform: translateX(600px);
102		208	-webkit-transition: all .15s .15s, z-index 0s;
103	[class*="entypo-"]:before {	209	-moz-transition: all .15s .15s, z-index 0s;
104	position: absolute;	210	-o-transition: all .15s .15s, z-index 0s;
105	font-family: 'entypo', sans-serif;	211	transition: all .15s .15s, z-index 0s;
106	}	212	}

知识梳理

1. CSS 框模型（Box）

CSS 框模型（Box Model）规定了元素框处理元素内容、内边距、边框和外边距的方式。

CSS 框模型组成结构示意图如图 8-3 所示，图中 element 表示网页元素，border 表示边框，padding 表示内边距，也将其翻译为填充，margin 表示外边距，也将其翻译为空白或空白边。本书中我们把 padding 和 margin 统一地称为内边距和外边距，边框内的空白是内边距，边框外的空白是外边距。

元素框的最内部分是实际的内容，直接包围内容的是内边距。内边距呈现了元素的背景。内边距的边缘是边框。边框以外是外边距，外边距默认是透明的，因此不会遮挡其后的任何元素。背景应用于由内容和内边距、边框组成的区域。

内边距、边框和外边距都是可选的，默认

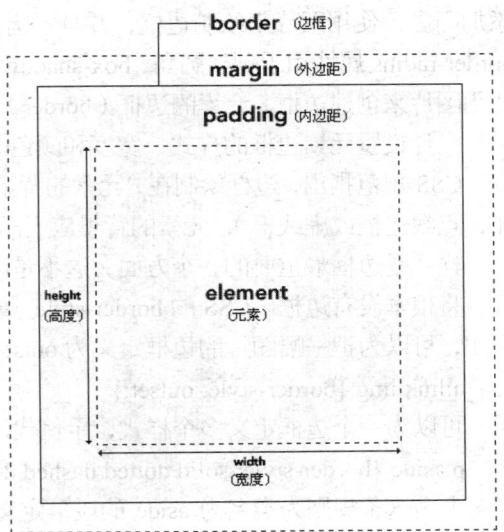

图 8-3 CSS 框模型组成结构示意图

值是零。但是，许多元素将由样式表设置外边距和内边距。可以通过将元素的 margin 和 padding
设置为零来覆盖这些浏览器样式。这可以分别进行，也可以使用通用选择器对所有元素进行设置，示例代码如下：

```
* {
    margin: 0;
    padding: 0;
}
```

在 CSS 中，width 和 height 指的是内容区域的宽度和高度。增加内边距、边框和外边距不会影响内容区域的尺寸，但是会增加元素框的总尺寸。

假设元素框的每个边上有 10px 的外边距和 5px 的内边距。如果希望这个元素框达到 100px，就需要将内容的宽度设置为 70px，如图 8-4 所示。

```
#box {
    width: 70px;
    margin: 10px;
    padding: 5px;
}
```

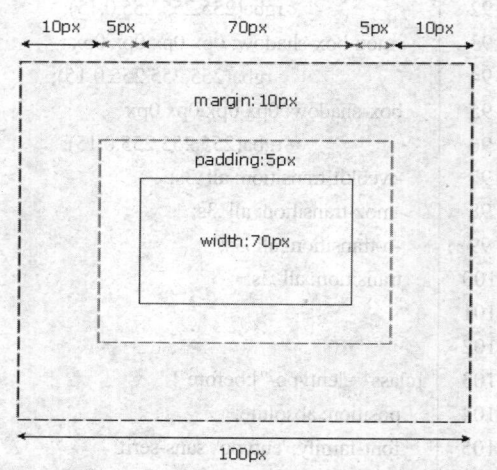

图 8-4　元素框的内容宽度、内边距和外边距尺寸示意图

内边距、边框和外边距可以应用于一个元素的所有边，也可以应用于单独的边。外边距可以是负值，而且在很多情况下都要使用负值的外边距。

2．CSS 边框属性（Border 和 Outline）

在 HTML 中，使用表格来创建文本周围的边框，但是通过使用 CSS 边框属性，我们可以创建出效果出色的边框，并且可以应用于任何元素。通过 CSS3，可以创建圆角边框，向矩形添加阴影，使用图片来绘制边框，并且不需使用 PhotoShop 之类的设计软件。在 CSS3 中，border-radius 属性用于创建圆角，box-shadow 属性用于向方框添加阴影，border-image 属性可以使用图片来创建边框。元素的边框（border）是围绕元素内容和内边距的一条或多条线，border 属性允许设置元素边框的样式、宽度和颜色。

CSS 规范指出，边框绘制在"元素的背景之上"。这很重要，因为有些边框是"间断的"（例如，点线边框或虚线框），元素的背景应当出现在边框的可见部分之间。

样式是边框最重要的一个方面，这不是因为样式控制着边框的显示，而是因为如果没有样式，将根本没有边框。CSS 的 border-style 属性定义了 10 个不同的非 inherit 样式，包括 none。例如，可以为把一幅图片的边框定义为 outset，使之看上去像是"凸起按钮"，代码如下：

a:link img {border-style: outset;}

可以为一个边框定义多个样式，示例代码如下：

p.aside {border-style: solid dotted dashed double;}

上面这条规则为类名为 aside 的段落定义了 4 种边框样式：实线上边框、点线右边框、虚线下边框和一个双线左边框。我们又看到了这里的值采用了 top-right-bottom-left 的顺序，讨论用多个值设置不同内边距时也见过这个顺序。

如果希望为元素框的某一个边设置边框样式，而不是设置所有 4 个边的边框样式，可以使用下面的单边边框样式属性：border-top-style、border-right-style、border-bottom-style、border-left-style。

因此，以下两种方法是等价的：

p {border-style: solid solid solid none;}

p {border-style: solid; border-left-style: none;}

注意：如果要使用第二种方法，必须把单边属性放在简写属性之后。因为如果把单边属性放在 border-style 之前，简写属性的值就会覆盖单边值 none。

可以通过 border-width 属性为边框指定宽度，为边框指定宽度有两种方法：可以指定长度值，如 2px 或 0.1em；或者使用 3 个关键字之一，它们分别是 thin、medium（默认值）和 thick。

可以按照 top-right-bottom-left 的顺序设置元素的各边边框，代码如下：

p {border-style: solid; border-width: 15px 5px 15px 5px;}

上面的代码也可以简写为（这样写法称为值复制），代码如下：

p {border-style: solid; border-width: 15px 5px;}

也可以通过下列属性分别设置边框各边的宽度：border-top-width、border-right-width、border-bottom-width、border-left-width。

因此，下面的规则定义与上面的代码是等价的：

```
p {
    border-style: solid;
    border-top-width: 15px;
    border-right-width: 5px;
    border-bottom-width: 15px;
    border-left-width: 5px;
}
```

如果希望显示某种边框，就必须设置边框样式，如 solid 或 outset。那么如果把 border-style 设置为 none 会出现什么情况：

p {border-style: none; border-width: 50px;}

尽管边框的宽度是 50px，但是边框样式设置为 none。在这种情况下，不仅边框的样式没有了，其宽度也会变成 0。边框消失了，为什么呢？这是因为如果边框样式为 none，即边框根本不存在，那么边框就不可能有宽度，因此边框宽度自动设置为 0，而不论原先定义的是什么。由于 border-style 的默认值是 none，如果没有声明样式，就相当于 border-style: none。因此，如果希望边框出现，就必须声明一个边框样式。

设置边框颜色非常简单，CSS 使用一个简单的 border-color 属性，它一次可以接受最多 4 个颜色值。可以使用任何类型的颜色值，如可以是命名颜色，也可以是十六进制和 RGB 值，示例代码如下：

```
p {
    border-style: solid;
    border-color: blue rgb(25%,35%,45%) #909090 red;
}
```

如果颜色值小于 4 个，值复制就会起作用。例如，下面的规则定义声明了段落的上下边框是蓝色，左右边框是红色：

```
p {
    border-style: solid;
    border-color: blue red;
}
```

默认的边框颜色是元素本身的前景色。如果没有为边框声明颜色，它将与元素的文本颜色相同。另一方面，如果元素没有任何文本，假设它是一个表格，其中只包含图像，那么该表的边框颜色就是其父元素的文本颜色（因为 color 可以继承）。这个父元素很可能是<body>、<div>或另一个<table>。

还有一些单边边框颜色属性，它们的原理与单边样式和宽度属性相同：

border-top-color、border-right-color、border-bottom-color、border-left-color。

要为<h1>元素指定实线黑色边框，而右边框为实线红色，代码如下：

```
h1 {
    border-style: solid;
    border-color: black;
    border-right-color: red;
}
```

如果边框没有样式，就没有宽度。不过有些情况下可能希望创建一个不可见的边框。CSS2引入了边框颜色值 transparent，这个值用于创建有宽度的不可见边框。示例代码如下：

```
<a href="#">A</a>
<a href="#">B</a>
<a href="#">C</a>
```

我们为上面的链接定义了如下样式：

```
a:link, a:visited {
        border-style: solid;
        border-width: 5px;
        border-color: transparent;
}
```

a:hover {border-color: gray;}

从某种意义上说，利用 transparent，使用边框就像是额外的内边距一样；此外还有一个好处，就是能在需要的时候使其可见。这种透明边框相当于内边距，因为元素的背景会延伸到边框区域（如果有可见背景的话）。

3．CSS 外边距属性（Margin）

围绕在元素边框的空白区域是外边距，设置外边距会在元素外创建额外的"空白"。设置外边距的最简单的方法就是使用 margin 属性，这个属性接受任何长度单位（可以是像素、英寸、毫米或 em）、百分数值甚至负值。

margin 可以设置为 auto，更常见的做法是为外边距设置长度值。下面的声明在<h1>元素的各个边上设置了 1/4 英寸宽的空白：

h1 {margin : 0.25in;}

下面的代码为<h1>元素的 4 个边分别定义了不同的外边距，所使用的长度单位是像素

（px）：

h1 {margin : 10px 0px 15px 5px;}

与内边距的设置相同，这些值的顺序是从上外边距（top）开始围着元素顺时针旋转的：

margin: top right bottom left

另外，还可以为 margin 设置一个百分比数值，示例代码如下：

p {margin : 10%;}

百分数是相对于父元素的 width 计算的，上面这个的代码为\<p\>元素设置的外边距是其父元素的 width 的 10%。

margin 的默认值是 0，所以如果没有为 margin 声明一个值，就不会出现外边距。但是，在实际中，浏览器对许多元素已经提供了预定的样式，外边距也不例外。例如，在支持 CSS 的浏览器中，外边距会在每个段落元素的上面和下面生成"空行"。因此，如果没有为\<p\>元素声明外边距，浏览器可能会自己应用一个外边距。当然，只要特别做了声明，就会覆盖默认样式。

有时，我们会输入一些重复的值：

p {margin: 0.5em 1em 0.5em 1em;}

通过值复制，可以不必重复地键入这对数字。上面的规则定义与下面的规则定义是等价的：

p {margin: 0.5em 1em;}

这两个值可以取代前面 4 个值。这是如何做到的呢？ CSS 定义了一些规则，允许为外边距指定少于 4 个值。规则如下：

如果缺少左外边距的值，则使用右外边距的值。

如果缺少下外边距的值，则使用上外边距的值。

如果缺少右外边距的值，则使用上外边距的值。

图 8-5 提供了更直观的方法来了解这一点：

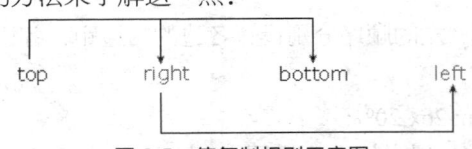

图 8-5　值复制规则示意图

换句话说，如果为外边距指定了 3 个值，则第四个值（即左外边距）会从第二个值（右外边距）复制得到。如果给定了两个值，第四个值会从第二个值复制得到，第三个值（下外边距）会从第一个值（上外边距）复制得到。最后一个情况，如果只给定一个值，那么其他 3 个外边距都由这个值（上外边距）复制得到。

利用这个简单的机制，只需指定必要的值，而不必全部都应用 4 个值，如以下代码：

h1 {margin: 0.25em 1em 0.5em;}　　/* 等价于 0.25em 1em 0.5em 1em */

h2 {margin: 0.5em 1em;}　　　　　　/* 等价于 0.5em 1em 0.5em 1em */

p {margin: 1px;}　　　　　　　　　　/* 等价于 1px 1px 1px 1px */

假设希望把\<p\>元素的上外边距和左外边距设置为20px，下外边距和右外边距设置为30px。在这种情况下，必须写作：

p {margin: 20px 30px 30px 20px;}

再来看另外一个实例。如果希望除了左外边距以外所有其他外边距都是 auto（左外边距是20px），代码如下：

p {margin: auto auto auto 20px;}

可以使用单边外边距属性为元素单边上的外边距设置值，如果希望把<p>元素的左外边距设置为 20px，可以采用以下方法：

p {margin-left: 20px;}

可以使用下列任何一个属性来只设置相应上的外边距，而不会直接影响所有其他外边距：margin-top、margin-right、margin-bottom、margin-left。一个规则中可以使用多个这种单边属性，示例代码如下：

```
h2 {
    margin-top: 20px;
    margin-right: 30px;
    margin-bottom: 30px;
    margin-left: 20px;
}
```

当然，对于这种情况，使用 margin 可能更容易一些：

p {margin: 20px 30px 30px 20px;}

不论使用单边属性还是使用 margin，得到的结果都一样。一般来说，如果希望为多个边设置外边距，使用 margin 会更容易一些。不过，从文档显示的角度看，实际上使用哪种方法都不重要，所以应该选择对自己来说更容易的一种方法。

4．CSS 内边距属性（Padding）

元素的内边距在边框与元素内容之间的空白区域，控制该区域最简单的属性是 padding 属性。CSS padding 属性定义元素的内边距。padding 属性接受长度值或百分比值，但不允许使用负值。例如，如果设计所有<h1>元素的各边都有 10px 的内边距，只需要这样：

h1 {padding: 10px;}

还可以按照上、右、下、左的顺序分别设置各边的内边距，各边均可以使用不同的单位或百分比值，代码如下：

h1 {padding: 10px 0.25em 2ex 20%;}

也通过使用下面 4 个单独的属性，分别设置上、右、下、左内边距：padding-top、padding-right、padding-bottom、padding-left。

前面提到过，可以为元素的内边距设置百分数值。百分数值是相对于其父元素的 width 计算的，这一点与外边距一样。所以，如果父元素的 width 改变，它们也会改变。

下面这条规则定义把段落的内边距设置为父元素 width 的 10%：

p {padding: 10%;}

如果一个段落的父元素是<div>元素，那么它的内边距要根据<div>的 width 计算。上下内边距与左右内边距一致；即上下内边距的百分数会相对于父元素宽度设置，而不是相对于高度。

5．CSS 多列属性（Multi-column）

通过 CSS3，可以创建多个列来对文本进行布局，就像报纸那样。column-count 属性用于设置元素应该被分隔的列数。

把<div>元素中的文本分隔为 3 列的示例代码如下：

```
div
{
    -moz-column-count:3;        /* Firefox */
```

```
    -webkit-column-count:3;     /* Safari 和 Chrome */
    column-count:3;
}
```
column-gap 属性用于设置列之间的间隔，规定列之间 40px 的间隔的示例代码如下：

```
div
{
    -moz-column-gap:40px;       /* Firefox */
    -webkit-column-gap:40px;    /* Safari 和 Chrome */
    column-gap:40px;
}
```
column-rule 属性用于设置列之间的宽度、样式和颜色规则，示例代码如下：

```
div
{
    -moz-column-rule:3px outset #ff0000;    /* Firefox */
    -webkit-column-rule:3px outset #ff0000;    /* Safari and Chrome */
    column-rule:3px outset #ff0000;
}
```

6. CSS 动画属性（Animation）

通过 CSS3，我们能够创建动画，这可以在许多网页中取代动画图片、Flash 动画及 JavaScript。动画是使元素从一种样式逐渐变化为另一种样式的效果。

可以改变任意多的样式任意多的次数，使用百分比来规定变化发生的时间，或使用关键词"from"和"to"，等同于 0%（动画的开始）和 100%（动画的完成），为了得到最佳的浏览器支持，应该始终定义 0%和 100%选择器。

@keyframes 规则用于创建动画，在@keyframes 中规定某项 CSS 样式，就能创建由当前样式逐渐改为新样式的动画效果。

当动画为 25%及 50%时改变背景色，当动画 100%完成时再次改变，示例代码如下：

```
@keyframes myAnimation
{
    0%    {background: red;}
    25%   {background: yellow;}
    50%   {background: blue;}
    100% {background: green;}
}
```

在@keyframes 中创建动画时，需要把它捆绑到某个选择器，否则不会产生动画效果。至少通过规定动画的名称和动画的时长两项 CSS3 动画属性，即可将动画绑定到选择器：

把"myAnimation"动画捆绑到<div>元素，时长为 5s，示例代码如下：

```
div
{
    animation: myAnimation 5s;
    -moz-animation: myAnimation 5s;        /* Firefox */
```

```
-webkit-animation: myAnimation 5s;    /* Safari 和 Chrome */
-o-animation: myAnimation 5s;    /* Opera */
}
```

必须定义动画的名称和时长，如果忽略时长，则动画不会允许，因为默认值是 0。

7．HTML5 拖放的实现方法

拖放（Drag&Drop）是一种常见的特性，即抓取对象以后拖到另一个位置。在 HTML5 中，拖放是标准的一部分，任何元素都能够拖放。

以下代码是一个简单的拖放实例：

```html
<!DOCTYPE HTML>
<html>
 <head>
<script type="text/javascript">
    function allowDrop(ev)
    {
      ev.preventDefault();
    }
    function drag(ev)
    {
     ev.dataTransfer.setData("Text",ev.target.id);
    }
    function drop(ev)
    {
     ev.preventDefault();
     var data=ev.dataTransfer.getData("Text");
     ev.target.appendChild(document.getElementById(data));
    }
</script>
 </head>
 <body>
 <div id="div1" ondrop="drop(event)"
    ondragover="allowDrop(event)">
 </div>
 <img id="drag1" src="logo.gif" draggable="true"
     ondragstart="drag(event)" width="300" height="200" />
 </body>
</html>
```

（1）设置元素为可拖放

首先，为了使元素可拖动，把 draggable 属性设置为 true，代码如下：

```html
<img draggable="true" />
```

（2）拖动什么——ondragstart 和 setData()

然后，规定当元素被拖动时，会发生什么。

ondragstart 属性调用了函数 drag(event)，它规定了被拖动的数据。dataTransfer.setData()方法设置被拖数据的数据类型和值，数据类型是"Text"，值是可拖动元素的 id（"drag1"）。

（3）放到何处——ondragover

ondragover 事件规定在何处放置被拖动的数据，默认无法将数据/元素放置到其他元素中。如果需要设置允许放置，我们必须阻止对元素的默认处理方式。这里通过调用 ondragover 事件的 event.preventDefault()方法进行放置。

当放置被拖数据时，会发生 drop 事件。ondrop 属性调用了一个函数 drop(event)。调用 preventDefault()来避免浏览器对数据的默认处理（drop 事件的默认行为是以链接形式打开），通过 dataTransfer.getData("Text")方法获得被拖的数据。该方法将返回在 setData()方法中设置为相同类型的任何数据。被拖数据是被拖元素的 id（"drag1"），把被拖元素追加到放置元素（目标元素）中。

引导训练

【任务 8-3】网页中绘制阴阳图和五角星

【任务描述】

网页 0803.html 中 CSS3 绘制的阴阳图和五角星的浏览效果如图 8-6 所示。

【任务实施】

在本地硬盘的文件夹"08 复杂样式与网页特效设计\0803"中创建网页 0803.html。

1．定义网页 0803．html 的 CSS 代码

网页 0803.html 的 CSS 代码如表 8-5 所示。

图 8-6　网页 0803.html 中 CSS3 绘制的阴阳图和五角星的浏览效果

表 8-5　网页 0803.html 的 CSS 代码

序号	CSS 代码	序号	CSS 代码
01	ul{	49	#star-five {
02	clear: left;	50	margin: 50px 0;
03	float: left;	51	position: relative;
04	}	52	display: block;
05		53	color: blue;
06	li{	54	width: 0px;
07	list-style-type: none;	55	height: 0px;
08	}	56	border-right: 100px solid transparent;
09		57	border-bottom: 70px solid blue;
10	.shape{	58	border-left: 100px solid transparent;
11	margin: 5px;	59	-moz-transform: rotate(35deg);

序号	CSS 代码	序号	CSS 代码
12	float: left;	60	-webkit-transform: rotate(35deg);
13	}	61	-ms-transform: rotate(35deg);
14		62	-o-transform: rotate(35deg);
15	#yin-yang {	63	}
16	width: 96px;	64	#star-five:before {
17	height: 48px;	65	border-bottom: 80px solid blue;
18	background: #eee;	66	border-left: 30px solid transparent;
19	border-color: blue;	67	border-right: 30px solid transparent;
20	border-style: solid;	68	position: absolute;
21	border-width: 2px 2px 50px 2px;	69	height: 0;
22	border-radius: 100%;	70	width: 0;
23	position: relative;	71	top: -45px;
24	}	72	left: -65px;
25		73	display: block;
26	#yin-yang:before {	74	content: ';
27	content: "";	75	-webkit-transform: rotate(-35deg);
28	position: absolute;	76	-moz-transform: rotate(-35deg);
29	top: 50%;	77	-ms-transform: rotate(-35deg);
30	left: 0;	78	-o-transform: rotate(-35deg);
31	background: #eee;	79	}
32	border: 18px solid blue;	80	#star-five:after {
33	border-radius: 100%;	81	position: absolute;
34	width: 12px;	82	display: block;
35	height: 12px;	83	color: blue;
36	}	84	top: 3px;
37		85	left: -105px;
38	#yin-yang:after {	86	width: 0px;
39	content: "";	87	height: 0px;
40	position: absolute;	88	border-right: 100px solid transparent;
41	top: 50%;	89	border-bottom: 70px solid blue;
42	left: 50%;	90	border-left: 100px solid transparent;
43	background: blue;	91	-webkit-transform: rotate(-70deg);
44	border: 18px solid #eee;	92	-moz-transform: rotate(-70deg);
45	border-radius: 100%;	93	-ms-transform: rotate(-70deg);
46	width: 12px;	94	-o-transform: rotate(-70deg);
47	height: 12px;	95	content: ';
48	}	96	}

2. 编写网页 0803.html 的 HTML 代码

网页 0803.html 的 HTML 代码如表 8-6 所示。

表 8-6　网页 0803.html 的 HTML 代码

序号	HTML 代码
01	`<!DOCTYPE html>`
02	`<html>`
03	`<head>`
04	`<meta charset="utf-8" />`
05	`<title>CSS3 绘制的阴阳图和五角星</title>`
06	`<link href="css/main.css" rel="stylesheet" type="text/css" />`
07	`</head>`
08	`<body>`
09	`<ul>`
10	`<li class="shape" style="margin-top:40px;">`
11	`<div id="yin-yang"></div>`
12	`</li>`
13	`<li class="shape" style="margin-top:10px;margin-left:20px;">`
14	`<div id="star-five"></div>`
15	`</li>`
16	`</ul>`
17	`</body>`
18	`</html>`

【任务 8-4】网页中制作圆角按钮和圆角图片

【任务描述】

网页 080401.html 中制作的圆角渐变效果网页按钮的浏览效果如图 8-7 所示。

图 8-7　网页 080401.html 中制作的圆角渐变效果网页按钮的浏览效果

网页 080402.html 中制作的圆角图片和图形图片的浏览效果如图 8-8 所示。

图 8-8　网页 080402.html 中制作的圆角图片和图形图片的浏览效果

【任务实施】

在本地硬盘的文件夹 "08 复杂样式与网页特效设计\0804" 中创建网页 080401.html 和 080402.html。

1. 定义网页 080401.html 的 CSS 代码

网页 080401.html 的 CSS 代码如表 8-7 所示。

表 8-7　网页 080401.html 的 CSS 代码

序号	CSS 代码
01	.button {
02	display: inline-block;
03	zoom: 1;
04	*display: inline;
05	vertical-align: baseline;
06	margin: 0 2px;
07	outline: none;
08	cursor: pointer;
09	text-align: center;
10	text-decoration: none;
11	font: 14px/100% Arial, Helvetica, sans-serif;
12	padding: .5em 1.5em .55em;
13	text-shadow: 0 1px 1px rgba(0,0,0,.3);
14	-webkit-border-radius: .5em;
15	-moz-border-radius: .5em;
16	border-radius: .5em;
17	-webkit-box-shadow: 0 1px 2px rgba(0,0,0,.2);
18	-moz-box-shadow: 0 1px 2px rgba(0,0,0,.2);
19	box-shadow: 0 1px 2px rgba(0,0,0,.2);
20	}
21	
22	.button:hover {
23	text-decoration: none;
24	}
25	
26	.button:active {
27	position: relative;
28	top: 1px;
29	}
30	
31	.green {
32	color: #e8f0de;
33	border: solid 1px #538312;
34	background: #64991e;
35	background: -webkit-gradient(linear, left top, left bottom, from(#7db72f), to(#4e7d0e));
36	background: -moz-linear-gradient(top, #7db72f, #4e7d0e);
37	filter: progid:DXImageTransform.Microsoft.gradient(startColorstr='#7db72f', endColorstr='#4e7d0e');
38	}
39	
40	.green:hover {
41	background: #538018;
42	background: -webkit-gradient(linear, left top, left bottom, from(#6b9d28), to(#436b0c));
43	background: -moz-linear-gradient(top, #6b9d28, #436b0c);
44	filter: progid:DXImageTransform.Microsoft.gradient(startColorstr='#6b9d28',
45	endColorstr='#436b0c');

序号	CSS 代码
46	}
47	
48	.green:active {
49	color: #a9c08c;
50	background: -webkit-gradient(linear, left top, left bottom, from(#4e7d0e), to(#7db72f));
51	background: -moz-linear-gradient(top,　#4e7d0e,　#7db72f);
52	filter: progid:DXImageTransform.Microsoft.gradient(startColorstr='#4e7d0e',endColorstr='#7db72f');
53	}
54	
55	.bigrounded {
56	-webkit-border-radius: 2em;
57	-moz-border-radius: 2em;
58	border-radius: 2em;
59	}
60	
61	.medium {
62	font-size: 12px;
63	padding: .4em 1.5em .42em;
64	}
65	
66	.small {
67	font-size: 11px;
68	padding: .2em 1em .275em;
69	}

2．编写网页 080401.html 的 HTML 代码

网页 080401.html 的 HTML 代码如表 8-8 所示。

表 8-8　网页 080401.html 的 HTML 代码

序号	HTML 代码
01	<!DOCTYPE html>
02	<head>
03	<meta http-equiv="Content-Type" content="text/html; charset=utf-8" />
04	<title>CSS3 制作的圆角渐变效果的网页按钮</title>
05	<link rel="stylesheet" type="text/css" href="css/common.css" />
06	<link rel="stylesheet" type="text/css" href="css/main.css" />
07	</head>
08	<body>
09	<h1><a href="/">CSS3 Gradient Buttons</a></h1>
10	<div>
11	<a href="#" class="button green">Green</a>
12	<a href="#" class="button green bigrounded">Rounded</a>
13	<a href="#" class="button green medium">Medium</a>
14	<a href="#" class="button green small">Small</a>
15	</div>
16	</body>
17	</html>

3．定义网页 080402.html 的 CSS 代码

网页 080402.html 的 CSS 代码如表 8-9 所示。

表 8-9　网页 080402.html 的 CSS 代码

序号	CSS 代码
01	.normal img {
02	border: solid 5px #a9c08c;
03	-webkit-border-radius: 20px;
04	-moz-border-radius: 20px;
05	border-radius: 20px;
06	-webkit-box-shadow: inset 0 1px 5px rgba(0,0,0,.5);
07	-moz-box-shadow: inset 0 1px 5px rgba(0,0,0,.5);
08	box-shadow: inset 0 1px 5px rgba(0,0,0,.5);
09	}
10	
11	.circle .image-wrap {
12	-webkit-border-radius: 50em;
13	-moz-border-radius: 50em;
14	border-radius: 50em;
15	}

4．编写网页 080402.html 的 HTML 代码

网页 080402.html 的 HTML 代码如表 8-10 所示。

表 8-10　网页 080402.html 的 HTML 代码

序号	HTML 代码
01	<!doctype html>
02	<html>
03	<head>
04	<meta charset="utf-8">
05	<title>使用 CSS3 实现圆角和圆形图片</title>
06	<link rel="stylesheet" href="css/main.css" type="text/css" />
07	</head>
08	<body>
09	<span class="normal">
10	<img src="images/01.jpg" width="184" height="144" alt="img1">
11	</span>
12	<span class="circle">
13	<span class="image-wrap" style="position:relative; display:inline-block;
14	background:url(images/02.jpg) no-repeat center center; width: 140px; height: 140px;"></span>
15	</span>
16	</body>
17	</html>

【任务 8-5】设计网页中的圆形导航按钮

【任务描述】

网页 0805.html 中圆形导航按钮的浏览效果如图 8-9
所示。

图 8-9　网页 0805.html 中圆形
导航按钮的浏览效果

【任务实施】

在本地硬盘的文件夹 "08 复杂样式与网页特效设计
\0805" 中创建网页 0805.html。

1．定义网页 0805.html 的 CSS 代码

网页 0805.html 的 CSS 代码如表 8-11 所示。

表 8-11　网页 0805.html 的 CSS 代码

序号	CSS 代码	序号	CSS 代码
01	a {	48	.icon-category-style-4 {
02	text-decoration: none;	49	background: #3bc2ef
03	color: #111	50	url(../images/icon46.png)
04	}	51	no-repeat scroll 0 0
05		52	}
06	a:active,a:focus {	53	
07	outline: 0	54	.icon-category-style-5 {
08	}	55	background: #9ad24d
09		56	url(../images/icon47.png)
10	.category {	57	no-repeat scroll 0 0
11	padding: 5em 3.3em 0	58	}
12	}	59	
13		60	.icon-category-style-6 {
14	.category li {	61	background: #5c83ce
15	float: left;	62	url(../images/icon48.png)
16	width: 33.3%;	63	no-repeat scroll 0 0
17	text-align: center;	64	}
18	padding-bottom: 1.2em	65	
19	}	66	.icon-category-style-7 {
20		67	background: #ff619c
21	.category i {	68	url(../images/icon49.png)
22	margin-bottom: .9em	69	no-repeat scroll 0 0
23	}	70	}
24		71	
25	.category span {	72	.icon-category-style-8 {
26	display: block;	73	background: #5c83ce
27	color: #4e4e4e;	74	url(../images/icon50.png)
28	font-size: 2em	75	no-repeat scroll 0 0
29	}	76	}
30		77	
31	.icon-category-style-1 {	78	.icon-category-style-9 {
32	background: #5c83ce	79	background: #db343e

序号	CSS 代码	序号	CSS 代码
33	url(../images/icon43.png)	80	url(../images/icon51.png)
34	no-repeat scroll 0 0	81	no-repeat scroll 0 0
35	}	82	}
36		83	
37	.icon-category-style-2 {	84	.icon-category {
38	background: #db343e	85	display: inline-block;
39	url(../images/icon44.png)	86	width: 4em;
40	no-repeat scroll 0 0	87	height: 4em;
41	}	88	background-size: 100% 100%;
42		89	border-radius: 50%;
43	.icon-category-style-3 {	90	-webkit-border-radius: 50%
44	background: #3bc2ef	91	}
45	url(../images/icon45.png)	92	ol,ul {
46	no-repeat scroll 0 0	93	list-style: none
47	}	94	}

2. 编写网页 0805.html 的 HTML 代码

网页 0805.html 的 HTML 代码如表 8-12 所示。

表 8-12   网页 0805.html 的 HTML 代码

序号	HTML 代码
01	`<body>`
02	`<article class="category">`
03	`<ul>`
04	`<li> <a href="#"> <i class="icon-category icon-category-style-1"></i>`
05	`<span>智能手机</span> </a> </li>`
06	`<li> <a href="#"> <i class="icon-category icon-category-style-2"></i>`
07	`<span>功能手机</span> </a> </li>`
08	`<li> <a href="#"> <i class="icon-category icon-category-style-3"></i>`
09	`<span>手机配件</span> </a> </li>`
10	`<li> <a href="#"> <i class="icon-category icon-category-style-4"></i>`
11	`<span>平板电脑</span> </a> </li>`
12	`<li> <a href="#"> <i class="icon-category icon-category-style-5"></i>`
13	`<span>平板配件</span> </a> </li>`
14	`<li> <a href="#"> <i class="icon-category icon-category-style-6"></i>`
15	`<span>移动网络</span> </a> </li>`
16	`<li> <a href="#"> <i class="icon-category icon-category-style-7"></i>`
17	`<span>家庭网络</span> </a> </li>`
18	`<li> <a href="#"> <i class="icon-category icon-category-style-8"></i>`
19	`<span>华为秘盒</span> </a> </li>`
20	`<li> <a href="#"> <i class="icon-category icon-category-style-9"></i>`
21	`<span>其他</span> </a> </li>`
22	`</ul>`
23	`</article>`
24	`</body>`

【任务 8-6】网页中实现图片拖动操作

【任务描述】

网页 0806.html 的初始浏览效果如图 8-10 所示。

在网页 0806.html 中将图片源的两张图片拖到目的地后的效果如图 8-11 所示。

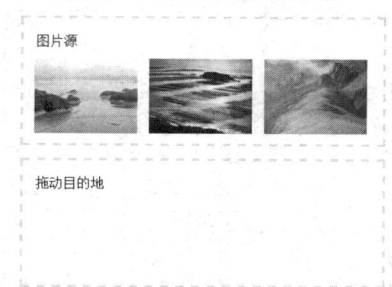

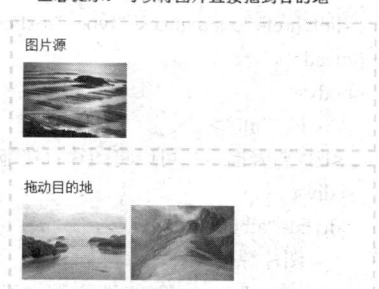

图 8-10 网页 0807.html 的初始浏览效果

图 8-11 网页 0807.html 中将图片源的
两张图片拖到目的地后的效果

【任务实施】

在本地硬盘的文件夹"08 复杂样式与网页特效设计\0806"中创建网页 0806.html。

1. 定义网页 0806.html 的 CSS 代码

网页 0806.html 的 CSS 代码如表 8-13 所示。

表 8-13 网页 0806.html 的 CSS 代码

序号	CSS 代码	序号	CSS 代码
01	#info{	17	#trash {
02	padding-left:40px	18	border: 3px dashed #ccc;
03	}	19	float: left;
04	#album {	20	margin: 10px;
05	border: 3px dashed #ccc;	21	padding: 10px;
06	float: left;	22	width: 400px;
07	margin: 0px 10px 5px;	23	height: 130px;
08	padding: 10px;	24	clear: left;
09	width: 400px;	25	}
10	height: 130px;	26	
11	}	27	#album p,#trash p {
12	#album img,#trash img {	28	line-height: 25px;
13	margin: 3px;	29	margin: 0px;
14	height: 90px;	30	padding: 5px;
15	width: 120px;	31	height: 25px;
16	}	32	}

2. 编写网页 0806.html 的 HTML 代码

网页 0806.html 的 HTML 代码如表 8-14 所示。

表 8-14 网页 0806.html 的 HTML 代码

序号	HTML 代码
01	<!DOCTYPE html>
02	<html>
03	<head>
04	<title>HTML5 实现图片拖拽操作</title>
05	<meta charset="utf-8" />
06	<link href="css/main.css" type="text/css" rel="stylesheet" />
07	</head>
08	<body>
09	<div id="info">
10	<h3>温馨提示：可以将图片直接拖到目的地</h3>
11	</div>
12	<div id="album">
13	<p>图片源</p>
14	<img src="images/01.jpg" id="img1" draggable="true" />
15	<img src="images/02.jpg" id="img2" draggable="true" />
16	<img src="images/03.jpg" id="img3" draggable="true" />
17	</div>
18	<div id="trash">
19	<p>拖动目的地</p>
20	</div>
21	<script src="js/drag.js" type="text/javascript"></script>
22	</body>
23	</html>

3．编写网页 0806．html 的 JavaScript 代码实现图片拖动功能

网页 0806.html 中实现图片拖动功能的 JavaScript 代码如表 8-15 所示。

表 8-15 网页 0806.html 实中现图片拖动功能的 JavaScript 代码

序号	JavaScript 代码
01	var info = document.getElementById("info");
02	//获得被拖动的元素，这里为图片所在的 div
03	var src = document.getElementById("album");
04	var dragImgId;
05	//开始拖动操作
06	src.ondragstart = function(e) {
07	//获得被拖动的图片 ID
08	dragImgId = e.target.id;
09	//获得被拖动元素
10	var dragImg = document.getElementById(dragImgId);
11	//拖动操作结束
12	dragImg.ondragend = function(e) {
13	//恢复提醒信息
14	info.innerHTML = "<h3>温馨提示：可以将图片直接拖到目的地</h3>";

序号	JavaScript 代码
15	};
16	e.dataTransfer.setData("text", dragImgId);
17	};
18	//拖动过程中
19	src.ondrag = function(e) {
20	info.innerHTML = "<h3>--图片正在被拖动--</h3>";
21	}
22	//获得拖动的目标元素
23	var target = document.getElementById("trash");
24	//关闭默认处理
25	target.ondragenter = function(e) {
26	e.preventDefault();
27	}
28	target.ondragover = function(e) {
29	e.preventDefault();
30	}
31	//有图片拖动到了目标元素
32	target.ondrop = function(e) {
33	var draggedID = e.dataTransfer.getData("text");
34	//获取图片中的 dom 对象
35	var oldElem = document.getElementById(draggedID);
36	//从图片 div 中删除该图片的节点
37	oldElem.parentNode.removeChild(oldElem);
38	//将被拖动的图片 dom 节点添加到目的地 div 中
39	target.appendChild(oldElem);
40	info.innerHTML = "<h3>温馨提示：可以将图片直接拖到目的地</h3>";
41	e.preventDefault();
42	}

【任务 8-7】网页中实现仿 Office 风格的多级菜单

【任务描述】

网页 0807.html 中实现仿 Office 风格的多级菜单的浏览效果如图 8-12 所示。

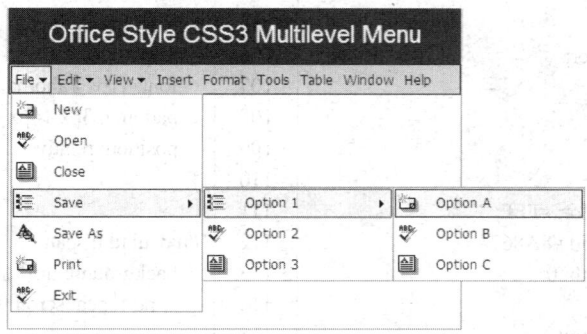

图 8-12　网页 0807.html 中实现仿 Office 风格的多级菜单的浏览效果

【任务实施】

在本地硬盘的文件夹"08 复杂样式与网页特效设计\0808"中创建网页 0807.html。

1．定义网页 0807.html 的 CSS 代码

网页 0807.html 的 CSS 代码如表 8-16 所示。

表 8-16　网页 0807.html 的 CSS 代码

序号	CSS 代码	序号	CSS 代码
01	* {	76	#nav ul ul ul {
02	margin: 0;	77	display: none;
03	padding: 0;	78	left: 168px;
04	}	79	position: absolute;
05		80	top: -1px;
06	body {	81	width: 168px;
07	font: 14px/1.3 Arial,sans-serif;	82	}
08	-webkit-background-size: cover;	83	
09	-moz-background-size: cover;	84	#nav ul li {
10	-o-background-size: cover;	85	float: left;
11	background-size: cover;	86	margin-right: 1px;
12	}	87	position: relative;
13		88	}
14	header {	89	
15	background-color: #212121;	90	#nav ul li a {
16	box-shadow: 0 -1px 2px #111111;	91	border: 1px solid #B8D1F8;
17	color: #fff;	92	color: #000;
18	display: block;	93	cursor: default;
19	height: 50px;	94	display: block;
20	position: relative;	95	font: 11px Tahoma,Arial;
21	width: 400px;	96	padding: 3px 3px 4px;
22	z-index: 100;	97	text-decoration: none;
23	margin: 0px auto;	98	}
24	}	99	
25		100	#nav ul li span {
26	header h2 {	101	background: url("../images/u.gif")
27	font-size: 22px;	102	no-repeat scroll 90% center transparent;
28	font-weight: normal;	103	border: 1px solid #B8D1F8;
29	padding: 10px 0;	104	color: #000;
30	width: 100%;	105	cursor: default;
31	text-align: center;	106	display: block;
32	display: block;	107	font: 11px Tahoma,Arial;
33	}	108	padding: 3px 14px 4px 3px;
34		109	position: relative;
35	.window {	110	}
36	background-color: #FFF;	111	
37	border: 1px solid #8A867A;	112	#nav ul ul li span {
38	border-top-width: 0;	113	background: url("../images/s.gif")
39	height: 240px;	114	no-repeat scroll 97% center transparent;
40	margin: 0px auto;	115	}
41	width: 400px;	116	

序号	CSS 代码	序号	CSS 代码
42	}	117	#nav ul ul li {
43		118	float: none;
44	#nav {	119	margin-right: 0;
45	position: relative;	120	padding: 1px;
46	z-index: 2;	121	text-indent: 10px;
47	}	122	}
48		123	
49	#nav ul {	124	#nav ul ul li a,#nav ul ul li span {
50	background-color: #B8D1F8;	125	border: 1px solid transparent;
51	border: 1px solid #000C80;	126	padding: 3px 3px 5px 2px;
52	height: 24px;	127	}
53	list-style: none outside none;	128	
54	margin: 0;	129	#nav ul ul li a img,#nav ul ul li span img {
55	padding: 1px;	130	border-width: 0;
56	}	131	float: left;
57		132	margin-right: 5px;
58	#nav ul ul {	133	vertical-align: middle;
59	background-color: #FFFFFF;	134	}
60	border: 1px solid #8A867A;	135	
61	display: none;	136	#nav ul li:hover > a,#nav ul li:hover > span {
62	height: auto;	137	background-color: #FFF2C8;
63	left: 0;	138	border: 1px solid #000C80;
64	padding: 0;	139	color: #000;
65	position: absolute;	140	}
66	top: 25px;	141	
67	width: 168px;	142	#nav img.close {
68	background-image: -webkit-gradient(left	143	display: none;
69	center , #F8FAFF 0%, #B8D1F8 15%,	144	height: 100%;
70	#FFF 15%, #FFF 100%);	145	left: 0;
71	background-image:	146	position: fixed;
72	-moz-linear-gradient(left center ,	147	top: 0;
73	#F8FAFF 0%, #B8D1F8 15%,	148	width: 100%;
74	#FFF 15%, #FFF 100%);	149	z-index: -1;
75	}	150	}

2. 编写网页 0807.html 的 HTML 代码

网页 0807.html 的 HTML 代码如表 8-17 所示。

表 8-17 网页 0807.html 的 HTML 代码

序号	HTML 代码
01	<!DOCTYPE html>
02	<html lang="en">
03	<head>
04	<meta charset="utf-8" />
05	<title>Office Style CSS3 Multilevel Menu</title>
06	<link href="css/menu.css" rel="stylesheet" type="text/css" />
07	</head>

序号	HTML 代码
08	`<body>`
09	`  <header>`
10	`   <h2>Office Style CSS3 Multilevel Menu</h2>`
11	`  </header>`
12	`  <div class="window">`
13	`   <div id="nav">`
14	`    <ul>`
15	`     <li><span tabindex="1">File</span>`
16	`      <ul>`
17	`       <li><a href="#"><img src="images/icon1.gif" alt="" />New</a></li>`
18	`       <li><a href="#"><img src="images/icon2.gif" alt="" />Open</a></li>`
19	`       <li><a href="#"><img src="images/icon3.gif" alt="" />Close</a></li>`
20	`       <li><span tabindex="1"><img src="images/icon4.gif" alt="" />Save</span>`
21	`        <ul>`
22	`         <li><span tabindex="1"><img src="images/icon4.gif" alt="" />Option 1</span>`
23	`          <ul>`
24	`           <li><a href="#"><img src="images/icon1.gif" alt="" />Option A</a></li>`
25	`           <li><a href="#"><img src="images/icon2.gif" alt="" />Option B</a></li>`
26	`           <li><a href="#"><img src="images/icon3.gif" alt="" />Option C</a></li>`
27	`          </ul> </li>`
28	`         <li><a href="#"><img src="images/icon2.gif" alt="" />Option 2</a></li>`
29	`         <li><a href="#"><img src="images/icon3.gif" alt="" />Option 3</a></li>`
30	`        </ul> </li>`
31	`       <li><a href="#"><img src="images/icon5.gif" alt="" />Save As</a></li>`
32	`       <li><a href="#"><img src="images/icon1.gif" alt="" />Print</a></li>`
33	`       <li><a href="#"><img src="images/icon2.gif" alt="" />Exit</a></li>`
34	`      </ul> </li>`
35	`     <li><span tabindex="1">Edit</span>`
36	`      <ul>`
37	`       <li><a href="#"><img src="images/icon1.gif" alt="" />Cut</a></li>`
38	`       <li><a href="#"><img src="images/icon2.gif" alt="" />Copy</a></li>`
39	`       <li><a href="#"><img src="images/icon3.gif" alt="" />Paste</a></li>`
40	`      </ul> </li>`
41	`     <li><span tabindex="1">View</span>`
42	`      <ul>`
43	`       <li><a href="#"><img src="images/icon1.gif" alt="" />Normal</a></li>`
44	`       <li><a href="#"><img src="images/icon2.gif" alt="" />Web Layout</a></li>`
45	`       <li><a href="#"><img src="images/icon3.gif" alt="" />Print Layout</a></li>`
46	`      </ul> </li>`
47	`     <li><a href="#">Insert</a></li>`
48	`     <li><a href="#">Format</a></li>`
49	`     <li><a href="#">Tools</a></li>`
50	`     <li><a href="#">Table</a></li>`
51	`     <li><a href="#">Window</a></li>`
52	`     <li><a href="http://www.script-tutorials.com/">Help</a></li>`
53	`     <img class="close" src="images/spacer.gif" alt="" />`
54	`    </ul>`
55	`   </div>`
56	`  </div>`
57	` </body>`
58	`</html>`

同步训练

【任务 8-8】网页中绘制各种几何图形

【任务描述】

网页 0808.html 中各种几何图形的浏览效果如图 8-13 所示。

【任务实施】

在本地硬盘的文件夹 "08 复杂样式与网页特效设计 \0808" 中创建网页 0808.html。

1. 定义网页 0808.html 的 CSS 代码

网页 0808.html 的 CSS 代码如表 8-18 所示。

图 8-13　网页 0808.html 中各种几何图形的浏览效果

表 8-18　网页 0808.html 的 CSS 代码

序号	CSS 代码	序号	CSS 代码
01	ul{	55	li{
02	clear: left;	56	list-style-type: none;
03	float: left;	57	}
04	}	58	
05		59	#triangle-right {
06	.shape{	60	width: 0px;
07	margin: 5px;	61	height: 0px;
08	float: left;	62	border-top: 50px solid transparent;
09	}	63	border-bottom: 50px solid transparent;
10		64	border-left: 100px solid blue;
11	#square {	65	}
12	width: 100px;	66	
13	height: 100px;	67	#oval {
14	background: blue;	68	width: 200px;
15	}	69	height: 100px;
16		70	background: blue;
17	#rectangle {	71	-moz-border-radius: 100px/50px;
18	width: 200px;	72	-webkit-border-radius: 100px/50px;
19	height: 100px;	73	border-radius: 100px/50px;
20	background: blue;	74	}
21	}	75	
22		76	#trapezoid {
23	#circle {	77	border-bottom: 100px solid blue;
24	width: 100px;	78	border-left: 50px solid transparent;
25	height: 100px;	79	border-right: 50px solid transparent;
26	background: blue;	80	height: 0;
27	-moz-border-radius: 50px;	81	width: 100px;

序号	CSS 代码	序号	CSS 代码
28	-webkit-border-radius: 50px;	82	}
29	border-radius: 50px;	83	
30	}	84	#triangle-leftbottom {
31		85	width: 0px;
32	#triangle-up {	86	height: 0px;
33	width: 0px;	87	border-bottom: 100px solid blue;
34	height: 0px;	88	border-right: 100px solid transparent;
35	border-left: 50px solid transparent;	89	}
36	border-right: 50px solid transparent;	90	
37	border-bottom: 100px solid blue;	91	#triangle-rightbottom {
38	}	92	width: 0px;
39		93	height: 0px;
40	#triangle-down {	94	border-bottom: 100px solid blue;
41	width: 0px;	95	border-left: 100px solid transparent;
42	height: 0px;	96	}
43	border-left: 50px solid transparent;	97	#triangle-topleft {
44	border-right: 50px solid transparent;	98	width: 0px;
45	border-top: 100px solid blue;	99	height: 0px;
46	}	100	border-top: 100px solid blue;
47		101	border-right: 100px solid transparent;
48	#triangle-left {	102	}
49	width: 0px;	103	#triangle-topright {
50	height: 0px;	104	width: 0px;
51	border-top: 50px solid transparent;	105	height: 0px;
52	border-bottom: 50px solid transparent;	106	border-top: 100px solid blue;
53	border-right: 100px solid blue;	107	border-left: 100px solid transparent;
54	}	108	}

2．编写网页 0808.html 的 HTML 代码

网页 0808.html 的 HTML 代码如表 8-19 所示。

表 8-19 网页 0808.html 的 HTML 代码

序号	HTML 代码
01	<!DOCTYPE html>
02	<html>
03	<head>
04	<meta charset="utf-8" />
05	<title>纯 CSS 绘制的各种几何图形</title>
06	<link href="css/main.css" rel="stylesheet" type="text/css" />
07	</head>
08	<body>
09	<ul>
10	<li class="shape"><div id="square"></div></li>
11	<li class="shape"><div id="rectangle"></div></li>
12	<li class="shape"><div id="circle"></div></li>
13	</ul>
14	<ul>

序号	HTML 代码
15	<li class="shape"><div id="triangle-up"></div></li>
16	<li class="shape"><div id="triangle-down"></div></li>
17	<li class="shape"><div id="triangle-left"></div></li>
18	<li class="shape"><div id="triangle-right"></div></li>
19	</ul>
20	<ul>
21	<li class="shape"><div id="oval"></div></li>
22	<li class="shape"><div id="trapezoid"> </div></li>
23	</ul>
24	<ul>
25	<li class="shape"><div id="triangle-leftbottom"></div></li>
26	<li class="shape"><div id="triangle-rightbottom"></div></li>
27	<li class="shape"><div id="triangle-topleft"></div></li>
28	<li class="shape"><div id="triangle-topright"></div></li>
29	</ul>
30	</body>
31	</html>

【任务 8-9】网页中实现超酷导航菜单

【任务描述】

网页 0809.html 中超酷导航菜单的浏览效果如图 8-14 所示。

图 8-14　网页 0809.html 中超酷导航菜单的浏览效果

【任务实施】

在本地硬盘的文件夹"08 复杂样式与网页特效设计\0809"中创建网页 0809.html。

1. 定义网页 0809.html 的 CSS 代码

网页 0809.html 的 CSS 代码如表 8-20 所示。

表 8-20　网页 0809.html 的 CSS 代码

序号	CSS 代码
01	ul.cssTabs {
02	background: #848383;
03	border: solid 1px #606060;
04	padding: 0 75px;
05	width: 405px;
06	margin: 10px 0;

序号	CSS 代码
07	font-size: 12px;
08	font-weight: bold;
09	background: -moz-linear-gradient(0% 100% 90deg,#737373, #9a9a9a);
10	background: -webkit-gradient(linear, 0% 0%, 0% 100%, from(#9a9a9a), to(#737373));
11	box-shadow: inset 0 1px 0 0 #dfdfdf;
12	-moz-box-shadow: inset 0 1px 0 0 #dfdfdf;
13	-webkit-box-shadow: inset 0 1px 0 0 #dfdfdf;
14	border-radius: 8px 8px;
15	-moz-border-radius: 8px 8px;
16	-webkit-border-radius: 8px 8px;
17	}
18	
19	ul.cssTabs > li {
20	background: #989898;
21	color: #3a3a3a;
22	border: solid 1px #606060;
23	border-bottom: 0;
24	display: inline-block;
25	margin: 10px 1px -1px;
26	padding: 8px 20px;
27	background: -moz-linear-gradient(0% 100% 90deg,#9a9a9a, #888888);
28	background: -webkit-gradient(linear, 0% 0%, 0% 100%, from(#888888), to(#9a9a9a));
29	box-shadow: inset 0 1px 0 0 #dfdfdf;
30	-moz-box-shadow: inset 0 1px 0 0 #dfdfdf;
31	-webkit-box-shadow: inset 0 1px 0 0 #dfdfdf;
32	text-shadow: 1px 1px 0 #d3d3d3;
33	}
34	
35	ul.cssTabs > li.active,ul.cssTabs > li:hover {
36	background: #ededed;
37	background: -moz-linear-gradient(0% 100% 90deg,#f0f0f0, #d1d1d1) !important;
38	background: -webkit-gradient(linear, 0% 0%, 0% 100%, from(#d1d1d1), to(#f0f0f0)) !important;
39	box-shadow: inset 0 1px 0 0 #fff;
40	-moz-box-shadow: inset 0 1px 0 0 #fff;
41	-webkit-box-shadow: inset 0 1px 0 0 #fff;
42	text-shadow: none;
43	cursor: pointer;
44	}
45	
46	ul.cssTabs.blue {
47	background: #237e9f;
48	border-color: #20617f;
49	background: -moz-linear-gradient(0% 100% 90deg,#217092, #2d97b8);
50	background: -webkit-gradient(linear, 0% 0%, 0% 100%, from(#2d97b8), to(#217092));
51	box-shadow: inset 0 1px 0 0 #a8e3f0;
52	-moz-box-shadow: inset 0 1px 0 0 #a8e3f0;
53	-webkit-box-shadow: inset 0 1px 0 0 #a8e3f0;
54	}
55	

序号	CSS 代码
56	ul.cssTabs.blue > li,ul.cssTabs.blue > li:hover {
57	background: #2ca0c1;
58	color: #1a4760;
59	border-color: #20617f;
60	background: -moz-linear-gradient(0% 100% 90deg,#2ca1c3, #2687aa);
61	background: -webkit-gradient(linear, 0% 0%, 0% 100%, from(#2687aa), to(#2ca1c3));
62	box-shadow: inset 0 1px 0 0 #a8e3f0;
63	-moz-box-shadow: inset 0 1px 0 0 #a8e3f0;
64	-webkit-box-shadow: inset 0 1px 0 0 #a8e3f0;
65	text-shadow: 1px 1px 0 #8cd9e8;
66	}
67	
68	ul.cssTabs.blue > li.active {
69	box-shadow: inset 0 1px 0 0 #fff;
70	-moz-box-shadow: inset 0 1px 0 0 #fff;
71	-webkit-box-shadow: inset 0 1px 0 0 #fff;
72	text-shadow: none;
73	}

2. 编写网页 0809.html 的 HTML 代码

网页 0809.html 的 HTML 代码如表 8-21 所示。

表 8-21 网页 0809.html 的 HTML 代码

序号	HTML 代码
01	<!DOCTYPE html>
02	<html>
03	<head>
04	<meta http-equiv="Content-Type" content="text/html; charset=UTF-8" />
05	<title>纯 CSS3 实现的超酷导航菜单</title>
06	<link rel="stylesheet" type="text/css" href="css/common.css" />
07	<link rel="stylesheet" type="text/css" href="css/main.css" />
08	</head>
09	<body>
10	<h2 style="padding-left:120px;">纯 CSS3 实现的超酷导航菜单</h2>
11	<ul class="cssTabs">
12	<li class="active">主页</li>
13	<li>关于我们</li>
14	<li>我们服务</li>
15	<li>联系我们</li>
16	</ul>
17	<ul class="cssTabs blue">
18	<li class="active">Home</li>
19	<li>About us</li>
20	<li>Our Services</li>
21	<li>Contact us</li>
22	</ul>
23	</body>
24	</html>

【任务 8-10】网页中模仿苹果 iPhone 的搜索框聚焦变长效果

【任务描述】

网页 0810.html 浏览时搜索框的初始效果如图 8-15 所示。

网页中搜索框获取焦点时变长效果如图 8-16 所示。

图 8-15　网页 0810.html 浏览时搜索框的初始效果 　　图 8-16　网页中搜索框获取焦点时的变长效果

【任务实施】

在本地硬盘的文件夹"08 复杂样式与网页特效设计\0810"中创建网页 0810.html。

1. 定义网页 0810.html 的 CSS 代码

网页 0810.html 的 CSS 代码如表 8-22 所示。

表 8-22　网页 0810.html 的 CSS 代码

序号	CSS 代码
01	body {
02	background: #ccc;
03	}
04	
05	#search input[type="text"] {
06	background: url(../images/search-white.png) no-repeat 10px 6px #fcfcfc;
07	border: 1px solid #d1d1d1;
08	font: bold 12px Arial,Helvetica,Sans-serif;
09	color: #bebebe;
10	width: 150px;
11	padding: 6px 15px 6px 35px;
12	-webkit-border-radius: 20px;
13	-moz-border-radius: 20px;
14	border-radius: 20px;
15	text-shadow: 0 2px 3px rgba(0, 0, 0, 0.1);
16	-webkit-box-shadow: 0 1px 3px rgba(0, 0, 0, 0.15) inset;
17	-moz-box-shadow: 0 1px 3px rgba(0, 0, 0, 0.15) inset;
18	box-shadow: 0 1px 3px rgba(0, 0, 0, 0.15) inset;
19	-webkit-transition: all 0.7s ease 0s;
20	-moz-transition: all 0.7s ease 0s;
21	-o-transition: all 0.7s ease 0s;
22	transition: all 0.7s ease 0s;
23	}
24	
25	#search input[type="text"]:focus {
26	width: 200px;
27	}

2．编写网页 0810.html 的 HTML 代码

网页 0810.html 的 HTML 代码如表 8-23 所示。

表 8-23　网页 0810.html 的 HTML 代码

序号	HTML 代码
01	<!DOCTYPE html>
02	<html>
03	<head>
04	<meta http-equiv="Content-Type" content="text/html; charset=UTF-8" />
05	<title>CSS3 模仿苹果 iphone 的搜索框聚焦变长效果</title>
06	<link rel="stylesheet" type="text/css" href="css/main.css" />
07	</head>
08	<body>
09	<form method="get" action="/search" id="search">
10	<input name="q" type="text" size="40" placeholder="Search..." />
11	</form>
12	</body>
13	</html>

【任务 8-11】网页中实现拖动选择多张景点图片

【任务描述】

网页 0811.html 的初始浏览效果如图 8-17 所示。

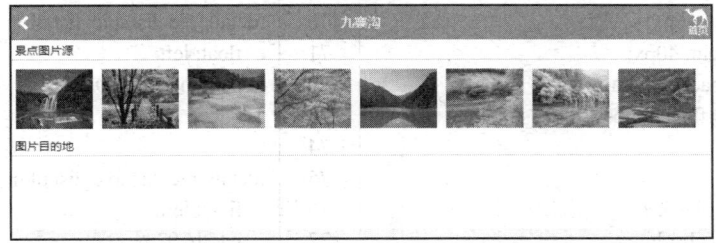

图 8-17　网页 0811.html 的初始浏览效果

在网页 0811.html 中将景点图片源的 4 张图片拖到目的地后的效果如图 8-18 所示。

图 8-18　网页 0811.html 中将景点图片源的 4 张图片拖到目的地后的效果

【任务实施】

在本地硬盘的文件夹"08 复杂样式与网页特效设计\0811"中创建网页 0811.html。

1．定义网页 0811.html 的 CSS 代码

网页 0811.html 的 CSS 代码如表 8-24 所示。

表 8-24　网页 0811.html 的 CSS 代码

序号	CSS 代码	序号	CSS 代码
01	.mp-page {	50	.mp-header-logo img {
02	position: absolute;	51	width: 28px;
03	top: 0;	52	margin: 4px 5px 0 0;
04	left: 0;	53	}
05	width: 100%;	54	
06	min-height: 100%;	55	.mp-header-back:active,
07	background: #f3f3f3;	56	.mp-header-logo:active {
08	}	57	background-color: #058298;
09		58	color: #fff;
10	.mp-header {	59	}
11	background: #25a4bb;	60	
12	text-align: center;	61	.detail_pic_list {
13	color: #fff;	62	background: white;
14	border-bottom: #1b7a8b 1px solid;	63	}
15	position: relative;	64	
16	}	65	.detail_pic_list .pic_list {
17		66	border-top: 1px solid #cacaca;
18	.mp-header h1 {	67	background-color: #fff;
19	overflow: hidden;	68	}
20	margin: 0 50px;	69	
21	font-size: 16px;	70	.detail_pic_list .pic_list ul {
22	line-height: 40px;	71	float: left;
23	white-space: nowrap;	72	padding: 11px 0 0 11px;
24	text-overflow: ellipsis;	73	}
25	}	74	
26		75	.detail_pic_list .pic_list ul li {
27	.mp-header-back {	76	float: left;
28	position: absolute;	77	width: 92px;
29	left: 0;	78	height: 72px;
30	top: 0;	79	margin: 0 11px 11px 0;
31	width: 40px;	80	}
32	height: 40px;	81	
33	background:	82	.detail_pic_list .pic_list ul li img {
34	url(../images/header-left-arrow_1.png)	83	width: 92px;
35	center center no-repeat;	84	height: 72px;
36	background-size: 13px 17px;	85	}
37	}	86	
38		87	.clr {
39	.mp-header-logo {	88	clear: both;
40	position: absolute;	89	}
41	top: 0;	90	

序号	CSS 代码	序号	CSS 代码
42	right: 0;	91	.info_more_title {
43	width: 40px;	92	text-indent: 10px;
44	height: 38px;	93	}
45	line-height: 10px;	94	
46	font-size: 10px;	95	a {
47	text-decoration: none;	96	text-decoration: none;
48	color: #fff;	94	color: #25a4bb;
49	}	98	}

2. 编写网页 0811.html 的 HTML 代码

网页 0811.html 的 HTML 代码如表 8-25 所示。

表 8-25　网页 0811.html 的 HTML 代码

序号	HTML 代码
01	\<body\>
02	\<div class="mp-page" id="main-page"\>
03	\<div class="mp-header"\>
04	\<a class="mp-header-back" onclick="window.history.back();"
05	href="javascript:window.history.back();"\>\</a\>
06	\<h1\>九寨沟\</h1\>
07	\<a href="http://touch.qunar.com/" class="mp-header-logo"\>
08	\<img src="images/logo_l.png" /\>\<br /\>首页　\</a\>
09	\</div\>
10	\<div class="mp-main"\>
11	\<div class="detail_pic_list"\>
12	\<h3 class="info_more_title"\>景点图片源\</h3\>
13	\<div class="pic_list"\>
14	\<ul style="height:80px;" id="holder" ondrop="dropIt(this, event)"
15	ondragenter="return false" ondragover="return false"\>
16	\<li draggable="true" id="s1" ondragstart="dragIt(this,event)"\>
17	\<img src="images/01.jpg" data-ourl="" alt="" /\>\</li\>
18	\<li draggable="true" id="s2" ondragstart="dragIt(this,event)"\>
19	\<img src="images/02.jpg" data-ourl="" alt="" /\>\</li\>
20	\<li draggable="true" id="s3" ondragstart="dragIt(this,event)"\>
21	\<img src="images/03.jpg" data-ourl="" alt="" /\>\</li\>
22	\<li draggable="true" id="s4" ondragstart="dragIt(this,event)"\>
23	\<img src="images/04.jpg" data-ourl="" alt="" /\>\</li\>
24	\<li draggable="true" id="s5" ondragstart="dragIt(this,event)"
25	\>\<img src="images/05.jpg" data-ourl="" alt="" /\>\</li\>
26	\<li draggable="true" id="s6" ondragstart="dragIt(this,event)"\>
27	\<img src="images/06.jpg" data-ourl="" alt="" /\>\</li\>
28	\<li draggable="true" id="s7" ondragstart="dragIt(this,event)"\>
29	\<img src="images/07.jpg" data-ourl="" alt="" /\>\</li\>
30	\<li id="s8"\>\<img src="images/08.jpg" data-ourl="" alt="" /\>\</li\>
31	\</ul\>
32	\<div class="clr"\>\</div\>
33	\</div\>

序号	HTML 代码
34	`</div>`
35	`<div class="detail_pic_list">`
36	`<h3 class="info_more_title">图片目的地</h3>`
37	`<div class="pic_list">`
38	`<ul style="height:80px;" id="targetImg" ondrop="dropIt(this, event)"`
39	`ondragenter="return false" ondragover="return false">`
40	`<li draggable="true" id="ti" ondragstart="dragIt(this, event)"></li>`
41	`</ul>`
42	`<div class="clr"></div>`
43	`</div>`
44	`</div>`
45	`</div>`
46	`</div>`
47	`</body>`

3. 编写网页 0811.html 的 JavaScript 代码实现景点图片拖动功能

网页 0811.html 中实现景点图片拖动功能的 JavaScript 代码如表 8-26 所示。

表 8-26　网页 0806.html 实中现景点图片拖动功能的 JavaScript 代码

序号	JavaScript 代码
01	`function dragIt(target, e) {`
02	`e.dataTransfer.setData('img', target.id);`
03	`}`
04	`function dropIt(target, e) {`
05	`var id = e.dataTransfer.getData('img');`
06	`target.appendChild(document.getElementById(id));`
07	`e.preventDefault();`
08	`}`
09	`function trashIt(target, e) {`
10	`var id = e.dataTransfer.getData('img');`
11	`removeElement(id);`
12	`e.preventDefault();`
13	`}`
14	`function removeElement(id) {`
15	`var d_node = document.getElementById(id);`
16	`d_node.parentNode.removeChild(d_node);`
17	`}`

拓展训练

【任务 8-12】网页中实现相册效果

【任务描述】

网页 0812.html 中相册的浏览效果如图 8-19 所示。

图 8-19　网页 0812.html 中相册的浏览效果

【操作提示】

（1）网页 0812.html 的 HTML 代码编写提示

网页 0812.html 的 HTML 代码如表 8-27 所示。

表 8-27 网页 0808.html 的 HTML 代码

序号	HTML 代码
01	<!DOCTYPE html>
02	<html>
03	<head>
04	<meta http-equiv="Content-Type" content="text/html; charset=utf-8" />
05	<title>HTML5 CSS3 打造相册效果</title>
06	<link href="css/common.css" type="text/css" rel="stylesheet" />
07	<link href="css/main.css" type="text/css" rel="stylesheet" />
08	</head>
09	<body>
10	<div id="gallery">
11	<h1 style="padding-left:100px;">纯 CSS3 相册效果</h1>
12	<ul>
13	<li> <span class="touch"><img src="images/pic1.jpg" /></span>
14	<div style="display: block;"><img src="images/pic1.jpg" />
15	</div> </li>
16	<li> <span><img src="images/pic2.jpg" /></span>
17	<div><img src="images/pic2.jpg" /></div> </li>
18	<li> <span><img src="images/pic3.jpg" /></span>
19	<div><img src="images/pic3.jpg" /></div> </li>
20	<li> <span><img src="images/pic4.jpg" /></span>
21	<div><img src="images/pic4.jpg" /></div> </li>
22	<li> <span><img src="images/pic5.jpg" /></span>
23	<div><img src="images/pic5.jpg" /></div> </li>
24	<li> <span><img src="images/pic6.jpg" /></span>
25	<div><img src="images/pic6.jpg" /></div> </li>
26	</ul>
27	<div class="clearfix"></div>
28	</div>
29	</body>
30	</html>

（2）定义网页 0812.html 的 CSS 代码

网页 0812.html 的 CSS 代码如表 8-28 所示。

表 8-28 网页 0812.html 的 CSS 代码

序号	CSS 代码	序号	CSS 代码
01	#gallery {	38	#gallery ul li span img {
02	width: 630px;	39	position: relative;
03	position: relative;	40	top: -200px;
04	margin: 10px auto 0;	41	left: -100px;

续表

序号	CSS 代码	序号	CSS 代码
05	background-color: #000;	42	filter: alpha(opacity=30);
06	min-height: 360px;	43	opacity: 0.3;
07	padding: 20px;	44	}
08	}	45	
09		46	#gallery ul li span.touch img,
10	#gallery h1 {	47	#gallery ul li:hover span img {
11	color: #fff;	48	opacity: 1;
12	font-size: 2em;	49	filter: alpha(opacity=100);
13	font-weight: bold;	50	}
14	}	51	
15		52	#gallery ul li:hover div {
16	#gallery ul {	53	display: block;
17	width: 140px;	54	}
18	float: right;	55	
19	margin-top: 15px;	56	#gallery ul li div img {
20	margin-right: 0;	57	width: 460px;
21	margin-bottom: 20px;	58	height: 288px;
22	margin-left: 0;	59	}
23	}	60	
24		61	#gallery ul li div {
25	#gallery ul li span {	62	display: none;
26	display: block;	63	position: absolute;
27	position: relative;	64	top: 80px;
28	width: 60px;	65	left: 20px;
29	height: 80px;	66	border: 5px solid #fff;
30	border: 1px solid #fff;	67	}
31	-moz-border-radius: 4px;	68	.clearfix {
32	-webkit-border-radius: 4px;	69	clear: both;
33	-ms-border-radius: 4px;	70	}
34	-o-border-radius: 4px;	71	#gallery ul li {
35	border-radius: 4px;	72	float: left;
36	overflow: hidden;	73	margin: 10px 8px 0 0;
37	}	74	}

【任务 8–13】网页中实现带有字体图标效果的下拉导航菜单

【任务描述】

网页 0813.html 中菜单的初始浏览效果如图 8-20 所示。

【操作提示】

（1）网页 0813.html 的 HTML 代码编写提示

图 8-20　网页 0813.html 中菜单的初始浏览效果

网页 0813.html 的 HTML 代码如表 8-29 所示。

表 8-29　网页 0813.html 的 HTML 代码

序号	HTML 代码
01	<!DOCTYPE html>
02	<html lang="en">
03	<head>
04	<meta charset="utf-8" />
05	<title>纯 CSS3 实现带有字体图标效果的灰白色下拉导航菜单</title>
06	<link href="css/common.css" media="screen" rel="stylesheet" type="text/css" />
07	<link href="css/main.css" media="screen" rel="stylesheet" type="text/css" />
08	</head>
09	<body>
10	<div class="wrap">
11	<nav>
12	<ul class="menu">
13	<li><a href="#"><span class="iconic home"></span> Home</a></li>
14	<li><a href="#"><span class="iconic plus-alt"></span> About</a>
15	<ul>
16	<li><a href="#">Company History</a></li>
17	<li><a href="#">Meet the team</a></li>
18	</ul> </li>
19	<li><a href="#"><span class="iconic magnifying-glass"></span> Services</a>
20	<ul>
21	<li><a href="#">Web Design</a></li>
22	<li><a href="#">App Development</a></li>
23	<li><a href="#">Email Campaigns</a></li>
24	<li><a href="#">Copyrighting</a></li>
25	</ul> </li>
26	<li><a href="#"><span class="iconic map-pin"></span> Products</a>
27	<ul>
28	<li><a href="#">Widget One</a></li>
29	<li><a href="#">Widget Two</a></li>
30	</ul> </li>
31	<li><a href="#"><span class="iconic mail"></span> Contact</a>
32	<ul>
33	<li><a href="#">Contact Us</a></li>
34	<li><a href="#">Directions</a></li>
35	</ul> </li>
36	</ul>
37	<div class="clearfix"></div>
38	</nav>
39	</div>
40	<div style="text-align:center;clear:both">
41	</div>
42	</body>
43	</html>

（2）网页 0813.html 的 CSS 代码定义提示

网页 0813.html 的 CSS 代码如表 8-30 所示。

表 8-30　网页 0813.html 的 CSS 代码

序号	CSS 代码
01	.wrap {
02	width: 460px;
03	margin: 5px auto;
04	}
05	
06	nav {
07	background: -webkit-gradient(linear, center top, center bottom, from(#fff), to(#ccc));
08	background-image: linear-gradient(#fff, #ccc);
09	border-radius: 6px;
10	box-shadow: 0px 0px 4px 2px rgba(0,0,0,0.4);
11	padding: 0 5px;
12	position: relative;
13	}
14	
15	.menu li {
16	float: left;
17	position: relative;
18	}
19	
20	.menu li a {
21	color: #444;
22	display: block;
23	font-size: 14px;
24	line-height: 20px;
25	padding: 6px 12px;
26	margin: 8px 8px;
27	vertical-align: middle;
28	text-decoration: none;
29	}
30	
31	.menu li a:hover {
32	background: -webkit-gradient(linear, center top, center bottom, from(#ededed), to(#fff));
33	background-image: linear-gradient(#ededed, #fff);
34	border-radius: 12px;
35	box-shadow: inset 0px 0px 1px 1px rgba(0,0,0,0.1);
36	color: #222;
37	}
38	
39	.menu ul {
40	position: absolute;
41	left: -9999px;
42	list-style: none;
43	opacity: 0;
44	transition: opacity 1s ease;

序号	CSS 代码
45	}
46	
47	.menu ul li {
48	float: none;
49	}
50	
51	.menu ul a {
52	white-space: nowrap;
53	}
54	
55	.menu li:hover ul {
56	background: rgba(255,255,255,0.7);
57	border-radius: 0 0 6px 6px;
58	box-shadow: inset 0px 2px 4px rgba(0,0,0,0.4);
59	left: 5px;
60	opacity: 1;
61	}
62	
63	.menu li:hover a {
64	background: -webkit-gradient(linear, center top, center bottom, from(#ccc), to(#ededed));
65	background-image: linear-gradient(#ccc, #ededed);
66	border-radius: 12px;
67	box-shadow: inset 0px 0px 1px 1px rgba(0,0,0,0.1);
68	color: #222;
69	}
70	
71	.menu li:hover ul a {
72	background: none;
73	border-radius: 0;
74	box-shadow: none;
75	}
76	
77	.menu li:hover ul li a:hover {
78	background: -webkit-gradient(linear, center top, center bottom, from(#eee), to(#fff));
79	background-image: linear-gradient(#ededed, #fff);
80	border-radius: 12px;
81	box-shadow: inset 0px 0px 4px 2px rgba(0,0,0,0.3);
82	}
83	
84	.clearfix {
85	clear: both;
86	}

单元 8　复杂样式与网页特效设计

单元小结

本单元通过对复杂样式与网页特效设计的探析与三步训练,重点熟悉 CSS 各种类型的选择器、CSS 框模型、边框属性、外边距属性、内边距属性、多列属性、动画属性和 HTML5 拖放的实现方法等,学会了网页中复杂样式与网页特效的设计方法。

HTML5 主要的新特性简要说明如下。

1. HTML5 地理定位

HTML5 Geolocation（地理定位）用于定位用户的位置。

（1）地理定位

HTML5 Geolocation API 用于获得用户的地理位置，使用 getCurrentPosition()方法来获得用户的位置。

以下是一个简单的地理定位实例，可返回用户位置的经度和纬度。

```
<script>
    var x=document.getElementById("demo");
    function getLocation()
        {
        if (navigator.geolocation)
            {
                navigator.geolocation.getCurrentPosition(showPosition);
            }
        else{x.innerHTML="Geolocation is not supported by this browser.";}
        }
    function showPosition(position)
        {
        x.innerHTML="Latitude: " + position.coords.latitude +
        "<br />Longitude: " + position.coords.longitude;
        }
</script>
```

if 语句检测是否支持地理定位，如果支持，则运行 getCurrentPosition() 方法。如果不支持，则向用户显示一段消息。

如果 getCurrentPosition()运行成功，则向参数 showPosition 中规定的函数返回一个 coordinates 对象，showPosition()函数获得并显示经度和纬度。上述代码是一个非常基础的地理定位脚本，不含错误处理。

（2）在地图中显示结果

如需在地图中显示结果，需要访问可使用经纬度的地图服务，如谷歌地图或百度地图。使用返回的经纬度数据在谷歌地图中显示位置（使用静态图像）的示例代码如下：

```
function showPosition(position)
{
    var latlon=position.coords.latitude+","+position.coords.longitude;
    var img_url="http://maps.googleapis.com/maps/api/staticmap?center="
            +latlon+"&zoom=14&size=400x300&sensor=false";
    document.getElementById("mapholder").innerHTML="<img src='"+img_url+"' />";
}
```

2．HTML5 Web 数据存储

HTML5 提供了两种在客户端存储数据的新方法：

localStorage：没有时间限制的数据存储。

sessionStorage：针对一个 session 的数据存储。

之前，这些都是由 cookie 完成的。但是 cookie 不适合大量数据的存储，因为它们由每个对服务器的请求来传递，这使得 cookie 速度很慢而且效率也不高。

在 HTML5 中，数据不是由每个服务器请求传递的，而是只有在请求时使用数据。它使在不影响网站性能的情况下存储大量数据成为可能。对于不同的网站，数据存储于不同的区域，并且一个网站只能访问其自身的数据。HTML5 使用 JavaScript 来存储和访问数据。

（1）localStorage 方法

localStorage 方法存储的数据没有时间限制。第二天、第二周或下一年之后，数据依然可用。创建和访问 localStorage 的示例代码如下：

```
<script type="text/javascript">
    localStorage.lastname="Smith";
    document.write(localStorage.lastname);
</script>
```

对用户访问页面的次数进行计数的示例代码如下：

```
<script type="text/javascript">
    if (localStorage.pagecount)
    localStorage.pagecount=Number(localStorage.pagecount) +1;
    }
    else
    {
    localStorage.pagecount=1;
    }
    document.write("Visits "+ localStorage.pagecount + " time(s).");
</script>
```

（2）sessionStorage 方法

sessionStorage 方法针对一个 session 进行数据存储。当用户关闭浏览器窗口后，数据会被删除。创建并访问一个 sessionStorage 的示例代码如下：

```
<script type="text/javascript">
    sessionStorage.lastname="Smith";
```

```
document.write(sessionStorage.lastname);
</script>
```

对用户在当前 session 中访问页面的次数进行计数的示例代码如下：

```
<script type="text/javascript">
    if (sessionStorage.pagecount)
    {
        sessionStorage.pagecount=Number(sessionStorage.pagecount) +1;
    }
    else
    {
        sessionStorage.pagecount=1;
    }
    document.write("Visits "+sessionStorage.pagecount+" time(s) this session.");
</script>
```

3．HTML5 应用程序缓存（Application Cache）

使用 HTML5，通过创建 cache manifest 文件，可以轻松地创建 Web 应用的离线版本。HTML5 引入了应用程序缓存，这意味着 Web 应用可进行缓存，并可在没有因特网连接时进行访问。

应用程序缓存为应用带来 3 个优势：

① 离线浏览，用户可在应用离线时使用它们。

② 速度更快，已缓存资源加载得更快。

③ 减少服务器负载，浏览器将只从服务器下载更新过或更改过的资源。

带有 cache manifest 的 HTML 文档（供离线浏览）的示例代码如下：

```
<!DOCTYPE HTML>
    <html manifest="demo.appcache">
    <body>
        The content of the document…
    </body>
</html>
```

如果需要启用应用程序缓存，则在文档的<html>标签中包含 manifest 属性，代码如下：

```
<!DOCTYPE HTML>
    <html manifest="demo.appcache">
    ……
</html>
```

每个指定了 manifest 的页面在用户对其访问时都会被缓存。如果未指定 manifest 属性，则页面不会被缓存（除非在 manifest 文件中直接指定了该页面）。

manifest 文件的建议的文件扩展名是"．appcache"。manifest 文件需要配置正确的 MIME-type，即"text/cache-manifest"。必须在 Web 服务器上进行配置。manifest 文件是一个简单的文本文件，它告知浏览器被缓存的内容及不缓存的内容。

manifest 文件示例代码如下：

```
CACHE MANIFEST
```

```
# 2015-03-08 v1.0.0
/theme.css
/logo.gif
/main.js
NETWORK:
login.aspx
FALLBACK:
/html5/ /404.html
```

manifest 文件可分为 3 个部分。

① CACHE MANIFEST：在此标题下列出的文件将在首次下载后进行缓存。

② NETWORK：在此标题下列出的文件需要与服务器的连接，且不会被缓存。

③ FALLBACK：在此标题下列出的文件规定当页面无法访问时的回退页面（如 404 页面）。

上述代码中的第一行，CACHE MANIFEST，是必需的。上面的 manifest 文件列出了 3 个资源：一个 CSS 文件，一个 GIF 图像，以及一个 JavaScript 文件。当 manifest 文件加载后，浏览器会从网站的根目录下载这 3 个文件。然后，无论用户何时与因特网断开连接，这些资源依然是可用的。

上述代码中的 NETWORK 小节规定文件 "login.aspx" 永远不会被缓存，且离线时是不可用的。可以使用星号来指示所有其他资源/文件都需要因特网连接，代码如下：

```
NETWORK:
*
```

上述代码中的 FALLBACK 小节规定如果无法建立因特网连接，则用 "offline.html" 替代 "/html5/" 文件夹中的所有文件，第一个 URI 是资源，第二个是替补。

以 "#" 开头的是注释行，但也可以满足其他用途。应用的缓存会在其 manifest 文件更改时被更新。如果编辑了一幅图片，或者修改了一个 JavaScript 函数，这些改变都不会被重新缓存。更新注释行中的日期和版本号是一种使浏览器重新缓存文件的办法。

一旦文件被缓存，则浏览器会继续展示已缓存的版本，即使修改了服务器上的文件。为了确保浏览器更新缓存，需要更新 manifest 文件。浏览器对缓存数据的容量限制可能不太一样（某些浏览器设置的限制是每个站点 5MB）。

4．HTML5 Web Workers

Web Worker 是运行在后台的 JavaScript，独立于其他脚本，不会影响页面的性能。当在 HTML 页面中执行脚本时，页面的状态是不可响应的，直到脚本已完成。

（1）检测 Web Worker 支持

在创建 Web Worker 之前，应检测用户的浏览器是否支持它。示例代码如下：

```
if(typeof(Worker)!=="undefined")
  {
  // Yes! Web worker support!
  // Some code...
  }
else
  {
```

```
// Sorry! No Web Worker support...

}
```

（2）创建 Web Worker 文件

在一个外部 JavaScript 编程环境中创建所需 Web Worker 文件。这里，我们创建了计数脚本。该脚本存储于"demo_workers.js"文件中，其代码如下：

```
var i=0;
function timedCount()
{
i=i+1;
postMessage(i);
setTimeout("timedCount()",500);
}
timedCount();
```

以上代码中重要的部分是 postMessage()方法，它用于向 HTML 页面传回一段消息。

注意，Web Worker 通常不用于如此简单的脚本，而是用于更耗费 CPU 资源的任务。

（3）创建 Web Worker 对象

我们已经有了 Web Worker 文件，现在需要从 HTML 页面调用它。下面的代码检测是否存在 Worker，如果不存在，它会创建一个新的 Web Worker 对象，然后运行"demo_workers.js"中的代码，代码如下：

```
if(typeof(w)=="undefined")
{
w=new Worker("demo_workers.js");
}
```

然后我们就可以从 Web Worker 发生和接收消息了。向 Web Worker 添加一个"onmessage"事件监听器，代码如下：

```
w.onmessage=function(event){
document.getElementById("result").innerHTML=event.data;
};
```

当 Web Worker 传递消息时，会执行事件监听器中的代码。

（4）终止 Web Worker

当我们创建 Web Worker 对象后，它会继续监听消息（即使在外部脚本完成之后）直到其被终止为止。如需终止 Web Worker，并释放浏览器/计算机资源，则使用 terminate()方法，代码如下：

```
w.terminate();
```

附录 B
HTML5 的常用标签及其属性、方法与事件

1. 语义和结构标签

HTML5 的基础标签与元信息标签如表 B-1 所示。

表 B-1　HTML5 的基础标签与元信息标签

标签名称	标签描述	标签名称	标签描述
<!DOCTYPE>	定义文档类型	<head>	定义关于文档的信息
<html>	定义 HTML 文档	<meta>	定义关于 HTML 文档的元信息
<title>	定义文档的标题	<base>	定义页面中所有链接的默认地址或默认目标
<body>	定义文档的主体	<!--...-->	定义注释

HTML5 的结构标签与编程标签如表 B-2 所示。

表 B-2　HTML5 的结构标签与编程标签

标签名称	标签描述	标签名称	标签描述
<header>	定义 section 或 page 的页眉	<div>	定义文档中的节
<section>	定义 section	<p>	定义段落
<article>	定义文章	<span>	定义文档中的节
<aside>	定义页面内容之外的内容	<dialog>	定义对话框或窗口
<footer>	定义 section 或 page 的页脚	<script>	定义客户端脚本
<style>	定义文档的样式信息	<noscript>	定义针对不支持客户端脚本的用户的替代内容

HTML5 标签的核心属性（Core Attributes）如表 B-3 所示。以下标签不提供下面的属性：<base>、<head>、<html>、<meta>、<param>、<script>、<style>及<title>元素。

表 B-3　HTML5 标签的核心属性

属性名称	取值	属性描述
class	classname	规定元素的类名（classname）
id	id	规定元素的唯一 id
style	style_definition	规定元素的行内样式（inlinestyle）
title	text	规定元素的额外信息（可在工具提示中显示）

HTML5 的语言属性（Language Attributes）如表 B-4 所示。以下标签不提供下面的属性：<base>、
、<frame>、<frameset>、<hr>、<iframe>、<param>及<script>元素。

表 B-4　HTML5 的语言属性

属性名称	取值	属性描述
dir	ltr|rtl	设置元素中内容的文本方向
lang	language_code	设置元素中内容的语言代码
xml:lang	language_code	设置 XHTML 文档中元素内容的语言代码

HTML5 的窗口事件（Window Events）如表 B-5 所示。仅在\<body>和\<frameset>元素中有效。

表 B-5　HTML5 的窗口事件

属性名称	取值	属性描述	属性名称	取值	属性描述
onload	脚本	当文档被载入时执行脚本	onunload	脚本	当文档被卸下时执行脚本

2．文本标签

HTML5 的格式标签如表 B-6 所示。

表 B-6　HTML5 的格式标签

标签名称	标签描述	标签名称	标签描述
\<acronym>	定义只取首字母的缩写	\<kbd>	定义键盘文本
\<abbr>	定义缩写	\<mark>	定义有记号的文本
\<bdi>	定义文本的文本方向，使其脱离其周围文本的方向设置	\<rp>	定义若浏览器不支持\<ruby>元素显示的内容
\<b>	定义粗体文本	\<pre>	定义预格式文本
\<address>	定义文档作者或拥有者的联系信息	\<progress>	定义任何类型的任务的进度
\<bdo>	定义文字方向	\<q>	定义短的引用
\<big>	定义大号文本	\<meter>	定义预定义范围内的度量
\<blockquote>	定义长的引用	\<ruby>	定义 ruby 注释
\<cite>	定义引用（citation）	\<rt>	定义 ruby 注释的解释
\<code>	定义计算机代码文本	\<samp>	定义计算机代码样本
\<del>	定义被删除文本	\<small>	定义小号文本
\<details>	定义元素的细节	\<summary>	为\<details>元素定义可见的标题
\<dfn>	定义项目	\<strong>	定义语气更为强烈的强调文本
\<em>	定义强调文本	\<sup>	定义上标文本
\<h1>to\<h6>	定义 HTML 标题	\<sub>	定义下标文本
\<hr>	定义水平线	\<time>	定义日期/时间
\<i>	定义斜体文本	\<tt>	定义打字机文本
\<ins>	定义被插入文本	\<var>	定义文本的变量部分
\<wbr>	定义换行符	\ 	定义简单的换行

HTML5 的键盘属性（Keyboard Attributes）如表 B-7 所示。

表 B-7　HTML5 的键盘属性

属性名称	取值	属性描述
accesskey	character	设置访问元素的键盘快捷键
tabindex	number	设置元素的 Tab 键控制次序

HTML5 的键盘事件（KeyboardEvents）如表 B-8 所示。在下列元素中无效：<base>、<bdo>、
、<frame>、<frameset>、<head>、<html>、<iframe>、<meta>、<param>、<script>、<style>及<title>元素。

表 B-8　HTML5 的键盘事件

属性名称	取值	属性描述
onkeydown	脚本	当键盘被按下时执行脚本
onkeypress	脚本	当键盘被按下后又松开时执行脚本
onkeyup	脚本	当键盘被松开时执行脚本

HTML5 的鼠标事件（Mouse Events）如表 B-9 所示。在下列元素中无效：<base>、<bdo>、
、<frame>、<frameset>、<head>、<html>、<iframe>、<meta>、<param>、<script>、<style>及<title>元素。

表 B-9　HTML5 的鼠标事件

属性名称	取值	属性描述
onclick	脚本	当鼠标被单击时执行脚本
ondblclick	脚本	当鼠标被双击时执行脚本
onmousedown	脚本	当鼠标按钮被按下时执行脚本
onmousemove	脚本	当鼠标指针移动时执行脚本
onmouseout	脚本	当鼠标指针移出某元素时执行脚本
onmouseover	脚本	当鼠标指针悬停于某元素之上时执行脚本
onmouseup	脚本	当鼠标按钮被松开时执行脚本

HTML5 的 time 属性如表 B-10 所示。

表 B-10　HTML5 的 time 属性

属性名称	取值	属性描述
datetime	datetime	规定日期/时间。否则，由元素的内容给定日期/时间
pubdate	pubdate	指示<time>元素中的日期/时间是文档（或<article>元素）的发布日期

3．图像标签

HTML5 的图像标签如表 B-11 所示。

表 B-11　HTML5 的图像标签

标签名称	标签描述	标签名称	标签描述
<img>	定义图像	<figcaption>	定义<figure>元素的标题
<map>	定义图像映射	<figure>	定义媒介内容的分组，以及它们的标题
<area>	定义图像地图内部的区域		

HTML5 的图像事件如表 B-12 所示。

表 B-12　HTML5 的图像事件

属性名称	取值	属性描述
onabort	脚本	当图像加载中断时执行脚本

HTML5 的<area>标签的属性如表 B-13 所示。

表 B-13　HTML5 的<area>标签的属性

属性	值	描述
alt	text	定义此区域的替换文本
coords	坐标值	定义可单击区域（对鼠标敏感的区域）的坐标
href	URL	定义此区域的目标 URL
nohref	nohref	从图像映射排除某个区域
shape	default、rect、circ、poly	定义区域的形状
target	_blank、_parent、_self、_top	规定在何处打开 href 属性指定的目标 URL

4．表格标签

HTML5 的表格标签如表 B-14 所示。

表 B-14　HTML5 的表格标签

标签名称	标签描述	标签名称	标签描述
<table>	定义表格	<thead>	定义表格中的表头内容
<caption>	定义表格标题	<tbody>	定义表格中的主体内容
<th>	定义表格中的表头单元格	<tfoot>	定义表格中的表注内容（脚注）
<tr>	定义表格中的行	<col>	定义表格中一个或多个列的属性值
<td>	定义表格中的单元	<colgroup>	定义表格中供格式化的列表

5．链接标签

HTML5 的链接标签如表 B-15 所示。

表 B-15　HTML5 的链接标签

标签名称	标签描述	标签名称	标签描述
<a>	定义超链接	<nav>	定义导航链接
<link>	定义文档与外部资源的关系		

HTML5 中<a>标签的新属性如表 B-16 所示。

表 B-16　HTML5 中<a>标签的新属性

属性名称	取值	属性描述
download	filename	规定被下载的超链接目标
href	URL	规定链接指向的页面的 URL
hreflang	language_code	规定被链接文档的语言
media	media_query	规定被链接文档是为何种媒介/设备优化的
rel	text	规定当前文档与被链接文档之间的关系
target	_blank、_parent、_self、_top、framename	规定在何处打开链接文档
type	MIME type	规定被链接文档的<MIME>类型

6．列表标签

HTML5 的列表标签如表 B-17 所示。

表 B-17　HTML5 的列表标签

标签名称	标签描述	标签名称	标签描述
\<ul\>	定义无序列表	\<dd\>	定义列表中项目的描述
\<ol\>	定义有序列表	\<menu\>	定义命令的菜单/列表
\<li\>	定义列表的项目	\<menuitem\>	定义用户可以从弹出菜单调用的命令/菜单项目
\<dl\>	定义列表	\<command\>	定义命令按钮
\<dt\>	定义列表中的项目		

7．表单标签

HTML5 的表单标签如表 B-18 所示。

表 B-18　HTML5 的表单标签

标签名称	标签描述	标签名称	标签描述
\<form\>	定义供用户输入的 HTML 表单	\<label\>	定义\<input\>元素的标注
\<input\>	定义输入控件	\<fieldset\>	定义围绕表单中元素的边框
\<textarea\>	定义多行的文本输入控件	\<legend\>	定义\<fieldset\>元素的标题
\<button\>	定义按钮	\<datalist\>	定义下拉列表
\<select\>	定义选择列表（下拉列表）	\<keygen\>	定义生成密钥
\<optgroup\>	定义选择列表中相关选项的组合	\<output\>	定义输出的一些类型
\<option\>	定义选择列表中的选项		

HTML5 的表单元素事件（Form Element Events）如表 B-19 所示。仅在表单元素中有效。

表 B-19　HTML5 的表单元素事件

属性名称	取值	属性描述	属性名称	取值	属性描述
onchange	脚本	当元素改变时执行脚本	onselect	脚本	当元素被选取时执行脚本
onsubmit	脚本	当表单被提交时执行脚本	onblur	脚本	当元素失去焦点时执行脚本
onreset	脚本	当表单被重置时执行脚本	onfocus	脚本	当元素获得焦点时执行脚本

8．框架标签

HTML5 的框架如表 B-20 所示。

表 B-20　HTML5 的框架标签

标签名称	标签描述	标签名称	标签描述
\<frame\>	定义框架集的窗口或框架	\<noframes\>	定义针对不支持框架的用户的替代内容
\<frameset\>	定义框架集	\<iframe\>	定义内联框架

9．音频与视频标签

HTML5 的音频/视频标签如表 B-21 所示。

表 B-21　HTML5 的音频/视频标签

标签名称	标签描述	标签名称	标签描述
`<audio>`	定义声音内容	`<track>`	定义用在媒体播放器中的文本轨道
`<source>`	定义媒介源	`<video>`	定义视频
`<object>`	定义嵌入的对象	`<param>`	定义对象的参数
`<embed>`	为外部应用程序（非 HTML）定义容器		

HTML5 的 Audio/Video 属性如表 B-22 所示。

表 B-22　HTML5 的 Audio/Video 属性

属性名称	取值	属性描述
audioTracks		返回表示可用音轨的 AudioTrackList 对象
autoplay	autoplay	设置或返回是否在加载完成后随即播放音频/视频
buffered		返回表示音频/视频已缓冲部分的 TimeRanges 对象
controller		返回表示音频/视频当前媒体控制器的 MediaController 对象
controls	controls	设置或返回音频/视频是否显示播放、暂停和音量等控件
crossOrigin		设置或返回音频/视频的 CORS 设置
currentSrc		返回当前音频/视频的 URL
currentTime		设置或返回音频/视频中的当前播放位置（以秒计）
defaultMuted		设置或返回音频/视频默认是否静音
defaultPlaybackRate		设置或返回音频/视频的默认播放速度
duration		返回当前音频/视频的长度（以秒计）
ended		返回音频/视频的播放是否已结束
error		返回表示音频/视频错误状态的 MediaError 对象
loop	loop	设置或返回音频/视频是否应在结束时重新播放
mediaGroup		设置或返回音频/视频所属的组合（用于连接多个音频/视频元素）
muted	muted	设置或返回音频/视频是否静音
networkState		返回音频/视频的当前网络状态
paused		设置或返回音频/视频是否暂停
playbackRate		设置或返回音频/视频播放的速度
played		返回表示音频/视频已播放部分的 TimeRanges 对象
preload	preload	设置或返回音频/视频是否应该在页面加载后进行加载，如果使用 "autoplay"，则忽略该属性
readyState		返回音频/视频当前的就绪状态
seekable		返回表示音频/视频可寻址部分的 TimeRanges 对象
seeking		返回用户是否正在音频/视频中进行查找
src	url	设置或返回音频/视频元素的当前来源 URL
startDate		返回表示当前时间偏移的 Date 对象
textTracks		返回表示可用文本轨道的 TextTrackList 对象
videoTracks		返回表示可用视频轨道的 VideoTrackList 对象
volume		设置或返回音频/视频的音量
height	像素	设置视频播放器的高度
width	像素	设置视频播放器的宽度
poster	URL	规定视频下载时显示的图像，或者在用户单击播放按钮前显示的图像

HTML5 的 Audio/Video 方法如表 B-23 所示。

表 B-23 HTML5 的 Audio/Video 方法

方法名称	方法描述	方法名称	方法描述
addTextTrack()	向音频/视频添加新的文本轨道	load()	重新加载音频/视频元素
canPlayType()	检测浏览器是否能播放指定的音频/视频类型	play()	开始播放音频/视频
		pause()	暂停当前播放的音频/视频

HTML5 的 Audio/Video 事件如表 B-24 所示。

表 B-24 HTML5 的 Audio/Video 事件

事件名称	事件描述
abort	当音频/视频的加载已放弃时
canplay	当浏览器可以播放音频/视频时
canplaythrough	当浏览器可在不因缓冲而停顿的情况下进行播放时
durationchange	当音频/视频的时长已更改时
emptied	当目前的播放列表为空时
ended	当目前的播放列表已结束时
error	当在音频/视频加载期间发生错误时
loadeddata	当浏览器已加载音频/视频的当前帧时
loadedmetadata	当浏览器已加载音频/视频的元数据时
loadstart	当浏览器开始查找音频/视频时
pause	当音频/视频已暂停时
play	当音频/视频已开始或不再暂停时
playing	当音频/视频在已因缓冲而暂停或停止后已就绪时
progress	当浏览器正在下载音频/视频时
ratechange	当音频/视频的播放速度已更改时
seeked	当用户已移动/跳跃到音频/视频中的新位置时
seeking	当用户开始移动/跳跃到音频/视频中的新位置时
stalled	当浏览器尝试获取媒体数据，但数据不可用时
suspend	当浏览器刻意不获取媒体数据时
timeupdate	当目前的播放位置已更改时
volumechange	当音量已更改时
waiting	当视频由于需要缓冲下一帧而停止

HTML5 的<source>标签的属性如表 B-25 所示。

表 B-25 HTML5<source>标签的属性

属性名称	取值	属性描述
media	media query	规定媒体资源的类型
src	url	规定媒体文件的 URL
type	numeric value	规定媒体资源的 MIME 类型

HTML5 的<embed>标签属性如表 B-26 所示。

表 B-26　HTML5<embed>标签属性

属性名称	取值	属性描述	属性名称	取值	属性描述
src	url	嵌入内容的 URL	type	type	定义嵌入内容的类型
height	像素	设置嵌入内容的高度	width	像素	设置嵌入内容的宽度

10．绘图标签

HTML5 绘图的颜色、样式和阴影属性如表 B-27 所示。

表 B-27　HTML5 绘图的颜色、样式和阴影属性

属性名称	属性描述
fillStyle	设置或返回用于填充绘画的颜色、渐变或模式
strokeStyle	设置或返回用于笔触的颜色、渐变或模式
shadowColor	设置或返回用于阴影的颜色
shadowBlur	设置或返回用于阴影的模糊级别
shadowOffsetX	设置或返回阴影距形状的水平距离
shadowOffsetY	设置或返回阴影距形状的垂直距离

HTML5 创建渐变的方法如表 B-28 所示。

表 B-28　HTML5 创建渐变的方法

方法名称	方法描述
createLinearGradient()	创建线性渐变（用在画布内容上）
createPattern()	在指定的方向上重复指定的元素
createRadialGradient()	创建放射状/环形的渐变（用在画布内容上）
addColorStop()	规定渐变对象中的颜色和停止位置

HTML5 的线条样式属性如表 B-29 所示。

表 B-29　HTML5 的线条样式属性

属性名称	属性描述
lineCap	设置或返回线条的结束端点样式
lineJoin	设置或返回两条线相交时，所创建的拐角类型
lineWidth	设置或返回当前的线条宽度
miterLimit	设置或返回最大斜接长度

HTML5 绘制矩形的方法如表 B-30 所示。

表 B-30　HTML5 绘制矩形的方法

方法名称	方法描述
rect()	创建矩形
fillRect()	绘制"被填充"的矩形
strokeRect()	绘制矩形（无填充）
clearRect()	在给定的矩形内清除指定的像素

HTML5 创建路径的方法如表 B-31 所示。

表 B-31　HTML5 创建路径的方法

方法名称	方法描述
fill()	填充当前绘图（路径）
stroke()	绘制已定义的路径
beginPath()	起始一条路径，或重置当前路径
moveTo()	把路径移动到画布中的指定点，不创建线条
closePath()	创建从当前点回到起始点的路径
lineTo()	添加一个新点，然后在画布中创建从该点到最后指定点的线条
clip()	从原始画布剪切任意形状和尺寸的区域
quadraticCurveTo()	创建二次贝塞尔曲线
bezierCurveTo()	创建三次方贝塞尔曲线
arc()	创建弧/曲线（用于创建圆形或部分圆）
arcTo()	创建两切线之间的弧/曲线
isPointInPath()	如果指定的点位于当前路径中，则返回 true，否则返回 false

HTML5 的转换方法如表 B-32 所示。

表 B-32　HTML5 的转换方法

方法名称	方法描述
scale()	缩放当前绘图至更大或更小
rotate()	旋转当前绘图
translate()	重新映射画布上的(0,0)位置
transform()	替换绘图的当前转换矩阵
setTransform()	将当前转换重置为单位矩阵，然后运行 transform()

HTML5 的文本属性如表 B-33 所示。

表 B-33　HTML5 的文本属性

属性名称	属性描述
font	设置或返回文本内容的当前字体属性
textAlign	设置或返回文本内容的当前对齐方式
textBaseline	设置或返回在绘制文本时使用的当前文本基线

HTML5 的文本方法如表 B-34 所示。

表 B-34　HTML5 的文本方法

方法名称	方法描述
fillText()	在画布上绘制"被填充的"文本
strokeText()	在画布上绘制文本（无填充）
measureText()	返回包含指定文本宽度的对象

HTML5 的绘制图像方法如表 B-35 所示。

表 B-35　HTML5 的绘制图像方法

方法名称	方法描述
drawImage()	向画布上绘制图像、画布或视频

HTML5 的绘图像素操作属性如表 B-36 所示。

表 B-36　HTML5 的绘图像素操作属性

属性名称	属性描述
width	返回 ImageData 对象的宽度
height	返回 ImageData 对象的高度
data	返回一个对象，其包含指定的 ImageData 对象的图像数据

HTML5 的绘图像素操作方法如表 B-37 所示。

表 B-37　HTML5 的绘图像素操作方法

方法名称	方法描述
createImageData()	创建新的、空白的 ImageData 对象
getImageData()	返回 ImageData 对象，该对象为画布上指定的矩形复制像素数据
putImageData()	把图像数据（从指定的 ImageData 对象）放回画布上

HTML5 绘图的其他方法如表 B-38 所示。

表 B-38　HTML5 绘图的其他方法

方法名称	方法描述
save()	保存当前环境的状态
restore()	返回之前保存过的路径状态和属性
createEvent()	用来创建或打开一个命名的或无名的事件对象
getContext()	返回一个用于在画布上绘图的环境
toDataURL()	将 HTML5 Canvas 的内容保存为图片

附录 C
CSS 的属性

1. CSS 尺寸单位

CSS 尺寸单位如表 C-1 所示。

表 C-1 CSS 的尺寸单位

CSS 尺寸单位	CSS 尺寸单位描述	CSS 尺寸单位	CSS 尺寸单位描述
%	百分比	ex	一个 ex 是一个字体的 x-height（x-height 通常是字体尺寸的一半）
in	英寸	pt	磅（1 pt 等于 1/72 英寸）
cm	厘米	pc	12 点活字（1 pc 等于 12 点）
mm	毫米	px	像素（计算机屏幕上的一个点）
em	1em 等于当前的字体尺寸，2em 等于当前字体尺寸的两倍 例如，如果某元素以 12pt 显示，那么 2em 是 24pt 在 CSS 中，em 是非常有用的单位，因为它可以自动适应用户所使用的字体		

2. CSS 文本属性（Text）

CSS 文本属性如表 C-2 所示。

表 C-2 CSS 的文本属性

CSS 属性	CSS 属性描述
color	设置文本的颜色
direction	规定文本的方向/书写方向
letter-spacing	设置字符间距
line-height	设置行高
text-align	规定文本的水平对齐方式
text-decoration	规定添加到文本的装饰效果
text-indent	规定文本块首行的缩进
text-shadow	规定添加到文本的阴影效果
text-transform	控制文本字母的大小写
unicode-bidi	设置文本方向
white-space	规定如何处理元素中的空白
word-spacing	设置单词间距
hanging-punctuation	规定标点字符是否位于线框之外
punctuation-trim	规定是否对标点字符进行修剪

CSS 属性	CSS 属性描述
text-align-last	设置如何对齐最后一行或紧挨着强制换行符之前的行
text-emphasis	向元素的文本应用重点标记以及重点标记的前景色
text-justify	规定当 text-align 设置为 "justify" 时所使用的对齐方法
text-outline	规定文本的轮廓
text-overflow	规定当文本溢出包含元素时发生的事情
text-shadow	向文本添加阴影
text-wrap	规定文本的换行规则
word-break	规定非中日韩文本的换行规则
word-wrap	允许对长的不可分割的单词进行分割并换行到下一行

3．CSS 字体属性（Font）

CSS 字体属性如表 C-3 所示。

表 C-3　CSS 的字体属性

CSS 属性	CSS 属性描述
font	在一个声明中设置所有字体属性
font-family	规定文本的字体系列
font-size	规定文本的字体尺寸
font-size-adjust	为元素规定 aspect 值
font-stretch	收缩或拉伸当前的字体系列
font-style	规定文本的字体样式
font-variant	规定是否以小型大写字母的字体显示文本
font-weight	规定字体的粗细

4．CSS 颜色表示方式

CSS 颜色表示方式如表 C-4 所示。

表 C-4　CSS 的颜色表示方式

CSS 颜色	CSS 颜色描述
(颜色名)	颜色名称（如 red）
rgb(x,x,x)	RGB 值（如 rgb(255,0,0)）
rgb(x%, x%, x%)	RGB 百分比值（如 rgb(100%,0%,0%)）
#rrggbb	十六进制数（如 #ff0000）

5．CSS 颜色属性（Color）

CSS 颜色属性如表 C-5 所示。

表 C-5 CSS 的颜色属性

CSS 属性	CSS 属性描述
color-profile	允许使用源的颜色配置文件的默认以外的规范
opacity	规定书签的级别
rendering-intent	允许使用颜色配置文件渲染意图的默认以外的规范

6. CSS 背景属性 (Background)

CSS 背景属性如表 C-6 所示。

表 C-6 CSS 的背景属性

CSS 属性	CSS 属性描述
background	在一个声明中设置所有的背景属性
background-attachment	设置背景图像是否固定或者随着页面的其余部分滚动
background-color	设置元素的背景颜色
background-image	设置元素的背景图像
background-position	设置背景图像的开始位置
background-repeat	设置是否及如何重复背景图像
background-clip	规定背景的绘制区域
background-origin	规定背景图片的定位区域
background-size	规定背景图片的尺寸

7. CSS 尺寸属性 (Dimension)

CSS 尺寸属性如表 C-7 所示。

表 C-7 CSS 的尺寸属性

CSS 属性	CSS 属性描述
height	设置元素高度
max-height	设置元素的最大高度
max-width	设置元素的最大宽度
min-height	设置元素的最小高度
min-width	设置元素的最小宽度
width	设置元素的宽度

8. CSS 列表属性 (List)

CSS 列表属性如表 C-8 所示。

表 C-8 CSS 的列表属性

CSS 属性	CSS 属性描述
list-style	在一个声明中设置所有的列表属性
list-style-image	将图象设置为列表项标记
list-style-position	设置列表项标记的放置位置
list-style-type	设置列表项标记的类型

9. CSS 链接属性 (Hyperlink)

CSS 链接属性如表 C-9 所示。

表 C-9　CSS 的链接属性

CSS 属性	CSS 属性描述
target	简写属性，设置 target-name、target-new 以及 target-position 属性
target-name	规定在何处打开链接（链接的目标）
target-new	规定目标链接在新窗口还是在已有窗口的新标签页中打开
target-position	规定在何处放置新的目标链接

10．CSS 表格属性（Table）

CSS 表格属性如表 C-10 所示。

表 C-10　CSS 的表格属性

CSS 属性	CSS 属性描述
border-collapse	规定是否合并表格边框
border-spacing	规定相邻单元格边框之间的距离
caption-side	规定表格标题的位置
empty-cells	规定是否显示表格中的空单元格上的边框和背景
table-layout	设置用于表格的布局算法

11．CSS 框模型属性（Box）

CSS 框模型属性如表 C-11 所示。

表 C-11　CSS 的模型属性

CSS 属性	CSS 属性描述
overflow-x	如果内容溢出了元素内容区域，是否对内容的左/右边缘进行裁剪
overflow-y	如果内容溢出了元素内容区域，是否对内容的上/下边缘进行裁剪
overflow-style	规定溢出元素的首选滚动方法
rotation	围绕由 rotation-point 属性定义的点对元素进行旋转
rotation-point	定义距离上左边框边缘的偏移点

12．CSS 边框属性（Border&Outline）

CSS 边框属性如表 C-12 所示。

表 C-12　CSS 的边框属性

CSS 属性	CSS 属性描述
border	在一个声明中设置所有的边框属性
border-bottom	在一个声明中设置所有的下边框属性
border-bottom-color	设置下边框的颜色
border-bottom-style	设置下边框的样式
border-bottom-width	设置下边框的宽度
border-color	设置 4 条边框的颜色
border-left	在一个声明中设置所有的左边框属性
border-left-color	设置左边框的颜色
border-left-style	设置左边框的样式
border-left-width	设置左边框的宽度

CSS 属性	CSS 属性描述
border-right	在一个声明中设置所有的右边框属性
border-right-color	设置右边框的颜色
border-right-style	设置右边框的样式
border-right-width	设置右边框的宽度
border-style	设置 4 条边框的样式
border-top	在一个声明中设置所有的上边框属性
border-top-color	设置上边框的颜色
border-top-style	设置上边框的样式
border-top-width	设置上边框的宽度
border-width	设置 4 条边框的宽度
outline	在一个声明中设置所有的轮廓属性
outline-color	设置轮廓的颜色
outline-style	设置轮廓的样式
outline-width	设置轮廓的宽度
border-bottom-left-radius	定义边框左下角的形状
border-bottom-right-radius	定义边框右下角的形状
border-image	简写属性，设置所有 border-image-*属性
border-image-outset	规定边框图像区域超出边框的量
border-image-repeat	图像边框是否应平铺（repeated）、铺满（rounded）或拉伸（stretched）
border-image-slice	规定图像边框的向内偏移
border-image-source	规定用作边框的图片
border-image-width	规定图片边框的宽度
border-radius	简写属性，设置所有四个 border-*-radius 属性
border-top-left-radius	定义边框左上角的形状
border-top-right-radius	定义边框右下角的形状
box-shadow	向方框添加一个或多个阴影

13．CSS 外边距属性（Margin）

CSS 外边距属性如表 C-13 所示。

表 C-13　CSS 的外边距属性

CSS 属性	CSS 属性描述
margin	在一个声明中设置所有外边距属性
margin-bottom	设置元素的下外边距
margin-left	设置元素的左外边距
margin-right	设置元素的右外边距
margin-top	设置元素的上外边距

14．CSS 内边距属性（Padding）

CSS 内边距属性如表 C-14 所示。

表 C-14　CSS 的内边距属性

CSS 属性	CSS 属性描述
padding	在一个声明中设置所有内边距属性
padding-bottom	设置元素的下内边距
padding-left	设置元素的左内边距
padding-right	设置元素的右内边距
padding-top	设置元素的上内边距

15．CSS 定位属性（Positioning）

CSS 定位属性如表 C-15 所示。

表 C-15　CSS 的定位属性

CSS 属性	CSS 属性描述
bottom	设置定位元素下外边距边界与其包含块下边界之间的偏移
clear	规定元素的哪一侧不允许其他浮动元素
clip	剪裁绝对定位元素
cursor	规定要显示的光标的类型（形状）
display	规定元素应该生成的框的类型
float	规定框是否应该浮动
left	设置定位元素左外边距边界与其包含块左边界之间的偏移
overflow	规定当内容溢出元素框时发生的事情
position	规定元素的定位类型
right	设置定位元素右外边距边界与其包含块右边界之间的偏移
top	设置定位元素的上外边距边界与其包含块上边界之间的偏移
vertical-align	设置元素的垂直对齐方式
visibility	规定元素是否可见
z-index	设置元素的堆叠顺序

16．CSS 动画属性（Animation）

CSS 动画属性如表 C-16 所示。

表 C-16　CSS 的动画属性

CSS 属性	CSS 属性描述
@keyframes	规定动画
animation	所有动画属性的简写属性，除了 animation-play-state 属性
animation-name	规定@keyframes 动画的名称
animation-duration	规定动画完成一个周期所花费的秒或毫秒
animation-timing-function	规定动画的速度曲线
animation-delay	规定动画何时开始
animation-iteration-count	规定动画被播放的次数
animation-direction	规定动画是否在下一周期逆向地播放
animation-play-state	规定动画是否正在运行或暂停
animation-fill-mode	规定对象动画时间之外的状态

17. CSS 多列属性（Multi-column）

CSS 多列属性如表 C-17 所示。

表 C-17　CSS 的多列属性

CSS 属性	CSS 属性描述
column-count	规定元素应该被分隔的列数
column-fill	规定如何填充列
column-gap	规定列之间的间隔
column-rule	设置所有 column-rule-* 属性的简写属性
column-rule-color	规定列之间规则的颜色
column-rule-style	规定列之间规则的样式
column-rule-width	规定列之间规则的宽度
column-span	规定元素应该横跨的列数
column-width	规定列的宽度
columns	规定设置 column-width 和 column-count 的简写属性

18. CSS 媒介类型

CSS 媒介类型如表 C-18 所示。

表 C-18　CSS 的媒介类型

媒介类型	描述
all	用于所有的媒介设备
aural	用于语音和音频合成器
braille	用于盲人用点字法触觉回馈设备
embossed	用于分页的盲人用点字法打印机
handheld	用于小的手持的设备
print	用于打印机
projection	用于方案展示，如幻灯片
screen	用于计算机显示器
tty	用于使用固定密度字母栅格的媒介，如电传打字机和终端
tv	用于电视机类型的设备

附录 D
CSS 的选择器

1．CSS 选择器表示方法及使用说明

在 CSS 中，选择器是一种模式，用于选择需要添加样式的元素。CSS 选择器表示方法及使用说明如表 D-1 所示。

表 D-1　CSS 的选择器

选择器表示方法	选择器应用实例	实例说明
.class	.intro	选择 class="intro"的所有元素
#id	#firstname	选择 id="firstname"的所有元素
*	*	选择所有元素
element	p	选择所有<p>元素
element , element	div,p	选择所有<div>元素和所有<p>元素
element element	div p	选择<div>元素内部的所有<p>元素
element1~element2	p~ul	选择前面有<p>元素的每个<ul>元素
element>element	div>p	选择父元素为<div>元素的所有<p>元素
element+element	div+p	选择紧接在<div>元素之后的所有<p>元素
:link	a:link	选择所有未被访问的链接
:visited	a:visited	选择所有已被访问的链接
:active	a:active	选择活动链接
:hover	a:hover	选择鼠标指针位于其上的链接
:focus	input:focus	选择获得焦点的<input>元素
:first-letter	p:first-letter	向文本的第一个字母添加特殊样式
:first-line	p:first-line	向文本的首行添加特殊样式
:first-child	p:first-child	选择属于父元素的第一个子元素的每个<p>元素
:before	p:before	在每个<p>元素的内容之前插入内容
:after	p:after	在每个<p>元素的内容之后插入内容
:lang(language)	p:lang(it)	选择带有以"it"开头的 lang 属性值的每个<p>元素
:first-of-type	p:first-of-type	选择属于其父元素的首个<p>元素的每个<p>元素
:last-of-type	p:last-of-type	选择属于其父元素的最后<p>元素的每个<p>元素
:only-of-type	p:only-of-type	选择属于其父元素唯一的<p>元素的每个<p>元素

选择器表示方法	选择器应用实例	实例说明
:only-child	p:only-child	选择属于其父元素的唯一子元素的每个<p>元素
:nth-child(n)	p:nth-child(2)	选择属于其父元素的第二个子元素的每个<p>元素
:nth-last-child(n)	p:nth-last-child(2)	同上，从最后一个子元素开始计数
:nth-of-type(n)	p:nth-of-type(2)	选择属于其父元素第二个<p>元素的每个<p>元素
:nth-last-of-type(n)	p:nth-last-of-type(2)	同上，但是从最后一个子元素开始计数
:last-child	p:last-child	选择属于其父元素最后一个子元素每个<p>元素
:root	:root	选择文档的根元素
:empty	p:empty	选择没有子元素的每个<p>元素（包括文本节点）
:target	#news:target	选择当前活动的#news元素
:enabled	input:enabled	选择每个启用的<input>元素
:disabled	input:disabled	选择每个禁用的<input>元素
:checked	input:checked	选择每个被选中的<input>元素
:not(selector)	:not(p)	选择非<p>元素的每个元素
::selection	::selection	选择被用户选取的元素部分
[attribute]	[target]	选择带有带有指定属性的所有元素
[attribute=value]	[target=_blank]	选择带有指定属性和值的所有元素
[attribute~=value]	[title~=flower]	选择属性值中包含指定单词的所有元素
[attribute|=value]	[lang|=en]	选择带有以指定值开头的属性值的元素，该值必须是整个单词
[attribute^=value]	a[src^="https"]	匹配属性值以指定值开头的每个元素，即选择其 src 属性值以"https"开头的每个<a>元素
[attribute$=value]	a[src$=".pdf"]	匹配属性值以指定值结尾的每个元素，即选择其 src 属性以".pdf"结尾的所有<a>元素
[attribute*=value]	a[src*="abc"]	匹配属性值中包含指定值的每个元素，即选择其 src 属性中包含"abc"子串的每个<a>元素

2．CSS 选择器规则

CSS 选择器规则由两个主要的部分构成：选择器及一条或多条声明。

selector {declaration1; declaration2; … declarationN }

selector {property: value}

提示：应使用花括号来包围声明。

选择器通常是需要改变样式的 HTML 元素，每条声明由一个属性和一个值组成。属性（property）是希望设置的样式属性（style attribute）。每个属性有一值。属性和值被冒号分开。

下面这行代码的作用是将<h1>元素内的文字颜色定义为红色，同时将字体大小设置为14px。

在这个实例中，h1 是选择器，color 和 font-size 是属性，red 和 14px 是值。

h1 {color:red; font-size:14px;}

图 D-1 展示了上面这段代码的结构：

图 D-1　CSS 选择器结构示意图

除了英文单词 red，我们还可以使用十六进制的颜色值#ff0000，示例代码如下：

p { color: #ff0000; }

为了节约字节，我们可以使用 CSS 的缩写形式，示例代码如下：

p { color: #f00; }

我们还可以通过两种方法使用 RGB 值，示例代码如下：

p { color: rgb(255,0,0); }

p { color: rgb(100%,0%,0%); }

当使用 RGB 百分比时，即使当值为 0 时也要写百分比符号。但是在其他的情况下就不需要这么做了。例如说，当尺寸为 0px 时，0 之后不需要使用 px 单位，因为 0 就是 0，无论单位是什么。

如果值为若干单词，则要给值加引号，示例代码如下：

p {font-family: "sans serif";}

如果要定义不止一个声明，则需要用分号将每个声明分开。以下示例代码展示出如何定义一个红色文字的居中段落。最后一条规则是不需要加分号的，因为分号在英语中是一个分隔符号，不是结束符号。然而，大多数有经验的设计师会在每条声明的末尾都加上分号，这么做的好处是，当从现有的规则中增减声明时，会尽可能地减少出错的可能性。就像这样：

p {text-align:center; color:red;}

应该在每行只描述一个属性，这样可以增强样式定义的可读性，示例代码如下：

p {
    text-align: center;
    color: black;
    font-family: arial;
}

大多数样式表包含不止一条规则，而大多数规则包含不止一个声明。多重声明和空格的使用使得样式表更容易被编辑。示例代码如下：

body {
    color: #000;
    background: #fff;
    margin: 0;
    padding: 0;
    font-family: Georgia, Palatino, serif;
}

是否包含空格不会影响 CSS 在浏览器的工作效果，同样，与 XHTML 不同，CSS 对大小写不敏感。不过存在一个例外：如果涉及与 HTML 文档一起工作的话，class 和 id 名称对大小写是敏感的。

3．CSS 元素选择器

最常见的 CSS 选择器是元素选择器。换句话说，文档的元素就是最基本的选择器。如果设置 HTML 的样式，选择器通常将是某个 HTML 元素，如<p>、<h1>、<em>、<a>，甚至可以是<html>本身，示例代码如下：

html {color:black;}

h1 {color:blue;}

h2 {color:silver;}

假设决定将上面的段落文本（而不是<h1>元素）设置为灰色。只需要把 h1 选择器改为 p，示例代码如下：

html {color:black;}

p {color:gray;}

h2 {color:silver;}

4．CSS 选择器的分组

如果希望<h2>元素和段落都有灰色，为达到这个目的，最容易的做法是使用以下声明：

h2, p {color:gray;}

将 h2 和 p 选择器放在规则左边，然后用逗号分隔，就定义了一个规则。其右边的样式（color:gray;）将应用到这两个选择器所引用的元素。逗号告诉浏览器，规则中包含两个不同的选择器。如果没有这个逗号，那么规则的含义将完全不同。

可以将任意多个选择器分组在一起，对此没有任何限制。例如，如果想把很多元素显示为灰色，可以使用类似如下的规则：

body, h2, p, table, th, td, pre, strong, em {color:gray;}

通过分组，可以将某些类型的样式"压缩"在一起，这样就可以得到更简洁的样式表。我们可以对选择器进行分组，这样，被分组的选择器就可以分享相同的声明。用逗号将需要分组的选择器分开。

5．CSS 的后代选择器

后代选择器（Descendant Selector）又称为包含选择器、派生选择器。后代选择器可以选择作为某元素后代的元素。

根据元素在文档的上下文关系来确定某个标签的样式，通过合理地使用派生选择器，可以使 HTML 代码变得更加整洁。我们可以定义后代选择器来创建一些规则，使这些规则在某些文档结构中起作用，而在另外一些结构中不起作用。

如果希望列表中的<strong>元素变为斜体字，而不是通常的粗体字，可以这样定义一个派生选择器，示例代码如下：

li strong {

    font-style: italic;

    font-weight: normal;

}

其含义为只有<li>元素中的<strong>元素的样式为斜体字，无需为<strong>元素定义特别的 class 或 id，代码更加简洁。

在后代选择器中，规则左边的选择器一端包括两个或多个用空格分隔的选择器。选择器之间的空格是一种结合符（Combinator）。每个空格结合符可以解释为"……在……找到"或者"……作为……的一部分"或者"……作为……的后代"，但是要求必须从右向左读选择器。

因此，li strong 选择器可以解释为"作为\<li\>元素后代的任何\<strong\>元素"。如果要从左向右读选择器，可以换成以下说法："包含\<strong\>的所有\<li\>会把以下样式应用到该\<strong\>"。

后代选择器的功能极其强大。有了它，可以使 HTML 中不可能实现的任务成为可能。假设有一个文档，其中有一个边栏，还有一个主区。边栏的背景为蓝色，主区的背景为白色，这两个区都包含链接列表。不能把所有链接都设置为蓝色，因为这样一来边栏中的蓝色链接都无法看到。解决方法是使用后代选择器。在这种情况下，可以为包含边栏的 div 指定值为 sidebar 的 class 属性，并把主区的 class 属性值设置为 maincontent。然后编写以下样式：

div.sidebar {background:blue;}

div.maincontent {background:white;}

div.sidebar a:link {color:white;}

div.maincontent a:link {color:blue;}

有关后代选择器有一个易被忽视的方面，即两个元素之间的层次间隔可以是无限的。例如，如果写作 ul em，这个语法就会选择从\<ul\>元素继承的所有\<em\>元素，而不论\<em\>的嵌套层次多深。

6．CSS 的类选择器

在 CSS 中，类选择器以一个点号显示，示例代码如下：

.center {text-align: center}

上述 CSS 定义中，所有拥有 center 类的 HTML 元素均为居中。

在下面的 HTML 代码中，\<h1\>和\<p\>元素都有 center 类，这意味着两者都将遵守 "center" 选择器中的规则。

\<h1 class="center"\>

　　标题居中对齐

\</h1\>

\<p class="center"\>

.　　该段落居中对齐

\</p\>

注意：类名的第一个字符不能使用数字，因为它无法在 Mozilla 或 Firefox 浏览器中起作用。

和 id 一样，class 也可被用作派生选择器，示例代码如下：

.fancy td {

　　color: #f60;

　　background: #666;

　　}

上述 CSS 定义中，类名为 fancy 的更大的元素（可能是一个表格或者一个\<div\>）内部的表格单元都会以灰色背景显示橙色文字。

元素也可以基于它们的类而被选择，示例代码如下：

td.fancy {

　　color: #f60;

```
        background: #666;
    }
```

上述 CSS 定义中，类名为 fancy 的表格单元将是带有灰色背景的橙色。

代码<td class="fancy">可以将类 fancy 分配给任何一个表格元素任意多的次数，那些以 fancy 标注的单元格都会是带有灰色背景的橙色，而那些没有被分配名为 fancy 的类的单元格不会受这条规则的影响。还有一点值得注意，class 为 fancy 的段落也不会是带有灰色背景的橙色，当然，任何其他被标注为 fancy 的元素也不会受这条规则的影响。这都是由于我们书写这条规则的方式，这个效果被限制于被标注为 fancy 的表格单元（即使用<td>元素来选择 fancy 类）。

7. CSS 的 id 选择器

id 选择器可以为标有特定 id 的 HTML 元素指定特定的样式，id 选择器以 "#" 来定义。

下面的 id 选择器，定义元素的颜色为红色：

`#red {color:red;}`

下面的 HTML 代码中，id 属性为 red 的<p>元素显示为红色：

`<p id="red">这个段落是红色。</p>`

注意：id 属性只能在每个 HTML 文档中出现一次。

在现代布局中，id 选择器常常用于建立派生选择器，示例代码如下：

```
#sidebar p {
    font-style: italic;
    text-align: right;
    margin-top: 0.5em;
}
```

上面的样式只会应用于出现在 id 是 sidebar 的元素内的段落，这个元素很可能是<div>或者是表格单元，尽管它也可能是一个表格或者其他块级元素。

即使被标注为 sidebar 的元素只能在文档中出现一次，这个 id 选择器作为派生选择器也可以被使用很多次，示例代码如下：

```
#sidebar p {
    font-style: italic;
    text-align: right;
    margin-top: 0.5em;
}
#sidebar h2 {
    font-size: 1em;
    font-weight: normal;
    font-style: italic;
    margin: 0;
    line-height: 1.5;
    text-align: right;
}
```

在这里，与页面中的其他<p>元素明显不同的是，sidebar 内的<p>元素得到了特殊的处理，同时，与页面中其他所有<h2>元素明显不同的是，sidebar 中的<h2>元素也得到了不同的特殊处理。

id 选择器即使不被用来创建派生选择器，它也可以独立发挥作用，示例代码如下：

```
#sidebar {
    border: 1px dotted #000;
    padding: 10px;
    }
```

根据这条规则，id 为 sidebar 的元素将拥有一个像素宽的黑色点状边框，同时其周围会有 10px 宽的内边距（padding，内部空白）。注意老版本的 Windows/IE 浏览器可能会忽略这条规则，除非特别地定义这个选择器所属的元素，代码如下：

```
div#sidebar {
    border: 1px dotted #000;
    padding: 10px;
    }
```

8．CSS 的属性选择器

对于带有指定属性的 HTML 元素设置样式，可以为拥有指定属性的 HTML 元素设置样式，而不仅限于 class 和 id 属性。

下面的示例代码为带有 title 属性的所有元素设置样式：

```
[title]
{
    color:red;
}
```

下面的示例代码为 title="School"的所有元素设置样式：

```
[title=School]
{
    border:5px solid blue;
}
```

下面的示例代码为包含指定值的 title 属性的所有元素设置样式，适用于由空格分隔的属性值：

```
[title~=hello] { color:red; }
```

下面的示例代码为带有包含指定值的 lang 属性的所有元素设置样式，适用于由连字符分隔的属性值：

```
[lang|=en] { color:red; }
```

属性选择器在为不带有 class 或 id 的表单设置样式时特别有用，示例代码如下：

```
input[type="text"]
{
    width:150px;
    display:block;
    margin-bottom:10px;
    background-color:yellow;
    font-family: Verdana, Arial;
}
```

```
input[type="button"]
{
    width:120px;
    margin-left:35px;
    display:block;
    font-family: Verdana, Arial;
}
```

9．CSS 的子元素选择器

与后代选择器相比，子元素选择器（Child Selector）只能选择作为某元素子元素的元素。如果不希望选择任意的后代元素，而是希望缩小范围，只选择某个元素的子元素，则可使用子元素选择器（Child Selector）。

例如，如果希望选择只作为<h1>元素子元素的<strong>元素，可以这样写：

h1 > strong {color:red;}

子选择器使用了大于号（子结合符），子结合符两边可以有空白符，这是可选的。

如果从右向左读，选择器 h1 > strong 可以解释为"选择作为<h1>元素子元素的所有<strong>元素"。

观察以下这个选择器：

table.company td > p

上面的选择器会选择作为<td>元素子元素的所有<p>元素，这个<td>元素本身从<table>元素继承，该<table>元素有一个包含 company 的 class 属性。

10．CSS 的相邻兄弟选择器

相邻兄弟选择器（Adjacent Sibling Selector）可选择紧接在另一元素后的元素，且二者有相同父元素。如果需要选择紧接在另一个元素后的元素，而且二者有相同的父元素，可以使用相邻兄弟选择器（Adjacent Sibling Selector）。

例如，如果要增加紧接在<h1>元素后出现的段落的上边距，可以这样写：

h1 + p {margin-top:50px;}

这个选择器读作："选择紧接在<h1>元素后出现的段落，<h1>和<p>元素拥有共同的父元素"。

相邻兄弟选择器使用了加号（＋），即相邻兄弟结合符（Adjacent Sibling Combinator）。与子结合符一样，相邻兄弟结合符旁边可以有空白符。

观察以下代码片段：

```
<div>
    <ul>
        <li>List item 1</li>
        <li>List item 2</li>
        <li>List item 3</li>
    </ul>
    <ol>
        <li>List item 1</li>
        <li>List item 2</li>
```

```
        <li>List item 3</li>
    </ol>
</div>
```

在上面的代码片段中，<div>元素中包含两个列表：一个无序列表，一个有序列表，每个列表都包含 3 个列表项。这两个列表是相邻兄弟，列表项本身也是相邻兄弟。不过，第一个列表中的列表项与第二个列表中的列表项不是相邻兄弟，因为这两组列表项不属于同一父元素（最多只能算堂兄弟）。

注意，用一个结合符只能选择两个相邻兄弟中的第二个元素。请看下面的选择器：

li + li {font-weight:bold;}

上面这个选择器只会把列表中的第二个和第三个列表项变为粗体。第一个列表项不受影响。

相邻兄弟结合符还可以结合其他结合符，示例代码如下：

html > body table + ul {margin-top:20px;}

这个选择器解释为：选择紧接在<table>元素后出现的所有兄弟<ul>元素，该<table>元素包含在一个<body>元素中，<body>元素本身是<html>元素的子元素。

11．CSS 的伪类和伪元素

CSS 伪类或伪元素如表 D-2 所示。

表 D-2　CSS 的伪类或伪元素

CSS 伪类或伪元素	CSS 伪类或伪元素描述
:active	向被激活的元素添加样式
:focus	向拥有键盘输入焦点的元素添加样式
:hover	当鼠标悬浮在元素上方时，向元素添加样式
:link	向未被访问的链接添加样式
:visited	向已被访问的链接添加样式
:first-child	向元素的第一个子元素添加样式
:lang	向带有指定 lang 属性的元素添加样式

（1）CSS 伪类

CSS 伪类用于向某些选择器添加特殊的效果。

伪类的语法格式如下：

selector : pseudo-class {property: value}

说明：伪类名称对大小写不敏感。

CSS 类也可与伪类搭配使用，示例代码如下：

selector.class : pseudo-class {property: value}

在支持 CSS 的浏览器中，链接的不同状态都可以不同的方式显示，这些状态包括：活动状态、已被访问状态、未被访问状态和鼠标悬停状态。示例代码如下：

a:link {color: #FF0000}　　/*　未访问的链接　*/

a:visited {color: #00FF00}　/*　已访问的链接　*/

a:hover {color: #FF00FF}　　/*　鼠标移动到链接上　*/

a:active {color: #0000FF}　/*　选定的链接　*/

提示：在 CSS 定义中，a:hover 必须被置于 a:link 和 a:visited 之后，才是有效的，a:active 必须被置于 a:hover 之后，才是有效的。

伪类可以与 CSS 类配合使用，示例代码如下：

a.red : visited {color: #FF0000}

<a class="red" href="css.aspx">CSS</a>

假如上面的实例中的链接被访问过，那么它将显示为红色。

可以使用:first-child 伪类来选择元素的第一个子元素，这个特定伪类很容易遭到误解。最常见的错误是认为 p:first-child 之类的选择器会选择<p>元素的第一个子元素。

在下面的示例代码中，选择器匹配作为任何元素的第一个子元素的<p>元素：

```
<html>
  <head>
    <style type="text/css">
      p:first-child {
         color: red;
      }
    </style>
  </head>
  <body>
    <p>some text</p>
    <p>some text</p>
  </body>
</html>
```

TIY

在下面的示例代码中，选择器匹配所有<p>元素中的第一个<i>元素：

```
<html>
  <head>
    <style type="text/css">
        p > i:first-child {
        font-weight:bold;
      }
    </style>
  </head>
  <body>
    <p>some <i>text</i>. some <i>text</i>.</p>
    <p>some <i>text</i>. some <i>text</i>.</p>
  </body>
</html>
```

:lang 伪类可以为不同的语言定义特殊的规则。在下面的示例代码中，:lang 类为属性值为 x 的<q>元素定义引号的类型：

```
<html>
```

```
<head>
    <style type="text/css">
      q:lang(x)
        {
            quotes: "~" "~"
        }
    </style>
  </head>
  <body>
    <p>文字<q lang="x">段落中的引用的文字</q>文字</p>
  </body>
</html>
```

（2）CSS 的伪元素

CSS 伪元素用于向某些选择器设置特殊效果。

伪元素的语法格式：

selector:pseudo-element {property:value;}

CSS 类也可以与伪元素配合使用，示例代码如下：

selector.class:pseudo-element {property:value;}

":first-line" 伪元素用于向文本的首行设置特殊样式。在下面的示例代码中，浏览器会根据 ":first-line" 伪元素中的样式对<p>元素的第一行文本进行格式化：

```
p:first-line
  {
      color:#ff0000;
      font-variant:small-caps;
  }
```

"first-line" 伪元素只能用于块级元素。

":before" 伪元素可以在元素的内容前面插入新内容。下面的示例代码在每个<h1>元素前面插入一幅图片：

```
h1:before
  {
      content:url(logo.gif);
  }
```

":after" 伪元素可以在元素的内容之后插入新内容。下面的示例代码在每个<h1>元素后面插入一幅图片：

```
h1:after
  {
      content:url(logo.gif);
  }
```

参考文献

[1] 杨东昱. HTML5+CSS3 精致范例辞典. 北京：清华大学出版社，2013.

[2] Yamoo. HTML5+CSS3+jQuery 应用之美. 北京：人民邮电出版社，2013.

[3] 唐俊开. HTML5 移动 Web 开发指南. 北京：电子工业出版社，2013.

[4] 石川. HTML5 移动 Web 开发实战. 北京：人民邮电出版社，2013.

[5] Hawkes R. HTML5 Canvas. 北京：人民邮电出版社，2012.

[6] 张路斌. HTML5 Canvas 游戏开发实战. 北京：机械工业出版社，2013.

参考文献

[1] ...HTML与CSS... 2012.

[2] Yahoo. HTML5+CSS3... 2013.

[3] ...HTML5... Web... 2012.

[4] ...HTML5... Web... 2013.

[5] ...HTML5 Canvas... 2012.

[6] ...HTML5 Canvas... 2013.